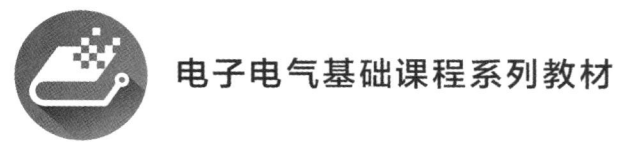

电子电气基础课程系列教材

数字电路设计与实践

◆ 张 艳 主 编
◆ 程 鸿 副主编
◆ 丁大为 许耀华 张 成 黎 轩 参 编

电子工业出版社.
Publishing House of Electronics Industry
北京·BEIJING

内 容 简 介

本书介绍数字电路设计与应用的关键知识点，帮助读者掌握将理论知识应用到实践的方法。全书共 6 章，包括多人表决器电路、二进制数相乘电路、七进制计数器电路、交通信号灯倒计时控制电路、铁塔图案彩灯电路、救护车扬声器发音电路。

本书可作为高等学校电子信息类相关专业数字电路设计课程的教材，也可供对数字电路设计感兴趣的人员参考。

未经许可，不得以任何方式复制或抄袭本书之部分或全部内容。
版权所有，侵权必究。

图书在版编目（CIP）数据

数字电路设计与实践 / 张艳主编. -- 北京 ：电子工业出版社, 2025. 2. -- ISBN 978-7-121-50419-8
Ⅰ. TN79
中国国家版本馆 CIP 数据核字第 2025KL6536 号

责任编辑：张　鑫
印　　刷：北京天宇星印刷厂
装　　订：北京天宇星印刷厂
出版发行：电子工业出版社
　　　　　北京市海淀区万寿路 173 信箱　邮编：100036
开　　本：787×1 092　1/16　印张：12.75　字数：359 千字
版　　次：2025 年 2 月第 1 版
印　　次：2025 年 2 月第 1 次印刷
定　　价：46.00 元

凡所购买电子工业出版社图书有缺损问题，请向购买书店调换。若书店售缺，请与本社发行部联系，联系及邮购电话：（010）88254888，88258888。
质量投诉请发邮件至 zlts@phei.com.cn，盗版侵权举报请发邮件至 dbqq@phei.com.cn。
本书咨询联系方式：zhangx@phei.com.cn。

在现代电子技术的飞速发展中，数字电路逻辑设计无疑是基础且至关重要的领域。数字电路设计不仅是电子工程领域的基石，更是各类现代设备和系统的核心。无论是智能手机、计算机，还是自动化生产线和智能家居，数字电路都在其中发挥着至关重要的作用。

"数字电路设计与实践"课程是电子信息、集成电路等专业重要的专业基础课，是学生解决数字电路领域复杂工程问题的入门课程之一。本书内容广泛且详细，从基础的逻辑门电路出发，逐步引导读者深入理解各种组合逻辑电路、时序逻辑电路及其设计方法。特别是在以下几个方面，本书表现尤为突出。

（1）系统性与结构化：本书按照由浅入深的原则，结构清晰地组织了各个章节。从最基本的逻辑门电路讲起，接着介绍组合逻辑电路、时序逻辑电路的分析与设计方法。每章都有明确的学习目标和知识点，通过逐步引导，帮助读者系统地掌握数字电路设计的全貌。

（2）清晰的图示与示例：书中采用了大量的示意图和实例，使得抽象的电路设计概念变得更加直观和易于理解。

（3）理论与实践相结合：书中不仅有详细的理论讲解，还有大量的例题和习题，同时包括实际案例的分析与设计，确保读者能够加深对理论的理解，提升解决实际问题的能力。

（4）现代工具与技术：随着数字电路设计工具的不断进步，本书也介绍了现代设计工具的使用方法，如 Multisim、Altium Designer 等软件。同时书中嵌入二维码，用于演示生动的微课视频，便于学生的自主学习。本书通过对这些工具的介绍和实践指导，帮助读者掌握现代数字电路设计的前沿技术。

总体而言，本书无论是作为教材用于教学，还是作为个人学习和参考的资料，都能提供宝贵的帮助和指导。希望每位读者都能从这本书中获得启发，不断提升自己的数字电路设计能力，为未来的科技创新贡献自己的力量。

李晓辉

2024 年 8 月

前言

　　数字电路设计与应用是现代电子工程领域不可或缺的核心内容之一。随着信息技术的飞速发展，数字电路已经成为从个人电子设备到大型工业系统的基础构成部分。

　　本书旨在为读者提供全面而系统的学习路径，从基础概念到实际应用，涵盖数字逻辑系统的关键方面。数字电路是基于逻辑门（如与门、或门、非门等）的电子系统，能够进行逻辑运算和存储信息，广泛应用于计算机系统、通信设备、消费电子产品、工业控制系统以及医疗诊断设备中。因此，深入理解和精通数字电路的知识，对于现代电子工程师和计算机科学家来说至关重要。

　　本书在介绍经典方法时，以小规模集成电路为主，重点介绍数字逻辑电路的基础理论、基本电路及其分析、设计方法。而在讨论器件功能和应用时，以中、大规模集成电路为主，并且采用突出阐明各类器件的外特性为主、介绍电路内部结构为辅的方法，使读者能够熟练地运用各类器件进行逻辑设计。

　　本书分为 6 章，每章涵盖了数字电路设计与应用的关键部分。首先，从基础开始，介绍数字电路的基本概念、逻辑门的设计与分析，以及数字系统的表示和处理。接着，探讨了组合逻辑电路和时序逻辑电路的设计方法及其在实际中的应用。其中包含触发器、计数器、寄存器、序列发生器等高级数字电路的设计原理和实现技术。本书特别强调实验实践的重要性，提供了丰富的案例和项目，帮助读者通过动手操作加深理解。每章都包含了具体的设计示例和实用的设计指导，旨在激发读者的创新思维和解决问题的能力。

　　为了帮助读者将理论知识应用到实践中，本书特别设计了多个实验案例和设计项目，同时增加了相关软件的使用及设计实例。这些案例涵盖了从简单的逻辑门电路设计到复杂的高级数字电路的应用。通过这些实验，读者不仅可以加深对数字电路设计原理的理解，还能够掌握现代电子设计工具和仿真软件的使用方法。这种实践能力的培养不仅能够提升读者的学术水平，还有助于他们在工程领域找到更广阔的发展空间。

　　本书的第 1、4 章由张艳执笔编写，第 2 章由张艳、丁大为执笔编写，第 3 章由张艳、许耀华执笔编写，第 5 章由程鸿执笔编写，第 6 章由黎轩、张成执笔编写，全书由张艳定稿。

　　在本书的编写过程中，得到石宝、杨敬宇、金亮、汪文昊、经典、全佳咪等研究生的大力支持，电子工业出版社的编辑及相关院校的老师和同学给予了帮助，在此谨向他们表示衷心的感谢，并恳请读者批评指正。

编者

2024 年 7 月

目录

第 1 章 多人表决器电路 / 1

1.1 项目内容及要求 / 1
1.2 必备理论内容 / 1
    1.2.1 数制与码制 / 1
    1.2.2 逻辑运算 / 9
    1.2.3 逻辑函数 / 14
    1.2.4 逻辑函数的标准形式 / 18
    1.2.5 逻辑函数的化简方法 / 20
    1.2.6 小规模组合逻辑电路的分析和设计方法 / 29
    1.2.7 Multisim 的使用 / 34
    1.2.8 Altium Designer 的使用 / 34
1.3 电路设计及仿真 / 36
    1.3.1 设计过程 / 36
    1.3.2 Multisim 电路图 / 37
    1.3.3 PCB 原理图与 PCB 板图 / 38
小结 / 39
习题 / 39
实践 / 41

第 2 章 二进制数相乘电路 / 42

2.1 项目内容及要求 / 42
2.2 必备理论内容 / 42
    2.2.1 中规模组合逻辑电路 / 42
    2.2.2 中规模组合逻辑电路的分析方法 / 64
    2.2.3 中规模组合逻辑电路的设计方法 / 65
    2.2.4 组合逻辑电路的竞争冒险 / 66
2.3 电路设计及仿真 / 69

2.3.1 设计过程 / 69

2.3.2 数据选择器实现 / 76

小结 / 81

习题 / 81

实践 / 83

第 3 章 七进制计数器电路 / 84

3.1 项目内容及要求 / 84

3.2 必备理论内容 / 84

3.2.1 触发器 / 84

3.2.2 小规模时序逻辑电路的分析方法 / 99

3.2.3 小规模时序逻辑电路的设计方法 / 103

3.3 电路设计及仿真 / 113

3.3.1 设计过程 / 113

3.3.2 Multisim 电路图 / 114

3.3.3 PCB 原理图及 PCB 板图 / 114

小结 / 115

习题 / 116

实践 / 120

第 4 章 交通信号灯倒计时控制电路 / 121

4.1 项目内容及要求 / 121

4.2 必备理论内容 / 121

4.2.1 中规模时序逻辑电路——计数器 / 121

4.2.2 中规模时序逻辑电路的分析方法 / 138

4.2.3 中规模时序逻辑电路的设计方法 / 139

4.3 电路设计及仿真 / 139

4.3.1 设计过程 / 139

4.3.2 Multisim 电路图 / 140

4.3.3 PCB 原理图及 PCB 板图 / 140

小结 / 146

习题 / 146

实践 / 148

第 5 章 铁塔图案彩灯电路 / 149

5.1 项目内容及要求 / 149
5.2 必备理论内容 / 149
    5.2.1 中规模时序逻辑电路——移位寄存器 / 149
    5.2.2 序列信号发生器 / 162
5.3 电路设计及仿真 / 170
    5.3.1 设计过程 / 170
    5.3.2 Multisim 电路图 / 170
    5.3.3 PCB 原理图及 PCB 板图 / 170
小结 / 174
习题 / 174
实践 / 176

第 6 章 救护车扬声器发音电路 / 177

6.1 项目内容及要求 / 177
6.2 必备理论内容 / 177
    6.2.1 脉冲波形产生和整形电路 / 177
    6.2.2 555 定时器 / 186
6.3 电路设计及仿真 / 190
    6.3.1 设计过程 / 190
    6.3.2 Multisim 电路图 / 191
    6.3.3 PCB 原理图及 PCB 板图 / 193
小结 / 194
习题 / 194
实践 / 195

第1章 多人表决器电路

1.1 项目内容及要求

某足球评委会由1位教练和3位球迷组成,对裁判员的判罚进行表决。当满足以下条件时表示同意:有3人或3人以上同意;有2人同意,但有1人是教练。试设计多人表决器电路,器件不限。

1.2 必备理论内容

1.2.1 数制与码制

1.2.1.1 数制

数字信号通常以数码形式给出,不同的数码可以表示数量的大小。在用数码表示数量大小时,有时仅仅用一位数是不够的,经常需要采用多位数。多位数码中每一位的构成和低位向高位的进位规则称为数制或进位计数制。在日常生活中,最常用的进位计数制是十进制。而在数字电路中通常采用二进制数,有时也采用八进制数和十六进制数。

1. 十进制数

在十进制数中,共有0、1、2、…、9十个不同的数码。进位规则是"逢十进一"。各个数码处于十进制数的不同位置时,所代表的数值是不同的。例如,十进制数1961可写成展开式为

$$(1961)_{10}=1\times10^3+9\times10^2+6\times10^1+1\times10^0$$

式中,10称为基数,10^0、10^1、10^2、10^3称为各位的"权"。十进制数个位的权为1,十位的权为10,百位的权为100。任意一个十进制数N可表示为

$$(N)_{10}=d_{n-1}\times10^{n-1}+d_{n-2}\times10^{n-2}+\cdots+d_1\times10^1+d_0\times10^0+d_{-1}\times10^{-1}+\cdots+d_{-m}\times10^{-m}$$

$$=\sum_{i=-m}^{n-1}d_i\times10^i$$

式中,m、n为正整数;n表示整数部分数位;m表示小数部分数位;d_i为各位的数码;10^i为各位的权;第i位所对应的数值为$d_i\times10^i$。

2. 二进制数

在二进制数中,共有0、1两个不同的数码。进位规则是"逢二进一"。任意一个二进制数N

数字电路设计与实践

的展开式为

$$(N)_2 = b_{n-1} \times 2^{n-1} + b_{n-2} \times 2^{n-2} + \cdots + b_1 \times 2^1 + b_0 \times 2^0 + b_{-1} \times 2^{-1} + \cdots + b_{-m} \times 2^{-m}$$
$$= \sum_{i=-m}^{n-1} b_i \times 2^i$$

式中,2 称为基数;m、n 为正整数;n 表示整数部分数位;m 表示小数部分数位;b_i 为各位的数码;2^i 为各位的权;第 i 位所对应的数值为 $b_i \times 2^i$。

例如,二进制数 1011.01 可展开为

$$(1011.01)_2 = 1 \times 2^3 + 0 \times 2^2 + 1 \times 2^1 + 1 \times 2^0 + 0 \times 2^{-1} + 1 \times 2^{-2}$$

3. 十六进制

在十六进制数中,有 0~9,A~F 共 16 个不同的数码。进位规则是"逢十六进一"。任意一个十六进制数 N 的展开式为

$$(N)_{16} = h_{n-1} \times 16^{n-1} + h_{n-2} \times 16^{n-2} + \cdots + h_1 \times 16^1 + h_0 \times 16^0 + h_{-1} \times 16^{-1} + \cdots + h_{-m} \times 16^{-m}$$
$$= \sum_{i=-m}^{n-1} h_i \times 16^i$$

式中,16 称为基数;m、n 为正整数;n 表示整数部分数位;m 表示小数部分数位;h_i 为各位的数码;16^i 为各位的权;第 i 位所对应的数值为 $h_i \times 16^i$。

例如,十六进制数 C3.8F 可展开为

$$(C3.8F)_{16} = 12 \times 16^1 + 3 \times 16^0 + 8 \times 16^{-1} + 15 \times 16^{-2}$$

上述表示方法可以推广到任意进位计数制。在 R 进制数中共有 R 个数码,基数为 R,其各位的权是 R 的幂。因而一个 R 进制数可表示为

$$(N)_R = a_{n-1} \times R^{n-1} + a_{n-2} \times R^{n-2} + \cdots + a_1 \times R^1 + a_0 \times R^0 + a_{-1} \times R^{-1} + \cdots + a_{-m} \times R^{-m}$$
$$= \sum_{i=-m}^{n-1} a_i \times R^i$$

表 1-1 所示为不同的选定数在二进制、十进制以及十六进制中的对照关系。

表 1-1 不同进位计数制对照表

十进制数	二进制数	十六进制数
0	0000	0
1	0001	1
2	0010	2
3	0011	3
4	0100	4
5	0101	5
6	0110	6
7	0111	7
8	1000	8
9	1001	9
10	1010	A
11	1011	B
12	1100	C

续表

十进制数	二进制数	十六进制数
13	1101	D
14	1110	E
15	1111	F

1.2.1.2 数制转换

1. 二进制数和十六进制数转换成十进制数

若将二进制数或十六进制数转换成等值的十进制数，只要将二进制数或十六进制数的每位数码乘以权，再按十进制运算规则求和，即可得到相应的十进制数。例如：

$$(1011.101)_2 = 1×2^3 + 0×2^2 + 1×2^1 + 1×2^0 + 1×2^{-1} + 0×2^{-2} + 1×2^{-3}$$
$$= (11.625)_{10}$$
$$(AC3.8)_{16} = 10×16^2 + 12×16^1 + 3×16^0 + 8×16^{-1}$$
$$= (2755.5)_{10}$$

2. 二进制数与十六进制数之间的转换

由于 4 位二进制数正好能表示 1 位十六进制数，因而可将 4 位二进制数看作一个整体。当二进制数转换为十六进制数时，以小数点为界，整数部分自右向左每 4 位一组，不足则前面补 0，小数部分从左向右每 4 位一组，不足则后面补 0，并代之以等值的十六进制数，即可得到相应的十六进制数。例如：

$$(1111110.11)_2 = \underbrace{0111}_{7}\underbrace{1110}_{E}.\underbrace{1100}_{C} = (7E.C)_{16}$$

当十六进制数转换为二进制数时，只需将十六进制数的每一位用等值的二进制数代替就可以了。例如：

$$(3A.2)_{16} = \underbrace{0011}_{3}\underbrace{1010}_{A}.\underbrace{0010}_{2} = (00111010.0010)_2$$

3. 十进制数转换成二进制数和十六进制数

将十进制数转换成二进制数和十六进制数，需将十进制数的整数部分和小数部分分别进行转换，然后将它们合并起来。

（1）整数的转换

整数转换采用"除基取余"法。先将十进制数不断除以将要转换进制的基数，再对每次得到的商除以要转换进制的基数，直至商为 0。然后将各次余数按倒序列出，即第一次的余数为要转换进制整数的最低有效位，最后一次的余数为要转换进制整数的最高有效位，所得的数值为等值要转换进制整数。

【例 1-1】 将十进制数 26 转换成二进制数。

解 由于二进制数基数为 2，所以将十进制数逐次除以 2 取其余数。转换过程如下：

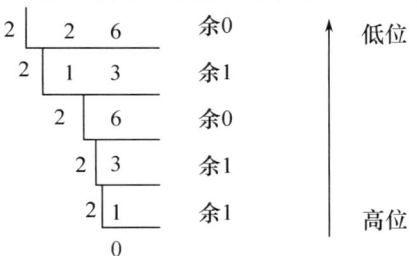

所以$(26)_{10}=(11010)_2$。

【例 1-2】 将十进制数 208 转换成十六进制数。

解 由于十六进制数基数为 16，所以将十进制数逐次除以 16 取其余数。转换过程如下：

```
16 | 208      余 0
   16 |  13   余 13
        0
```

所以$(208)_{10}=(D0)_{16}$。

（2）小数部分的转换

小数部分的转换采用"乘基取整"法。先将十进制小数不断乘以将要转换进制的基数，积的整数作为相应的要转换进制小数，再对积的小数部分乘以要转换进制的基数，直至小数部分为 0 或达到一定精度为止。第一次积的整数为要转换进制小数的最高有效位，最后一次积的整数为要转换进制小数的最低有效位，所得的数值为等值要转换进制小数。

【例 1-3】 将十进制数 0.625 转换成二进制数。

解 由于二进制数基数为 2，所以将十进制数逐次用 2 乘以小数部分。转换过程如下：

$$0.625 \times 2 = 1.250 \quad b_{-1}=1$$
$$0.250 \times 2 = 0.500 \quad b_{-2}=0$$
$$0.500 \times 2 = 1.000 \quad b_{-3}=1$$

所以$(0.625)_{10}=(0.101)_2$。

【例 1-4】 将十进制数 0.39 转换成二进制数，要求精度达到 0.1%。

解 由于要求精度达到 0.1%，所以需要精确到二进制小数 10 位，即 $1/2^{10}=1/1024$。转换过程如下：

$$0.39 \times 2 = 0.78 \quad b_{-1}=0 \qquad 0.24 \times 2 = 0.48 \quad b_{-5}=0 \qquad 0.92 \times 2 = 1.84 \quad b_{-8}=1$$
$$0.78 \times 2 = 1.56 \quad b_{-2}=1 \qquad 0.48 \times 2 = 0.96 \quad b_{-6}=0 \qquad 0.84 \times 2 = 1.68 \quad b_{-9}=1$$
$$0.56 \times 2 = 1.12 \quad b_{-3}=1 \qquad 0.96 \times 2 = 1.92 \quad b_{-7}=1 \qquad 0.68 \times 2 = 1.36 \quad b_{-10}=1$$
$$0.12 \times 2 = 0.24 \quad b_{-4}=0$$

所以$(0.39)_{10}=(0.0110001111)_2$。

【例 1-5】 将十进制数 26.625 转换成二进制数。

解 按例 1-1 和例 1-3 分别转换，将结果合并，得

$$(26.625)_{10}=(11010.101)_2$$

【例 1-6】 将十进制小数 0.625 转换成十六进制数。

解 由于十六进制数基数为 16，所以将十进制小数逐次用 16 乘以小数部分。转换过程如下：

$$0.625 \times 16 = 10.0 \quad a_{-1} = A$$

所以$(0.625)_{10}=(0.A)_{16}$。

1.2.1.3 编码

在数字系统中，常用数码表示不同的事物或状态，这一过程称为编码。此时数码已没有表示数量大小的含义，只是表示不同事物的代号，这些数码称为代码。编码所遵循的规则称为码制。

1. 二-十进制代码

二-十进制代码（Binary Coded Decimal，BCD）是用 4 位二进制数表示 1 位十进制数码。由于 1 位十进制数共有 0～9 十个数码，因此至少需要 4 位二进制数才能表示 1 位十进制数码。4 位二进制数共有 16 种组合（0000～1111），究竟取哪 10 个以及如何与十进制数的 0～9 对应则有多

种方案。表 1-2 所示为常见的 BCD 代码，它们的编码规则各不相同。

表 1-2 常见的 BCD 代码

十进制数码	8421 码	2421 码	余 3 码	5211 码
0	0000	0000	0011	0000
1	0001	0001	0100	0001
2	0010	0010	0101	0100
3	0011	0011	0110	0101
4	0100	0100	0111	0111
5	0101	1011	1000	1000
6	0110	1100	1001	1001
7	0111	1101	1010	1100
8	1000	1110	1011	1101
9	1001	1111	1100	1111
没有用到的码				
	1010	0101	0000	0010
	1011	0110	0001	0011
	1100	0111	0010	0110
	1101	1000	1101	1010
	1110	1001	1110	1011
	1111	1010	1111	1110

8421 码是 BCD 代码中最常用的一种。在这种编码方式中，代码从左到右每一位的 1 分别表示 8、4、2、1，所以这种代码称为 8421 码。8421 码中每位的权是固定不变的，分别为 8、4、2、1，它属于恒权代码。由于 8421 码的各位的权是按基数 2 的幂增加的，这和二进制数的权一致，所以有时 8421 码也称为自然权码。

余 3 码的编码规则是在 8421 码加 3 后得到的，它是一种无权码。由表 1-2 可以看出，0 和 9、1 和 8、2 和 7、3 和 6、4 和 5 的余 3 码互为反码。

2421 码是一种恒权代码，其中 0 和 9、1 和 8、2 和 7、3 和 6、4 和 5 也互为反码。

5211 码也是一种恒权代码，代码从左到右每一位的 1 分别表示 5、2、1、1，所以这种代码称为 5211 码。

2. 格雷码

格雷码又称为循环码，其构成方法为每位的状态变化都按一定的顺序循环，如表 1-3 所示。4 位格雷码如果从 0000 开始，右边第一位按 0110 顺序循环变化，右边第二位按 00111100 顺序循环变化，右边第三位按 0000111111110000 顺序循环变化。由此可见，自右向左每位状态循环中连续的 0 和 1 的数目增加一倍。

表 1-3 4 位格雷码与二进制代码的比较

十 进 制 数	二进制代码	格 雷 码
0	0000	0000
1	0001	0001

续表

十进制数	二进制代码	格雷码
2	0010	0011
3	0011	0010
4	0100	0110
5	0101	0111
6	0110	0101
7	0111	0100
8	1000	1100
9	1001	1101
10	1010	1111
11	1011	1110
12	1100	1010
13	1101	1011
14	1110	1001
15	1111	1000

与普通的二进制代码相比，格雷码的最大优点是当它按照表 1-3 的编码顺序依次变化时，相邻两个代码之间只有一位发生了变化，这一点非常有用。例如，与十进制数 7 和 8 等值的自然二进制代码分别为 0111 和 1000。在数字系统中，由 0111 变为 1000 时，4 个码位都有变化。实际应用中每个码位的变化有先有后，假设是由高位到低位依次变化，则会出现 0111→1111→1011→1001→1000 的变化过程。这种瞬变过程有时会影响系统的正常工作。而对应的格雷码由 0100→1100 时，只有一位发生了变化，不会出现上述瞬变过程，从而提高了系统的抗干扰性能和可靠性，也有助于提高系统的工作速度。

3. 美国信息交换标准代码

美国信息交换标准代码（American Standard Code for Information Interchange，ASCII）是由美国国家标准化协会制定的一种代码，目前已被国际标准化组织（International Organization for Standards，ISO）选定作为一种国际通用的代码，广泛地用于通信和计算机中。

ASCII 码是 7 位二进制代码，一共有 128 个。分别用于表示数字 0~9，大、小写英文字母，若干常用的符号和控制码，如表 1-4 所示。其中控制码的含义如表 1-5 所示。

此外，还可以根据不同的要求编制出具有不同特点的代码。

表 1-4 美国信息交换标准代码（ASCII 码）

$b_4b_3b_2b_1$	$b_7b_6b_5$							
	000	001	010	011	100	101	110	111
0000	NUL	DLE	SP	0	@	P	、	P
0001	SOH	DC1	!	1	A	Q	a	q
0010	STX	DC2	"	2	B	R	b	r
0011	ETX	DC3	#	3	C	S	c	s
0100	EOT	DC4	$	4	D	T	d	t

续表

$b_4b_3b_2b_1$	$b_7b_6b_5$							
	000	001	010	011	100	101	110	111
0101	ENQ	NAK	%	5	E	U	e	u
0110	ACK	SYN	&	6	F	V	f	v
0111	BEL	ETB	'	7	G	W	g	w
1000	BS	CAN	(	8	H	X	h	x
1001	HT	EM	)	9	I	Y	i	y
1010	LF	SUB	*	:	J	Z	j	z
1011	VT	ESC	+	;	K	[	k	{
1100	FF	FS	,	<	L	\	l	|
1101	CR	GS	-	=	M	]	m	}
1110	SO	RS	.	>	N	^	n	~
1111	SI	US	/	?	O	_	o	DEL

表 1-5 ASCII 码中控制码的含义

控 制 码	含 义	
NUL	Null	空白，无效
SOH	Start of heading	标题开始
STX	Strart of text	正文开始
ETX	End of text	文本结束
EOT	End of transmission	传输结束
ENQ	Enquiry	询问
ACK	Acknowledge	承认
BEL	Bell	报警
BS	Backspace	退格
HT	Horizontal tab	水平制表
LF	Line feed	换行
VT	Vertical tab	垂直制表
FF	Form feed	换页
CR	Carriage return	回车
SO	Shift out	移出
SI	Shift in	移入
DLE	Date link escape	数据链路转义
DC1	Device control 1	设备控制 1
DC2	Device control 2	设备控制 2
DC3	Device control 3	设备控制 3
DC4	Device control 4	设备控制 4
NAK	Negative acknowledge	否定

续表

控 制 码	含 义	
SYN	Synchronous idle	空转同步
ETB	End of transmission block	信息块传输结束
CAN	Cancel	取消
EM	End of medium	介质中断
SUB	Substitute	代替，置换
ESC	Escape	退出
FS	File separator	文件分隔
GS	Group separator	组分隔
RS	Record separator	记录分隔
US	Unit separator	单元分隔
SP	Space	空格
DEL	Delete	删除

4．二进制原码、反码和补码

在通常的算术运算中，用"+"表示正数，用"−"表示负数。但在数字系统中，正、负数的表示方法为：将一个数的最高位作为符号位，"0"表示"+"；"1"表示"−"。常用的二进制数表示方法有原码、反码和补码。

（1）原码表示法

用附加的符号位表示数的正负，符号位加在绝对值最高位之前（最左侧），通常用"0"表示正数，用"1"表示负数。此种表示方法称为二进制数的原码表示法。

例如，十进制数+25和−25的原码分别表示为

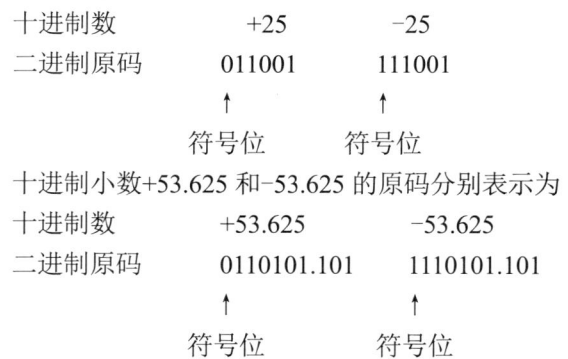

原码表示法虽然简单易懂，但在数字系统中运算并不方便。如果以原码方式进行两个不同符号数的减法运算，就必须先判别两个数的大小，然后从大数中减去小数，最后，还要判别结果的符号位，因此增加了运算时间。实际上，在数字系统中更适合采用补码表示法，而补码可以由反码获得。

（2）反码表示法

反码的符号位表示法与原码相同，即用"0"表示正数，用"1"表示负数。与原码表示法不同的是数值部分，即正数的反码数值与原码数值相同，负数的反码数值是原码数值按位求反。

【例1-7】 用4位二进制数表示十进制数+6和−6的反码。

解 先求十进制数所对应的原码，再将原码转换成反码。

```
十进制数           +6        -6
二进制原码         0110      1110
二进制反码         0110      1001
                    ↑         ↑
                  符号位     符号位
```

即[+6]反=0110，[-6]反=1001。

(3) 补码表示法

在补码表示法中，正数的补码和原码以及反码的表示相同。但对于负数，由原码转换到补码的规则为：符号位保持不变，数值部分则按位求反然后加 1，即"求反加 1"。

【例 1-8】 用 4 位二进制数表示十进制数+6 和-6 的补码。

解 首先求十进制数所对应的原码，然后将原码转换成反码，最后将反码加 1 转换为补码。

```
十进制数           +6        -6
二进制原码         0110      1110
二进制反码         0110      1001
二进制补码         0110      1001+1=1010
                    ↑         ↑
                  符号位     符号位
```

即[+6]补=0110，[-6]补=1010。

1.2.2 逻辑运算

1.2.2.1 概述

1849 年英国数学家乔治·布尔（George Boole）首先提出了描述客观事物逻辑关系的数学方法——布尔代数。后来，贝尔实验室和麻省理工学院的克劳德·香农（C. E. Shannon）将布尔代数的"真"与"假"和电路系统的"开"与"关"对应起来，用布尔代数分析并优化开关电路，进而奠定了数字电路的理论基础。在工程界，布尔代数常称为开关代数或逻辑代数。随着半导体器件制造工艺的发展，各种具有良好开关性能的微电子器件不断涌现，因而逻辑代数已成为现代数字逻辑电路不可缺少的数学工具。

1.2.2.2 基本逻辑运算

逻辑代数是用来处理逻辑运算的代数，逻辑运算就是按照人们事先设计好的规则进行逻辑推理和逻辑判断。参与逻辑运算的变量称为逻辑变量，用相应的字母表示。逻辑变量只有 0、1 两种取值，而且在逻辑运算中 0 和 1 不再表示具体数量的大小，而只表示两种不同的状态，如命题的假和真、信号的无和有等。因此，逻辑运算是按位进行的，没有进位，也没有减法和除法。

1. 三种基本逻辑运算

在二值逻辑中，最基本的逻辑有**与逻辑**、**或逻辑**、**非逻辑**三种。任何复杂的逻辑都可以通过这三种基本逻辑运算来实现。

（1）与逻辑

与逻辑又称逻辑乘、与运算，简称与。

如图 1-1 所示，两个开关 S_1、S_2，只有当开关 S_1、S_2 全合上时，灯才亮。其工作状态如表 1-6 所示。对于此例，可以得出这

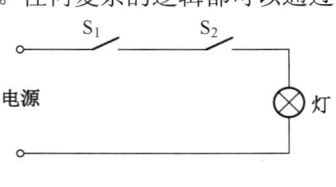

图 1-1 与逻辑举例

数字电路设计与实践

样一种因果关系：只有当决定某一事件（如灯亮）的条件（如开关合上）全部具备时，这一事件（如灯亮）才会发生。这种因果关系称为与逻辑关系。

用 A、B 分别作为开关 S_1、S_2 的状态变量，以取值 1 表示开关合上，以取值 0 表示开关断开；用 F 作为灯的状态，以取值 1 表示灯亮，以取值 0 表示灯灭。用状态变量和取值可以列出表示与逻辑关系的表，如表 1-7 所示。由输入逻辑变量所有取值的组合与其所对应的输出逻辑函数值构成的表格，称为逻辑真值表，简称真值表。

表 1-6 与逻辑举例状态表

开关 S_1	开关 S_2	灯
断	断	灭
断	合	灭
合	断	灭
合	合	亮

表 1-7 与逻辑真值表

A	B	F
0	0	0
0	1	0
1	0	0
1	1	1

由真值表可见，只有当 A、B 同时为 1 时，F 才为 1。因此 F 与 A、B 之间的关系属于与逻辑，其逻辑表达式（或称逻辑函数）如下：

$$F=A \cdot B=AB \tag{1-1}$$

本书中用"·"表示与逻辑，在不会发生混淆时，常省略符号"·"（有时也可用符号∧、∩、&表示与逻辑）。由表 1-7 可知，与逻辑运算的基本规则为

$0 \cdot 0=0 \quad 0 \cdot 1=0 \quad 1 \cdot 0=0 \quad 1 \cdot 1=1$

$0 \cdot A=0 \quad 1 \cdot A=A \quad A \cdot 1=A \quad A \cdot A=A$

（2）或逻辑

或逻辑又称逻辑加、**或**运算，简称**或**。

将图 1-1 的开关 S_1、S_2 改接为图 1-2 所示的形式，其工作状态如表 1-8 所示。在图 1-2 电路中，只要开关 S_1、S_2 有一个合上，或者两个都合上，灯就会亮。这样可以得出另一种因果关系：只要在决定某一事件（如灯亮）的各种条件（如开关合上）中，有一个或几个条件具备，这一事件（如灯亮）就会发生。这种因果关系称为**或逻辑关系**。

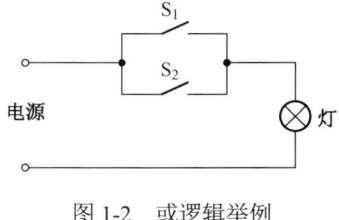

图 1-2 或逻辑举例

表 1-8 或逻辑举例状态表

开关 S_1	开关 S_2	灯
断	断	灭
断	合	亮
合	断	亮
合	合	亮

A、B、F 的取值约定同与逻辑，表 1-9 所示为**或**逻辑真值表。

由真值表可见，当 A、B 有一个为 1 时，F 就为 1。因此 F 与 A、B 之间的关系属于**或**逻辑，其逻辑表达式如下：

$$F=A+B \tag{1-2}$$

由表 1-9 可知，**或**逻辑运算的基本规则为

表 1-9 或逻辑真值表

A	B	F
0	0	0
0	1	1
1	0	1
1	1	1

| 0+0=0 | 0+1=1 | 1+0=1 | 1+1=1 |
| A+0=A | 1+A=1 | A+1=1 | A+A=A |

（3）非逻辑（逻辑反、非运算）

图 1-3 所示电路的工作状态如表 1-10 所示。当开关 S 合上时，灯灭；反之，当开关 S 断开时，灯亮。设开关合上是灯亮的条件。在该电路中，事件（如灯亮）发生的条件（如开关合上）具备时，事件（如灯亮）不会发生；反之，事件发生的条件不具备时，事件发生。这种因果关系称为非逻辑关系。

规定 A、F 的取值约定同与逻辑，表 1-11 所示为非逻辑真值表。

由真值表可见，当 A 为 1 时，F 就为 0；当 A 为 0 时，F 就为 1。因此 F 与 A 之间的关系属于非逻辑，其逻辑表达式如下：

$$F=\overline{A} \qquad (1-3)$$

读作"A 非"或"非 A"。

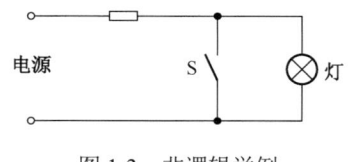

图 1-3 非逻辑举例

表 1-10 非逻辑举例状态表

开关 S	灯
断	亮
合	灭

表 1-11 非逻辑真值表

A	F
0	1
1	0

非逻辑运算的基本规则为

$$\overline{0}=1 \qquad \overline{1}=0$$

在数字逻辑电路中，采用一些逻辑符号来表示上述三种基本逻辑关系，如图 1-4 所示。其中，（1）为国家标准《电气简图用图形符号》中"二进制逻辑元件"的图形符号；（2）为过去沿用的图形符号；（3）为部分国外资料中常用的图形符号。本书采用（3）的图形符号。

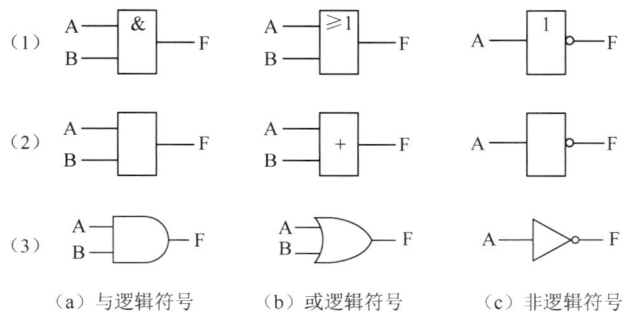

(a) 与逻辑符号　　(b) 或逻辑符号　　(c) 非逻辑符号

图 1-4 基本逻辑的逻辑符号

在数字逻辑电路中，将能实现基本逻辑关系的基本单元电路称为逻辑门电路。将能实现与逻辑的基本单元电路称为**与门**，将能实现或逻辑的基本单元电路称为**或门**，将能实现非逻辑的基本单元电路称为**非门**（或称反相器）。图 1-4 所示的逻辑符号也用于表示相应的逻辑门。

2. 复合逻辑运算

基本逻辑的简单组合可形成复合逻辑，实现复合逻辑关系的电路称为复合门电路。常见的复合逻辑运算有**与非逻辑**、**或非逻辑**、**与或非逻辑**、**异或逻辑**、**同或逻辑**等。

（1）与非逻辑

与非逻辑是与逻辑运算和非逻辑运算的复合，将输入变量先进行与运算，再进行非运算。其

数字电路设计与实践

逻辑表达式为

$$F = \overline{A \cdot B} \tag{1-4}$$

与非逻辑真值表如表 1-12 所示。由真值表可见，对于与非逻辑，只要输入变量中有一个为 0，输出就为 1。或者说，只有输入变量全部为 1，输出才为 0。其逻辑符号如图 1-5（a）所示。

表 1-12 两输入变量与非逻辑真值表

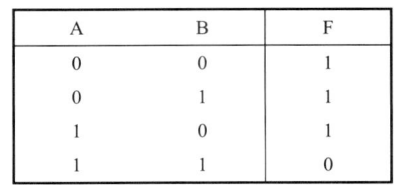

A	B	F
0	0	1
0	1	1
1	0	1
1	1	0

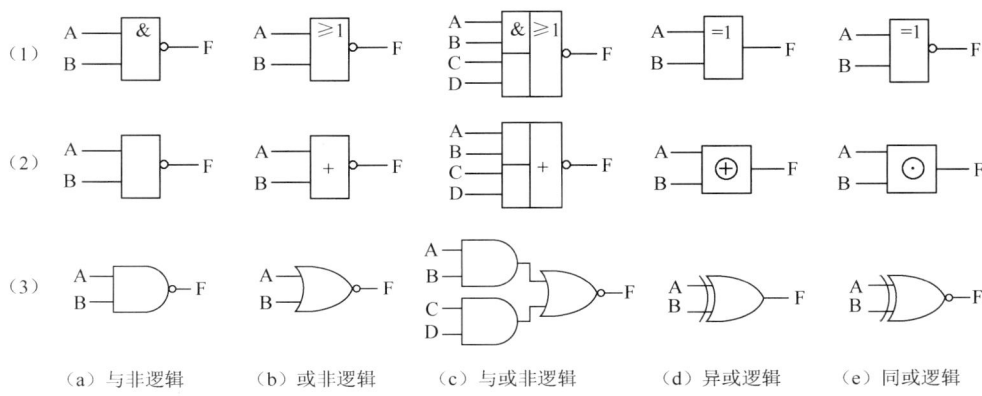

（a）与非逻辑　　（b）或非逻辑　　（c）与或非逻辑　　（d）异或逻辑　　（e）同或逻辑

图 1-5　复合逻辑符号

（2）或非逻辑

或非逻辑是**或**逻辑运算和非逻辑运算的复合，将输入变量先进行**或**运算，再进行非运算。其逻辑表达式为

$$F = \overline{A + B} \tag{1-5}$$

或非逻辑真值表如表 1-13 所示。由真值表可见，对于**或**非逻辑，只要输入变量中有一个为 1，输出就为 0。或者说，只有输入变量全部为 0，输出才为 1。其逻辑符号如图 1-5（b）所示。

表 1-13 两输入变量或非逻辑真值表

A	B	F
0	0	1
0	1	0
1	0	0
1	1	0

（3）与或非逻辑

与**或**非逻辑是与逻辑运算和**或**非逻辑运算的复合，将输入变量 A、B 及 C、D 先进行与运算，再进行**或**非运算。其逻辑表达式为

$$F = \overline{A \cdot B + C \cdot D} \tag{1-6}$$

与**或**非逻辑真值表如表 1-14 所示。其逻辑符号如图 1-5（c）所示。

表 1-14 两输入变量与或非逻辑真值表

A	B	C	D	F
0	0	0	0	1
0	0	0	1	1

续表

A	B	C	D	F
0	0	1	0	1
0	0	1	1	0
0	1	0	0	1
0	1	0	1	1
0	1	1	0	1
0	1	1	1	0
1	0	0	0	1
1	0	0	1	1
1	0	1	0	1
1	0	1	1	0
1	1	0	0	0
1	1	0	1	0
1	1	1	0	0
1	1	1	1	0

（4）异或逻辑

当两个输入变量 A、B 的取值相异时，输出变量 F 为 1；当两个输入变量 A、B 的取值相同时，输出变量 F 为 0，这种逻辑关系称为**异或**逻辑。其逻辑表达式为

$$F = A \oplus B = A \cdot \overline{B} + \overline{A} \cdot B \tag{1-7}$$

⊕ 是**异或**运算符号。其真值表如表 1-15 所示。其逻辑符号如图 1-5（d）所示。

表 1-15　异或逻辑真值表

A	B	F
0	0	0
0	1	1
1	0	1
1	1	0

异或运算的运算规则为

$$0 \oplus 0 = 0 \quad 0 \oplus 1 = 1 \quad 1 \oplus 0 = 1 \quad 1 \oplus 1 = 0$$

由此可以推出一般形式为

$$A \oplus 1 = \overline{A} \tag{1-8}$$

$$A \oplus 0 = A \tag{1-9}$$

$$A \oplus \overline{A} = 1 \tag{1-10}$$

$$A \oplus A = 0 \tag{1-11}$$

（5）同或逻辑

当两个输入变量 A、B 的取值相同时，输出变量 F 为 1；当两个输入变量 A、B 的取值相异时，输出变量 F 为 0，这种逻辑关系称为**同或**逻辑。其逻辑表达式为

$$F = A \odot B = \overline{A} \cdot \overline{B} + A \cdot B$$

⊙ 是**同或**运算符号。其真值表如表 1-16 所示。其逻辑符号如图 1-5（e）所示。

表 1-16　同或逻辑真值表

A	B	F
0	0	1
0	1	0
1	0	0
1	1	1

同或运算的运算规则为

$$0 \odot 0 = 1 \quad 0 \odot 1 = 0 \quad 1 \odot 0 = 0 \quad 1 \odot 1 = 1$$

由此可以推出一般形式为

$$A \odot 0 = \overline{A} \quad (1\text{-}12)$$
$$A \odot 1 = A \quad (1\text{-}13)$$
$$A \odot \overline{A} = 0 \quad (1\text{-}14)$$
$$A \odot A = 1 \quad (1\text{-}15)$$

由**异或**逻辑和**同或**逻辑的真值表可知，**异或**逻辑与**同或**逻辑正好相反，因此

$$A \odot B = \overline{A \oplus B} \quad (1\text{-}16)$$
$$A \oplus B = \overline{A \odot B} \quad (1\text{-}17)$$

有时又将**同或**逻辑称为**异或非**逻辑。

对于两变量来说，若两变量的原变量相同，则取非后两变量的反变量也相同；若两变量的原变量相异，则取非后两变量的反变量也必相异。因此，由**同或**逻辑和**异或**逻辑的定义可以得到

$$A \odot B = \overline{A} \odot \overline{B} \quad (1\text{-}18)$$
$$A \oplus B = \overline{A} \oplus \overline{B} \quad (1\text{-}19)$$

1.2.3 逻辑函数

1. 逻辑问题的描述

在实际问题中，上述的基本逻辑运算很少单独出现，经常出现的是由基本逻辑运算构成复杂程度不同的逻辑函数。对于任何一个具体的二元逻辑问题，常常可以设定此问题产生的条件为输入逻辑变量，设定此问题产生的结果为输出逻辑变量，从而用逻辑函数来描述它。逻辑函数是由若干逻辑变量 A, B, C, D, … 经过有限的逻辑运算所决定的输出 F。若输入逻辑变量 A，B，C，D，… 确定以后，F 的值也就被唯一地确定了，则称 F 是 A, B, C, D, … 的逻辑函数，记作 F=f(A, B, C, D, …)，即用一个逻辑表达式来表示。

下面以举重比赛的裁判规则为例说明逻辑函数的建立过程及它的描述方法。假设比赛规则为：一名主裁判和两名副裁判中，必须有两人以上（而且必须包括主裁判）认定运动员的动作合格，试举才算成功，否则不成功。我们用输入变量 A、B、C 分别代表一个主裁判和两个副裁判的认定结果，认为运动员的动作合格用 1 表示，不合格用 0 表示。用 F 表示运动员试举的结果，试举成功用 1 表示，不成功用 0 表示。那么就可以用表 1-17 描述这种函数关系。

表 1-17 举重裁判规则的真值表

输入			输出
A	B	C	F
0	0	0	0
0	0	1	0
0	1	0	0
0	1	1	0
1	0	0	0
1	0	1	1
1	1	0	1
1	1	1	1

在真值表的左边部分列出所有输入变量的全部组合。如果有 n 个输入变量，由于每个输入变量只有两种可能的取值，因此一共有 2^n 个组合。右边部分列出每个输入组合下的相应输出。

由真值表可以方便地写出输出变量的逻辑表达式。通常有两种方法。

（1）与或表达式

将每个输出变量 F=1 相对应的一组输入变量（A，B，C，…）的组合状态以逻辑乘形式表示（用原变量形式表示变量取值 1，用反变量形式表示变量取值 0），再将所有 F=1 的逻辑乘进行逻辑加，即得出 F 的逻辑表达式，这种表达式称为**与或**表达式，或称为"积之和"式。

例如，表 1-17 中，对应于 F=1 的输入变量组合，有 A=1、B=0、C=1，用逻辑乘 $A\bar{B}C$ 表示；有 A=1、B=1、C=0，用逻辑乘 $AB\bar{C}$ 表示；有 A=1、B=1、C=1，用逻辑乘 ABC 表示。对所有 F=1 的逻辑乘进行逻辑加，得到逻辑表达式为 $F=A\bar{B}C+AB\bar{C}+ABC$。这个表达式描述了举重比赛裁判的结果，即逻辑功能。

（2）或与表达式

将真值表中 F=0 的一组输入变量（A，B，C，…）的组合状态以逻辑加形式表示（用原变量表示变量取值 0，用反变量形式表示变量取值 1），再将所有 F=0 的逻辑加进行逻辑乘，可得出 F 的逻辑表达式，这种表达式称为**或与**表达式，又称为"和之积"式。

例如，表 1-17 中，对应于 F=0 的输入变量组合有 A=0、B=0、C=0，用逻辑加 A+B+C 表示；有 A=0、B=0、C=1，用逻辑加 $A+B+\bar{C}$ 表示；有 A=0、B=1、C=0，用逻辑加 $A+\bar{B}+C$ 表示；有 A=0、B=1、C=1，用逻辑加 $A+\bar{B}+\bar{C}$ 表示；有 A=1、B=0、C=0，用逻辑加 $\bar{A}+B+C$ 表示。对所有 F=0 的逻辑加进行逻辑乘，得到逻辑表达式为 $F=(A+B+C)(A+B+\bar{C})(A+\bar{B}+C)(A+\bar{B}+\bar{C})(\bar{A}+B+C)$。这个或与表达式也同样描述了举重比赛裁判的结果（逻辑功能）。

2. 逻辑函数相等

假设 $F(A_1,A_2,\cdots,A_n)$ 为变量 $A_1,A_2,\cdots,A_n$ 的逻辑函数，$G(A_1,A_2,\cdots,A_n)$ 为变量 $A_1,A_2,\cdots,A_n$ 的另一逻辑函数，如果对应于 $A_1,A_2,\cdots,A_n$ 的任一组状态组合，F 和 G 的值都相同，则称 F 和 G 是等值的，或者说 F 和 G 相等，记作 F=G。

如果 F=G，那么它们就应该有相同的真值表。反之，如果 F 和 G 的真值表相同，则 F=G。因此，要证明两个逻辑函数相等，只要把它们的真值表列出，如果完全一样，两个函数就相等。

【例 1-9】 设

$$F(A,B,C)=A(B+C)$$
$$G(A,B,C)=AB+AC$$

试证：F=G。

证明

为了证明 F=G，先根据 F 和 G 的逻辑表达式列出它们的真值表，如表 1-18 所示，它是根据逻辑表达式对输入变量的各种取值组合进行逻辑运算，从而求出相应的函数值而得到的。

表 1-18 例 1-9 的真值表

A	B	C	F=A(B+C)	G=AB+AC
0	0	0	0	0
0	0	1	0	0
0	1	0	0	0
0	1	1	0	0
1	0	0	0	0
1	0	1	1	1
1	1	0	1	1
1	1	1	1	1

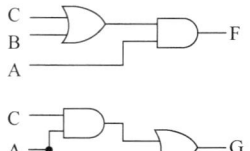

图1-6 实现F和G的逻辑电路

由表1-18可见，对应于A、B、C的任意一组取值组合，F和G的值均完全相同，所以F=G。

在"相等"的意义下，表达式A(B+C)和表达式AB+AC是表示同一逻辑功能的两种不同的表达式。实现F和G的逻辑电路如图1-6所示。由图可知，它们的结构形式和组成不同，但它们所具有的逻辑功能是完全相同的。

3. 逻辑代数的常见公式

（1）关于变量和常量关系的公式

$$A+0=A \quad (1\text{-}20) \qquad A\cdot 1=A \quad (1\text{-}20^*)$$
$$A+1=1 \quad (1\text{-}21) \qquad A\cdot 0=0 \quad (1\text{-}21^*)$$
$$A+\overline{A}=1 \quad (1\text{-}22) \qquad A\cdot \overline{A}=0 \quad (1\text{-}22^*)$$
$$A\odot 0=\overline{A} \quad (1\text{-}23) \qquad A\oplus 1=\overline{A} \quad (1\text{-}23^*)$$
$$A\odot 1=A \quad (1\text{-}24) \qquad A\oplus 0=A \quad (1\text{-}24^*)$$
$$A\odot \overline{A}=0 \quad (1\text{-}25) \qquad A\oplus \overline{A}=1 \quad (1\text{-}25^*)$$

（2）交换律、结合律、分配律

① 交换律

$$A+B=B+A \quad (1\text{-}26)$$
$$A\cdot B=B\cdot A \quad (1\text{-}27)$$
$$A\odot B=B\odot A \quad (1\text{-}28)$$
$$A\oplus B=B\oplus A \quad (1\text{-}29)$$

② 结合律

$$A+B+C=(A+B)+C \quad (1\text{-}30)$$
$$ABC=(AB)C=A(BC) \quad (1\text{-}31)$$
$$A\odot B\odot C=(A\odot B)\odot C \quad (1\text{-}32)$$
$$A\oplus B\oplus C=(A\oplus B)\oplus C \quad (1\text{-}33)$$

③ 分配律

$$A(B+C)=AB+AC \quad (1\text{-}34)$$
$$A+BC=(A+B)(A+C) \quad (1\text{-}35)$$
$$A(B\oplus C)=AB\oplus AC \quad (1\text{-}36)$$
$$A+(B\odot C)=(A+B)\odot(A+C) \quad (1\text{-}37)$$

（3）逻辑代数的一些特殊规律

① 重叠律

$$A+A=A \quad (1\text{-}38)$$
$$A\cdot A=A \quad (1\text{-}39)$$
$$A\odot A=1 \quad (1\text{-}40)$$
$$A\oplus A=0 \quad (1\text{-}41)$$

根据式（1-40）及式（1-41）可以推广为：奇数个A重叠同或运算得A，偶数个A重叠同或运算得1，奇数个A重叠异或运算得A，偶数个A重叠异或运算得0。

② 反演律

$$\overline{A+B}=\overline{A}\cdot \overline{B} \quad (1\text{-}42)$$
$$\overline{AB}=\overline{A}+\overline{B} \quad (1\text{-}43)$$

$$\overline{A \odot B} = A \oplus B \tag{1-44}$$

$$\overline{A \oplus B} = A \odot B \tag{1-45}$$

③ 调换律

同或、**异或**逻辑的特点还表现在变量的调换律。

同或调换律：若 A⊙B=C，则必有

$$A \odot C = B，B \odot C = A \tag{1-46}$$

异或调换律：若 A⊕B=C，则必有

$$A \oplus C = B，B \oplus C = A \tag{1-47}$$

4. 逻辑代数的基本规则

（1）代入规则

任何一个含有变量 A 的逻辑表达式中，如果将逻辑表达式中所有出现 A 的位置，都代之以一个逻辑函数 F，则等式仍然成立。这个规则称为代入规则。

由于任何一个逻辑函数，它和一个逻辑变量一样，只有 0 和 1 两种取值，显然，代入规则是成立的。

【例 1-10】 已知 $\overline{A+B} = \overline{A} \cdot \overline{B}$，函数 F=B+C+D，若用 F 代替等式中的 B，则有

$$\overline{A+(B+C+D)} = \overline{A} \cdot \overline{(B+C+D)}$$
$$= \overline{A} \cdot \overline{B} \cdot \overline{C} \cdot \overline{D}$$

必须注意的是，在使用代入规则时，一定要把所有出现被代替变量的地方都代之以同一函数，否则不正确。

（2）反演规则

设 F 是一个逻辑表达式，如果将 F 中所有的"·"（注意：在逻辑表达式中，不致混淆的地方，"·"常被省略）变为"+"，"+"变为"·"，"1"变为"0"，"0"变为"1"，原变量变为反变量，反变量变为原变量，运算顺序保持不变，即可得到函数 F 的反函数 $\overline{F}$（或称补函数）。这就是反演规则。

利用反演规则可以方便地求得一个逻辑函数的反函数。

【例 1-11】 已知 $F = A\overline{B} + (\overline{A} + B)(C + \overline{D} + E)$，求它的反函数 $\overline{F}$。

解 由反演规则，可得

$$\overline{F} = (\overline{A} + B) \cdot (A\overline{B} + \overline{C}D\overline{E})$$

【例 1-12】 已知 $F = A + \overline{C} + D + \overline{E}$，求它的反函数 $\overline{F}$。

解 由反演规则，可得

$$\overline{F} = \overline{A} \cdot \overline{B} \cdot (C + \overline{D} \cdot E)$$

需要注意的是，在利用反演规则求反函数时，原来运算符号的顺序不能弄错，必须按照先**与**后**或**的顺序。因此，上例中的**或**项要加括号。当与项变为**或**项时也应加括号。例如，A+BD 求反后，应写为 $\overline{A}(\overline{B}+\overline{D})$。

如果函数 $\overline{F}$ 是某一函数 G 的反函数，那么 F 也就是 $\overline{G}$ 的反函数，即 F 与 $\overline{G}$ 互为反函数。

（3）对偶规则

设 F 是一个逻辑表达式，如果将 F 中所有的"·"变为"+"，"+"变为"·"，"1"变为"0"，"0"变为"1"，即可得到一个新的逻辑表达式 F*，F* 称为 F 的对偶式。

【例 1-13】 已知 F=AB+ABC，求 F* 的逻辑表达式。

解 F* = (A+B)·(A+B+C)

【例 1-14】 已知 F=A+B(C+D)(E+F)，求 F^* 的逻辑表达式。

解 F^*=A·(B+CD+EF)

如果 F^* 是 F 的对偶式，那么 F 也是 F^* 的对偶式，即函数是互为对偶的。

若有两个函数相等，即 $F_1=F_2$，则它们的对偶式也相等，$F_1^*=F_2^*$。等式的对偶式也相等，这就是对偶规则。

在使用对偶规则写函数的对偶式时，同样要注意运算符号顺序。

本节式（1-20）～式（1-25）与式（1-20*）～式（1-25*）互为对偶式。因此，这些公式只需记忆一半。

1.2.4 逻辑函数的标准形式

逻辑函数的表达式可以有多种形式，但是每个逻辑函数的标准表达式是唯一的。标准表达式有两种形式，即标准**与或**式和标准**或与**式。

1. 标准与或式

（1）最小项

在逻辑函数的**与或**表达式中，函数的展开式中的每一项都是由函数的全部变量组成的与项。逻辑函数的全部变量以原变量或反变量的形式出现，且仅出现一次，所组成的与项称为逻辑函数的最小项。

为了便于识别和书写，通常用 m_i 表示最小项。下标 i 是这样确定的：把最小项中的原变量记为 1，反变量记为 0，变量取值按顺序排列成二进制数。那么这个二进制数的等值十进制数就是下标 i。表 1-19 所示为三变量的所有最小项，表 1-20 所示为四变量的所有最小项。由表可知，m_i 不仅和变量的顺序有关，也和变量的数目有关。

表 1-19　三变量最小项和最大项

A	B	C	对应最小项（m_i）	对应最大项（M_i）
0	0	0	$\bar{A}\ \bar{B}\ \bar{C}=m_0$	$A+B+C=M_0$
0	0	1	$\bar{A}\ \bar{B}\ C=m_1$	$A+B+\bar{C}=M_1$
0	1	0	$\bar{A}\ B\ \bar{C}=m_2$	$A+\bar{B}+C=M_2$
0	1	1	$\bar{A}\ BC=m_3$	$A+\bar{B}+\bar{C}=M_3$
1	0	0	$A\ \bar{B}\ \bar{C}=m_4$	$\bar{A}+B+C=M_4$
1	0	1	$A\ \bar{B}\ C=m_5$	$\bar{A}+B+\bar{C}=M_5$
1	1	0	$AB\ \bar{C}=m_6$	$\bar{A}+\bar{B}+C=M_6$
1	1	1	$ABC=m_7$	$\bar{A}+\bar{B}+\bar{C}=M_7$

表 1-20　四变量最小项和最大项

ABCD	对应最小项（m_i）	对应最大项（M_i）	ABCD	对应最小项（m_i）	对应最大项（M_i）
0000	$\bar{A}\ \bar{B}\ \bar{C}\ \bar{D}=m_0$	$A+B+C+D=M_0$	0100	$\bar{A}\ B\ \bar{C}\ \bar{D}=m_4$	$A+\bar{B}+C+D=M_4$
0001	$\bar{A}\ \bar{B}\ \bar{C}D=m_1$	$A+B+C+\bar{D}=M_1$	0101	$\bar{A}\ B\ \bar{C}D=m_5$	$A+\bar{B}+C+\bar{D}=M_5$
0010	$\bar{A}\ \bar{B}\ C\bar{D}=m_2$	$A+B+\bar{C}+D=M_2$	0110	$\bar{A}\ BC\bar{D}=m_6$	$A+\bar{B}+\bar{C}+D=M_6$
0011	$\bar{A}\ \bar{B}\ CD=m_3$	$A+B+\bar{C}+\bar{D}=M_3$	0111	$\bar{A}\ BCD=m_7$	$A+\bar{B}+\bar{C}+\bar{D}=M_7$

ABCD	对应最小项（m_i）	对应最大项（M_i）	ABCD	对应最小项（m_i）	对应最大项（M_i）
1000	$A\bar{B}\bar{C}\bar{D}=m_8$	$\bar{A}+B+C+D=M_8$	1100	$AB\bar{C}\bar{D}=m_{12}$	$\bar{A}+\bar{B}+C+D=M_{12}$
1001	$A\bar{B}\bar{C}D=m_9$	$\bar{A}+B+C+\bar{D}=M_9$	1101	$AB\bar{C}D=m_{13}$	$\bar{A}+\bar{B}+C+\bar{D}=M_{13}$
1010	$A\bar{B}C\bar{D}=m_{10}$	$\bar{A}+B+\bar{C}+D=M_{10}$	1110	$ABC\bar{D}=m_{14}$	$\bar{A}+\bar{B}+\bar{C}+D=M_{14}$
1011	$A\bar{B}CD=m_{11}$	$\bar{A}+B+\bar{C}+\bar{D}=M_{11}$	1111	$ABCD=m_{15}$	$\bar{A}+\bar{B}+\bar{C}+\bar{D}=M_{15}$

最小项具有如下 3 个主要性质。

① 对于任何一个最小项，只有一组变量取值使最小项的值为 1。

② 任意两个不同的最小项之积必为 0，即

$$m_i m_j = 0 \, (i \neq j)$$

③ n 个变量的所有 2^n 个最小项之和必为 1，即

$$\sum_{i=0}^{2^n-1} m_i = 1$$

式中，符号 $\sum$ 表示 2^n 个最小项求和。

（2）标准与或式

全部由最小项之和组成的与或式，称为标准与或式，又称为标准积之和式或最小项表达式。下面介绍获得逻辑函数标准与或式的两种方法。

① 利用基本公式 $A+\bar{A}=1$，可以把缺少变量 A 的乘积项拆为两个包含 A 和 $\bar{A}$ 的乘积项之和。

【例 1-15】 写出三变量 A、B、C 的逻辑函数 F=AB+AC+BC 的最小项标准与或式。

解

$$F=AB+AC+BC$$
$$=AB(C+\bar{C})+AC(B+\bar{B})+BC(A+\bar{A})$$
$$=ABC+AB\bar{C}+ABC+A\bar{B}C+ABC+\bar{A}BC$$
$$=\bar{A}BC+A\bar{B}C+AB\bar{C}+ABC$$

所以 $F(A, B, C)=m_3+m_5+m_6+m_7=\sum m(3, 5, 6, 7)$

② 由真值表求标准与或式。任何一个逻辑函数都可以用真值表描述，真值表中的每一行就是一个最小项，所以只要将真值表中输出函数为 1 的最小项相加，就可以得到此函数的标准与或式。

由于任何一个逻辑函数的真值表是唯一的，因此它的标准与或式也是唯一的。

2. 标准或与式

（1）最大项

逻辑函数的全部变量以原变量或反变量的形式出现，且仅出现一次，所组成的或项称为函数的最大项，用 M_i 表示。M 的下标 i 是这样确定的：把最大项中的原变量记为 0，反变量记为 1，变量取值按顺序排列成二进制数，这个二进制数的等值十进制数就是下标 i。在由真值表写最大项时，变量取值为 0 写原变量，变量取值为 1 写反变量。

例如，一个三变量 F(A, B, C)的最大项 $A+B+\bar{C}$ 表示为 M_1，$\bar{A}+\bar{B}+C$ 表示为 M_6。

最大项具有如下 3 个主要性质。

① 对于任意一个最大项，只有一组变量取值可使其取值为 0。

② 任意两个最大项之和必为 1，即 $M_i+M_j=1$（$i \neq j$）。

③ n 个变量的所有 2^n 个最大项之积必为 0，即

$$\prod_{i=0}^{2^n-1} M_i = 0$$

式中，符号 $\prod$ 表示 2^n 个最大项求积。

（2）标准或与式

全部由最大项之积组成的逻辑表达式称为标准**或**与式，又称标准和之积式，或称最大项表达式。

【例 1-16】 写出三变量 A、B、C 的逻辑函数 F=AB+AC+BC 的最大项标准**或**与式。

解

$$\begin{aligned}
F &= AB+AC+BC \\
&= (AB+AC+B)(AB+AC+C) \\
&= (B+AC)(C+AB) \\
&= (B+A)(B+C)(A+C)(B+C) \\
&= (A+B)(A+C)(B+C) \\
&= (A+B+C\bar{C})(A+B\bar{B}+C)(A\bar{A}+B+C) \\
&= (A+B+C)(A+B+\bar{C})(A+\bar{B}+C)(A+B+C)(\bar{A}+B+C) \\
&= (A+B+C)(A+B+\bar{C})(A+\bar{B}+C)(\bar{A}+B+C)
\end{aligned}$$

所以 $F(A, B, C) = M_0 M_1 M_2 M_4 = \prod M(0, 1, 2, 4)$

任何一个逻辑函数都可以用真值表来描述，由真值表写出的**或**与式，也是 F 的最大项表达式。

（3）最小项与最大项的关系

由最小项和最大项的定义可知，对于三变量 A、B、C，有

$$\overline{m_0} = \overline{\bar{A}\bar{B}\bar{C}} = A+B+C = M_0$$

$$\overline{m_7} = \overline{ABC} = \bar{A}+\bar{B}+\bar{C} = M_7$$

同样，有 $\overline{M_0} = \overline{A+B+C} = \bar{A}\bar{B}\bar{C} = m_0$，$\overline{M_7} = \overline{\bar{A}+\bar{B}+\bar{C}} = ABC = m_7$

推广到任意变量的函数，$\overline{m_i} = M_i$，$\overline{M_i} = m_i$，即下标相同的最小项和最大项互为反函数。

1.2.5 逻辑函数的化简方法

在进行逻辑设计时，根据逻辑问题归纳出来的逻辑表达式往往不是最简的逻辑表达式，并且可以有多种不同的形式。一种形式的逻辑表达式对应于一种逻辑电路，尽管它们的形式不同，但其逻辑功能是相同的。逻辑表达式有繁有简，相应的逻辑电路也有繁有简。

为使实现给定逻辑功能的电路简单、经济、快速、可靠，就要寻找最佳逻辑表达式。因此，逻辑函数的化简就成为逻辑设计的一个关键问题。因为逻辑表达式越简单，所设计的电路不仅越简单、经济，而且出现故障的可能性越小，可靠性越高，电路的级数更少，工作速度也可以更快。

在逻辑函数的各种表达式中，与**或**式和**或**与式是最基本的，其他形式的表达式都可由它们变换得到。这里将主要从与**或**式出发来讨论函数的化简方法，逻辑函数的化简没有一个严格的标准可以遵循，一般从以下几个方面考虑。

① 逻辑函数中包含的项数（与项或者**或**项的数目）最少，逻辑电路所用门数就最少。

② 逻辑函数中每一项包含的变量数最少，各个门的输入端数就最少。

③ 逻辑电路从输入到输出的级数最少，以减少电路的延迟。

④ 逻辑电路能可靠地工作。

前两条是从降低成本考虑的，第③条是为了提高工作速度，第④条考虑电路的可靠性问题。而这几条有时是矛盾的。在实际应用中，应兼顾各方面指标，还要看设计要求。本书以"函数的项数和每项的变量数最少"作为逻辑函数化简的目标，其他指标根据设计要求再具体考虑。

1. 逻辑函数的公式化简法

公式化简法的原理就是利用逻辑代数中的基本公式和常用公式消去函数中多余的乘积项和多余的因子，得到最简形式。常用的方法有如下几种。

（1）并项法

运用基本公式 $A+\overline{A}=1$ 将两项合为一项，消去 A 和 $\overline{A}$ 这对因子。

【例 1-17】 试用并项法化简 $F=ABC+A\overline{B}+A\overline{C}$。

解
$$F=ABC+A\overline{B}+A\overline{C}=ABC+A(\overline{B}+\overline{C})$$
$$=ABC+A\overline{BC}=A(BC+\overline{BC})=A$$

（2）吸收法

运用公式 $A+AB=A$ 可将 AB 消去，吸收了多余项。

【例 1-18】 试用吸收法化简 $F=\overline{A}+A\overline{BC}(B+AC+\overline{D})+BC$。

解
$$F=\overline{A}+A\overline{BC}(B+AC+\overline{D})+BC$$
$$=\overline{A}+(\overline{A}+BC)(B+AC+\overline{D})+BC$$
$$=(\overline{A}+BC)+(\overline{A}+BC)(B+AC+\overline{D})$$
$$=\overline{A}+BC$$

（3）消因子法

运用公式 $A+\overline{A}B=A+B$ 可将 $\overline{A}B$ 中的因子 $\overline{A}$ 消去。

【例 1-19】 试利用消因子法化简 $F=AB+\overline{A}C+\overline{B}C$。

解
$$F=AB+\overline{A}C+\overline{B}C$$
$$=AB+(\overline{A}+\overline{B})C$$
$$=AB+\overline{AB}C$$
$$=AB+C$$

（4）消项法

运用公式 $AB+\overline{A}C+BC=AB+\overline{A}C$ 或 $AB+\overline{A}C+BCD=AB+\overline{A}C$ 将冗余项 BC 或者 BCD 消去。

【例 1-20】 试利用消项法化简 $F=A\overline{B}+A\overline{C}+CD+AD$。

解
$$F=A\overline{B}+A\overline{C}+CD+AD$$
$$=A\overline{B}+(A\overline{C}+CD+AD)$$
$$=A\overline{B}+A\overline{C}+CD$$

（5）配项法

① 利用公式 $A+\overline{A}=1$ 先将逻辑表达式中某一项乘以所缺变量的正反变量的和，例如，缺变量 B，此项就乘以 $(B+\overline{B})$。再拆成两项后分别与其他项合并，达到化简的目的。

【例 1-21】 试化简逻辑函数 $F=A\overline{B}+B\overline{C}+\overline{B}C+\overline{A}B$。

解

方法一：

$$F=A\overline{B}+B\overline{C}+\overline{B}C+\overline{A}B$$
$$=A\overline{B}(C+\overline{C})+B\overline{C}(A+\overline{A})+\overline{B}C+\overline{A}B$$
$$=A\overline{B}C+A\overline{B}\,\overline{C}+AB\overline{C}+\overline{A}B\overline{C}+\overline{B}C+\overline{A}B$$
$$=(A\overline{B}C+\overline{B}C)+(A\overline{B}\,\overline{C}+AB\overline{C})+(\overline{A}B\overline{C}+\overline{A}B)$$
$$=\overline{B}C+A\overline{C}+\overline{A}B$$

方法二：
$$F=A\overline{B}+B\overline{C}+\overline{B}C+\overline{A}B$$
$$=A\overline{B}+B\overline{C}+\overline{B}C(A+\overline{A})+\overline{A}B(C+\overline{C})$$
$$=A\overline{B}+B\overline{C}+A\overline{B}C+\overline{A}\,\overline{B}C+\overline{A}BC+\overline{A}B\overline{C}$$
$$=(A\overline{B}+A\overline{B}C)+(B\overline{C}+\overline{A}B\overline{C})+(\overline{A}\,\overline{B}C+\overline{A}BC)$$
$$=A\overline{B}+B\overline{C}+\overline{A}C$$

由上述两种方法化简，可以得到两个不同的结果，这说明最简式不是唯一的。

② 利用公式 A+A=A，在逻辑表达式中重复写入某一项，达到更加简化的目的。

【例 1-22】 试化简逻辑函数 $F=A\overline{B}\,\overline{C}+\overline{A}\,\overline{B}C+A\overline{B}C+ABC$。

解
$$F=A\overline{B}\,\overline{C}+\overline{A}\,\overline{B}C+A\overline{B}C+ABC$$
$$=(A\overline{B}\,\overline{C}+A\overline{B}C)+(\overline{A}\,\overline{B}C+AC)+(A\overline{B}C+ABC)$$
$$=A\overline{B}+\overline{B}C+AC$$

③ 利用公式 $AB+\overline{A}C=AB+\overline{A}C+BC$，在逻辑表达式中增加 BC 项，再与其他乘积项进行合并，以达到化简目的。

【例 1-23】 试化简逻辑函数 $F=AC+\overline{A}D+\overline{B}D+B\overline{C}$。

解
$$F=AC+\overline{A}D+\overline{B}D+B\overline{C}$$
$$=AC+B\overline{C}+(\overline{A}+\overline{B})D$$
$$=AC+B\overline{C}+AB+\overline{AB}D$$
$$=AC+B\overline{C}+AB+D$$
$$=AC+B\overline{C}+D$$

在实际化简逻辑函数时，往往综合运用上述多种方法才能达到化简的目的。

使用公式化简法化简逻辑函数的优点是简单方便，没有局限性，对任何类型、任何变量数的表达式都适用。但是它的缺点也较为明显，需要熟练掌握和运用公式，并且有一定技巧。更重要的一点是，公式化简法往往不易判断化简后的结果是否为最简。只有多做练习，积累经验，才能做到熟能生巧，较好地掌握公式化简法。

2. 卡诺图化简法

（1）卡诺图

前面已经提到，用真值表可以描述一个逻辑函数。但是，直接把真值表作为运算工具十分不方便。将真值表变换成方格图的形式，按循环码的规则来排列变量的取值组合，所得的真值图称为卡诺图。利用卡诺图可以十分方便地对逻辑函数进行化简，通常称为图解法或者卡诺图法。

逻辑函数的卡诺图是真值表的图形表示法。它是将逻辑函数的逻辑变量分为行、列两组纵横排列，两组变量数最多差一个。每组变量的取值组合按循环码规律排列。这种反映变量取值组合与函数值关系的方格图，称为逻辑函数的卡诺图。循环码是相邻两组之间只有一个变量值不同的编码，例如，2 个变量 4 种取值组合按 00→01→11→10 排列。必须注意，这里的相邻包括头、尾两组，即 10 与 00 也是相邻的。当变量增多时，每组变量可能含有 3 个或 3 个以上的变量。表 1-21 所示为 2~4 个变量的循环码，从这个表可以看出循环码排列的规律。如果是 n 个变量，则一共有 2^n 个取值组合。其最低位变量取值按 0110 重复排列；次低 1 位按 00111100 重复排列；再前 1 位按 0000111111110000 重复排列；以此类推，最高 1 位变量的取值是 2^{n-1} 个连 0 和 2^{n-1} 个连 1 排列。这样可以得到 2^n 个取值组合的循环码排列。

表 1-21　2~4 个变量的循环码

A	B	A	B	C	A	B	C	D
0	0	0	0	0	0	0	0	0
0	1	0	0	1	0	0	0	1
1	1	0	1	1	0	0	1	1
1	0	0	1	0	0	0	1	0
		1	1	0	0	1	1	0
		1	1	1	0	1	1	1
		1	0	1	0	1	0	1
		1	0	0	0	1	0	0
					1	1	0	0
					1	1	0	1
					1	1	1	1
					1	1	1	0
					1	0	1	0
					1	0	1	1
					1	0	0	1
					1	0	0	0

图 1-7 和图 1-8 分别是三变量和四变量卡诺图的一般形式。三变量卡诺图共有 $2^3=8$ 个小方格，每个小方格对应三变量真值表中的一个取值组合。因此，每个小方格也就相当于真值表中的一个最小项。图中每个小方格中填入了对应最小项的代号。比较三变量最小项表（表 1-19）和图 1-7 及四变量最小项表（表 1-20）和图 1-8，可以看出，卡诺图与真值表只是形式不同而已。图 1-9 所示为五变量卡诺图的分开画法和整体画法。

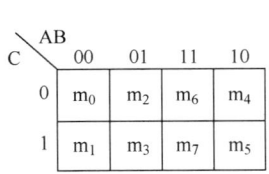

图 1-7　三变量卡诺图

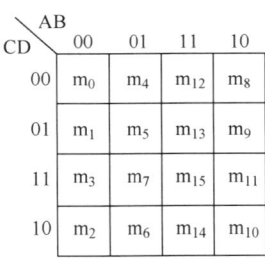

图 1-8　四变量卡诺图

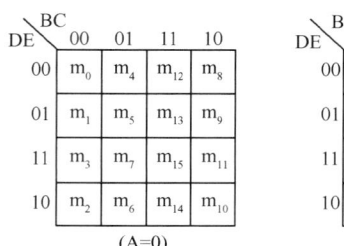

DE\BC	00	01	11	10
00	m_0	m_4	m_{12}	m_8
01	m_1	m_5	m_{13}	m_9
11	m_3	m_7	m_{15}	m_{11}
10	m_2	m_6	m_{14}	m_{10}

(A=0)

DE\BC	00	01	11	10
00	m_{16}	m_{20}	m_{28}	m_{24}
01	m_{17}	m_{21}	m_{29}	m_{25}
11	m_{19}	m_{23}	m_{31}	m_{27}
10	m_{18}	m_{22}	m_{30}	m_{26}

(A=1)

（a）分开画法

DE\ABC	000	001	011	010	110	111	101	100
00	m_0	m_4	m_{12}	m_8	m_{24}	m_{28}	m_{20}	m_{16}
01	m_1	m_5	m_{13}	m_9	m_{25}	m_{29}	m_{21}	m_{17}
11	m_3	m_7	m_{15}	m_{11}	m_{27}	m_{31}	m_{23}	m_{19}
10	m_2	m_6	m_{14}	m_{10}	m_{26}	m_{30}	m_{22}	m_{18}

（b）整体画法

图 1-9　五变量卡诺图

（2）用卡诺图表示逻辑函数的方法

由于任意一个 *n* 变量的逻辑函数都可以变换成最小项表达式，而 *n* 变量卡诺图包含 *n* 变量的所有最小项，所以 *n* 变量卡诺图可以表示 *n* 变量的任意一个逻辑函数。例如，表示一个三变量的逻辑函数 $F(A, B, C)=\sum m(3, 5, 6, 7)$，可以在三变量卡诺图的 m_3、m_5、m_6、m_7 的小方格中加以标记，一般是在三变量卡诺图对应 m_3、m_5、m_6、m_7 的小方格中填 1，其余小方格填 0。填 1 的小方格称为 1 格，填 0 的小方格称为 0 格，如图 1-10 所示。1 格的含义是，当函数的变量取值与该小方格的最小项相同时，函数值为 1。

对于一个非标准的逻辑表达式（不是最小项表达式），通常是将逻辑函数变换成最小项表达式再填图。例如：

$$F=AB\overline{C}+\overline{A}BD+AC$$
$$=AB\overline{C}\,\overline{D}+AB\overline{C}D+\overline{A}B\overline{C}D+\overline{A}BCD+A\overline{B}C\overline{D}+A\overline{B}CD+ABC\overline{D}+ABCD$$

即 $F(A, B, C, D)=\sum m(12, 13, 5, 7, 10, 11, 14, 15)$。

在四变量卡诺图相对应的小方格中填 1，如图 1-11 所示。

C\AB	00	01	11	10
0	0	0	1	0
1	0	1	1	1

图 1-10　卡诺图标记法

CD\AB	00	01	11	10
00	0	0	1	0
01	0	1	1	0
11	0	1	1	1
10	0	0	1	1

图 1-11　$F(A, B, C, D)=\sum m(12, 13, 5, 7, 10, 11, 14, 15)$的卡诺图

有些逻辑函数变换成最小项表达式时十分烦琐，可以采用直接观察法。观察法的基本原理是，在逻辑函数的**与或**式中，乘积项中只要有一个变量因子的值为 0，该乘积项则为 0；只有所有变量因子值全部为 1，该乘积项才为 1。如果乘积项没有包含全部变量（非最小项），只要乘积项现

有变量因子能满足使该乘积项为 1 的条件，该乘积项值就为 1。例如，$F=\overline{A}B\overline{C}+\overline{C}D+BD$，该逻辑函数为四变量函数，第 1 个乘积项$\overline{A}B\overline{C}$缺少变量 D，只要变量 A、B、C 取值 A=0、B=1、C=0，不论 D 取值为 1 或 0，均满足$\overline{A}B\overline{C}=1$。因此，在卡诺图中，对应 A=0、B=1、C=0 的两个小方格，即$\overline{A}B\overline{C}\overline{D}$、$\overline{A}B\overline{C}D$均可填 1，如图 1-12 中 m_4 和 m_5 中的 1；第 2 个乘积项$\overline{C}D$，在卡诺图上对应 C=0、D=1 有 4 个小方格，即$\overline{A}\overline{B}\overline{C}D$、$\overline{A}B\overline{C}D$、$A\overline{B}\overline{C}D$、$AB\overline{C}D$均可填 1，如图 1-12 中 m_1、m_5、m_9、m_{13} 中的 1；第 3 个乘积项 BD，对应 B=1、D=1 有 4 个小方格，均可填 1，如图 1-12 中 m_5、m_7、m_{13}、m_{15} 中的 1。这样就得到表示逻辑函数 $F=\overline{A}B\overline{C}+\overline{C}D+BD$ 的卡诺图，如图 1-12 所示。

CD \ AB	00	01	11	10
00	0	1	0	0
01	1	1	1	1
11	0	1	1	0
10	0	0	0	0

图 1-12　$F=\overline{A}B\overline{C}+\overline{C}D+BD$ 的卡诺图

（3）利用卡诺图合并最小项的规律

在用公式化简法化简逻辑函数时，常利用公式 $AB+A\overline{B}=A$ 将两个乘积项合并。该公式表明，如果一个变量分别以原变量和反变量的形式出现在两个乘积项中，而这两个乘积项的其余部分完全相同，那么这两个乘积项可以合并为一项，它由相同部分的变量组成。

卡诺图变量取值组合按循环码的规律排列，使处在相邻位置的最小项都只有一个变量表现出取值 0 和 1 的差别。因此，凡是在卡诺图中处于相邻位置的最小项均可以合并。

图 1-13 所示为两个相邻项进行合并的例子。在图 1-13（a）中，两个相邻项$\overline{A}\overline{B}\overline{C}$和$\overline{A}B\overline{C}$，在变量 B 上出现了差别，因此这两项可以合并为一项$\overline{A}\overline{C}$，消去变量 B。在卡诺图上，把能合并的两项圈在一起，合并项由圈内没有 0、1 变化的那些变量组成。两个相邻 1 格圈在一起，只有一个变量表现出 0、1 变化，因此合并项由 $n-1$ 个变量组成，如图 1-13（b）和图 1-13（c）中的$\overline{B}\overline{C}$、AB 等合并项。

（a）$F=\overline{A}\overline{C}$　（b）$F=\overline{B}\overline{C}$　（c）$F=AB$

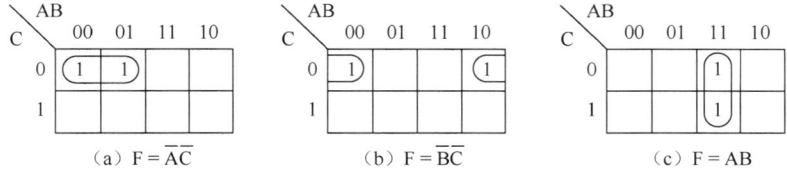

图 1-13　两个相邻项的合并举例

图 1-14 所示为三变量卡诺图 4 个相邻 1 格合并的例子。图 1-15 所示为四变量卡诺图 4 个相邻 1 格合并的例子。

（a）$F=\overline{A}$　（b）$F=C$　（c）$F=\overline{B}$

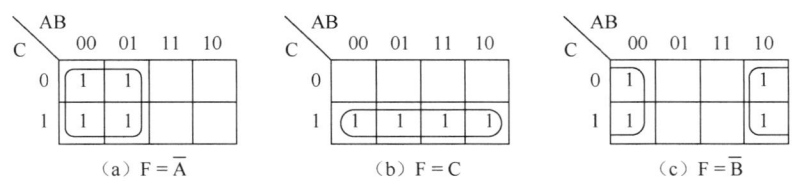

图 1-14　三变量卡诺图 4 个相邻项的合并举例

4 个相邻 1 格圈在一起，可以合并为一项，圈中有两个变量表现出 0、1 的变化，因此合并项由 $n-2$ 个变量组成。在 4 个 1 格合并时，尤其要注意首、尾相邻 1 格和四角的相邻 1 格，如图 1-14（c）、图 1-15（a）中的①和图 1-15（b）。

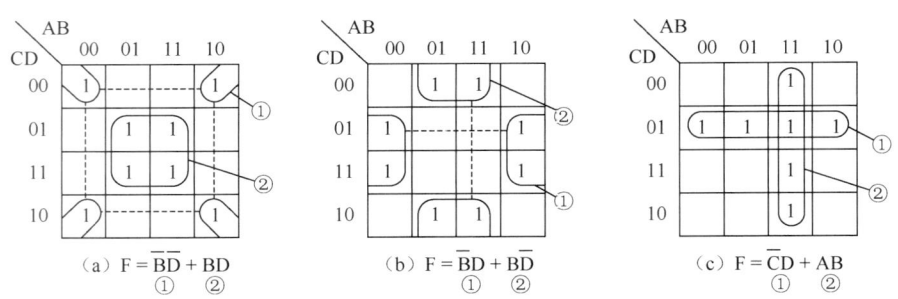

图 1-15 四变量卡诺图 4 个相邻项的合并举例

图 1-16 所示为 8 个相邻 1 格合并的例子。合并乘积项由 $n-3$ 个变量构成。

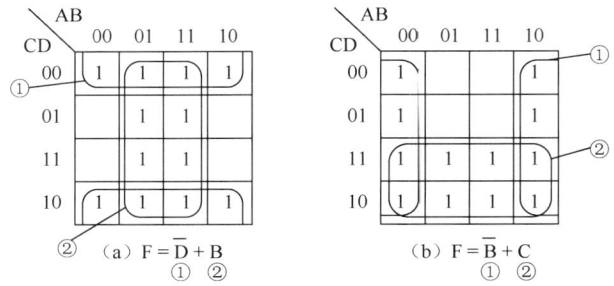

图 1-16 四变量卡诺图 8 个相邻项的合并举例

由上述可以看出，在卡诺图中合并最小项，将图中相邻 1 格加圈标记，每个圈内必须包含 2^i 个相邻 1 格（注意卡诺图的首、尾及四角的最小项方格也相邻）。在 n 变量的卡诺图中，2^i 个相邻 1 格圈在一起，圈内有 i 个变量有 0、1 变化，合并后乘积项由 $n-i$ 个没有 0、1 变化的变量组成。

最后必须指出，对于五变量以上的卡诺图，某些相邻项有时不是十分直观地可以辨认出来的。例如，图 1-17 所示的五变量卡诺图中，最小项 $\overline{A}\,\overline{B}CDE$ 和 $A\overline{B}CDE$，只有一个变量 A 取值不同，它们是可以合并为一项的。只要以卡诺图的中线为对称轴，两边镜像的位置均为相邻，就可以合并。但在图中这两项相邻的特性不易直观看出。因此，对于五变量以上的逻辑函数，利用卡诺图合并并不直观。

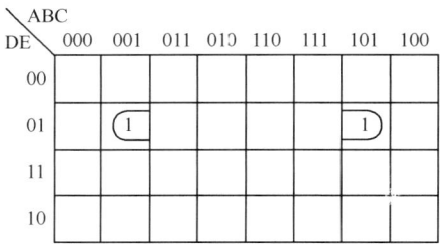

图 1-17 五变量卡诺图

（4）利用卡诺图化简逻辑函数

在了解卡诺图合并最小项的规律以后，就不难对逻辑函数用卡诺图进行化简了。在卡诺图上化简逻辑函数时，采用圈合并最小项的方法，函数化简后乘积项的数目等于合并圈的数目，每个乘积项所含变量因子的数目取决于合并圈的大小，每个合并圈应尽可能扩大。

为了说明在卡诺图上化简逻辑函数的方法，下面先说明几个概念。

① 主要项：在卡诺图中，把 2^i 个相邻 1 格合并，如果合并圈不能再扩大（再扩大将包括卡

诺图中的 0 格），这样的圈得到的合并乘积项称为主要项，有的书中称之为素项或本原蕴含项。如图 1-18（a）中的 $\overline{A}\,\overline{C}$ 和 ABC 都是主要项，图 1-18（b）中的 $\overline{A}\,\overline{C}$ 不是主要项，因为 $\overline{A}\,\overline{C}$ 圈还可以扩大，$\overline{A}$ 才是主要项。因而也可以说，主要项的圈不被更大的圈所覆盖。

② 必要项：凡是主要项圈中至少有一个"特定"的 1 格没有被其他主要项圈所覆盖，这个主要项就称为必要项或实质主要项。例如，图 1-18（a）中的 $\overline{A}\,\overline{C}$、ABC 和（b）中的 $\overline{A}$，图 1-19（a）中的 $\overline{A}\,\overline{C}$、$\overline{A}B$ 和（b）中的 $\overline{A}\,\overline{C}$、BC 都是必要项。逻辑函数最简式中的乘积项都是必要项。必要项在有些书中称为实质素项或实质本原蕴含项。

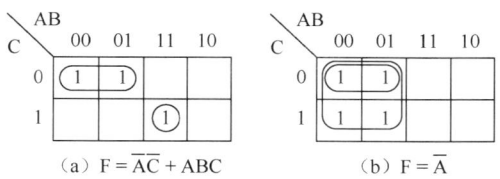

图 1-18 主要项举例

③ 多余项：一个主要项圈如果不包含"特定"1 格，也就是说，它所包含的 1 格均被其他的主要项圈所覆盖，这个主要项就是多余项，有的书中称为冗余项。如图 1-19（b）中的 $\overline{A}B$，它所包含的两个 1 格分别被 $\overline{A}\,\overline{C}$、BC 圈所覆盖，因此它是一个多余项。

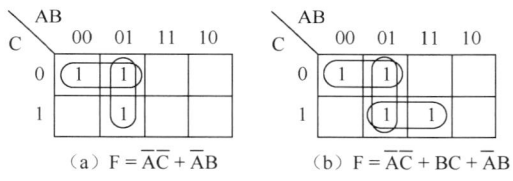

图 1-19 多余项举例

用卡诺图化简逻辑函数的步骤如下。
● 将逻辑函数化为最小项之和的形式。
● 作出所要化简逻辑函数的卡诺图。
● 圈出所有没有相邻项的孤立 1 格主要项。
● 找出只有一种圈法，即只有一种合并可能的 1 格，从它出发把相邻 1 格圈起来（包括 2^i 个 1 格），构成主要项。
● 余下没有被覆盖的 1 格均有两种或两种以上合并的可能，可以选择其中一种合并方式加圈合并，直至使所有 1 格无遗漏地都至少被圈一次，而且总圈数最少。
● 将全部必要项包围圈的公因子相加，得最简与或式。

【例 1-24】 用卡诺图化简法将下式化简为最简与或式：
$$F = A\overline{C} + \overline{A}C + B\overline{C} + \overline{B}C$$

解 先画出表示逻辑函数 F 的卡诺图，如图 1-20 所示。

在填写 F 的卡诺图时，并不一定要将 F 化为最小项之和的形式。例如，式中的 $A\overline{C}$ 项包含所有的 $A\overline{C}$ 因子的最小项，而不管另一个因子是 B 还是 $\overline{B}$。从另一个角度讲，也可以理解为 $A\overline{C}$ 是 $AB\overline{C}$ 和 $A\overline{B}\,\overline{C}$ 两个最小项相加合并的结果。因此，在填写 F 的卡诺图时，可以直接在卡诺图上将所有对应 A=1，C=0 的空格里填入 1。按照这种方法，就可以省去将 F 化为最小项之和这一步骤。

再找出可以合并的最小项，将可能合并的最小项用圈圈出。如图 1-20（a）和（b）所示，有两种可以合并最小项的方案。按照图 1-20（a）的方案合并最小项，得

$$F = A\overline{B} + \overline{A}C + B\overline{C}$$

而按照图 1-20（b），得

$$F = A\overline{C} + \overline{B}C + \overline{A}B$$

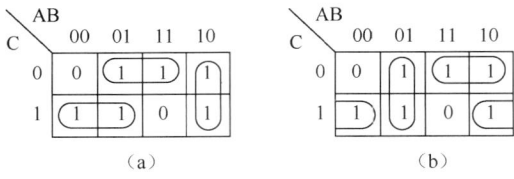

图 1-20　例 1-24 的卡诺图

这两个化简结果都符合最简与或式的标准。

上例表明，有时逻辑函数的化简结果不是唯一的。

【例 1-25】　用卡诺图化简法将下式化简为最简与或式：

$$F = ABC + ABD + A\overline{C}D - \overline{C}\,\overline{D} + A\overline{B}C + \overline{A}C\overline{D}$$

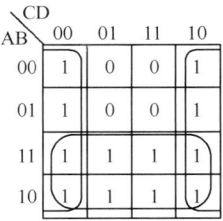

图 1-21　例 1-25 的卡诺图

解

先画出 F 的卡诺图，如图 1-21 所示。再将可能合并的最小项画出，并按照卡诺图化简原则选择与或式中的乘积项。由图可见，应将图中下边两行的 8 个最小项合并，同时将左、右两边最小项合并，于是得到

$$F = A + \overline{D}$$

在上面的两个例子中，都是通过合并卡诺图中的 1 来求得化简结果。但有时也可以通过合并卡诺图中的 0，先求得 $\overline{F}$ 的化简结果，再将 $\overline{F}$ 求反得到 F。这种方法所依据的原理是，因为全部最小项之和为 1，所以若将全部最小项之和分成两部分，一部分是卡诺图中填入 1 的那些最小项之和记入 F，则根据 $F + \overline{F} = 1$ 可知，其余部分是卡诺图中填入 0 的那些最小项之和必为 $\overline{F}$。

在多变量逻辑函数的卡诺图中，当 0 的数目远小于 1 的数目时，采用合并 0 的方法有时会比合并 1 更简单。在上例中，如果将 0 合并，则可得到

$$\overline{F} = \overline{A}D, \quad F = \overline{\overline{F}} = \overline{\overline{A}D} = A + \overline{D}$$

与合并 1 得到的化简结果一致。

（5）具有无关项的逻辑函数的化简

约束项：在分析具体逻辑函数时，往往输入变量的取值受到限制，我们将该限制称为约束。例如，交通信号灯在某一时刻有且仅有一个灯亮。将输入变量恒等于 0 的最小项称为函数的约束项。

任意项：在一个逻辑函数中，输入变量的某些取值下，函数输出值既可以是 1 也可以是 0，并不影响电路功能。将这些输入变量取值下等于 1 的最小项称为任意项。

无关项：将约束项和任意项统称为逻辑表达式中的无关项，"无关" 是指这些最小项是否写入表达式中都无关紧要。在卡诺图中用×表示无关项。在化简逻辑函数时，既可以认定它是 1，也可以认定它是 0。

【例 1-26】　化简具有任意项的逻辑函数：

$$F = \overline{A}\,\overline{B}CD + \overline{A}BCD + A\overline{B}\,\overline{C}\,\overline{D}$$

给定的约束条件为

$$\overline{A}\,\overline{B}CD+\overline{A}\,\overline{B}C\overline{D}+AB\overline{C}\,\overline{D}+A\overline{B}\,\overline{C}D+ABCD+AB\overline{C}\overline{D}+A\overline{B}\,\overline{C}\,\overline{D}=0$$

解 如图 1-22 所示，如果不利用任意项，则 F 已无法化简。利用任意项后，可以得到

$$F=\overline{A}D+A\overline{D}$$

在上例中，可以将带任意项的逻辑函数表达式写为

$$F(A, B, C, D)=\sum m(1, 7, 8)+\sum d(3, 5, 9, 10, 12, 14, 15)$$

式中，$\sum d$ 后面表示任意项。

对于非完全描述逻辑函数的化简，凡是 1 格都必须加圈覆盖，而任意项×则既可作为 1 格加圈合并，也可作为 0 格不加圈。必须指出，化简过程中，已对任意项赋予确定的输出值。为不改变输出函数的性质，化简后的逻辑函数应联立约束条件。例如，例 1-26 的化简结果应写为

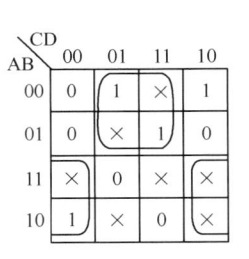

图 1-22 例 1-26 的卡诺图

$$\begin{cases} F=\overline{A}D+A\overline{D} \\ \overline{A}\,\overline{B}CD+\overline{A}BCD+AB\overline{C}\,\overline{D}+A\overline{B}\,\overline{C}D+ABCD+ABC\overline{D}+A\overline{B}\,\overline{C}\,\overline{D}=0 \end{cases}$$

1.2.6 小规模组合逻辑电路的分析和设计方法

1. 组合逻辑电路的分析

组合逻辑电路的分析就是根据给定的数字逻辑硬件电路，找出输出变量与输入变量之间的逻辑关系，如真值表、逻辑表达式等，进而确定电路的逻辑功能。运用组合逻辑电路的分析手段，可以确定电路的工作特性并验证这种工作特性是否与设计指标相吻合。对组合逻辑电路的分析将有助于所用电路器件的简化，使原电路所用门电路的数量及连线减少。又由于同一电路具有不同的表达形式，因此可用不同的逻辑器件去实现同一逻辑功能。

组合逻辑电路的分析方法通常采用代数法，一般按下列步骤进行。

（1）根据给定的逻辑电路，确定电路的输入变量和输出变量（可设一定的中间变量）。

（2）从输入端开始，根据逻辑门的基本功能，逐级推导出各输出端的逻辑表达式。

（3）将得到的输出逻辑表达式进行化简或变换，列出它的真值表。

（4）由输出逻辑表达式和真值表，概括出给定组合逻辑电路的逻辑功能。

上述分析步骤是分析组合逻辑电路的全部过程，实际分析中可根据具体情况灵活运用，可选择最方便、快捷的组合逻辑电路描述形式和步骤。例如，对于较简单的组合逻辑电路，在写出逻辑表达式后其逻辑功能就清楚了，这时可不必列出真值表。

另外，值得注意的是，多输出组合逻辑电路的分析方法与单输出组合逻辑电路的分析方法基本相同，但是分析其逻辑功能时，要将几个输出综合在一起考虑。

【例 1-27】 分析图 1-23 所示的逻辑电路，并指出该电路设计是否合理。

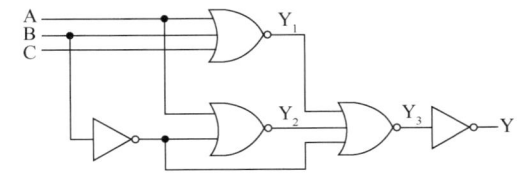

图 1-23 例 1-27 逻辑电路

解 （1）设中间变量 Y_1、Y_2、Y_3。

（2）写出各逻辑表达式：

$$\begin{cases} Y_1 = \overline{A+B+C} \\ Y_2 = \overline{A+\overline{B}} \\ Y_3 = \overline{Y_1 + Y_2 + \overline{B}} \\ Y = \overline{Y_3} = Y_1 + Y_2 + \overline{B} = \overline{A+B+C} + \overline{A+\overline{B}} + \overline{B} \end{cases} \quad (1\text{-}48)$$

表 1-22 例 1-27 真值表

A	B	Y
0	0	1
0	1	1
1	0	1
1	1	0

（3）变换与化简，列出真值表，如表 1-22 所示。

由式（1-48），得

$$Y = \overline{A}\,\overline{B}\,\overline{C} + \overline{A}B + \overline{B} = \overline{A}B + \overline{B} = \overline{A} + \overline{B} = \overline{AB} \quad (1\text{-}49)$$

（4）归纳电路的逻辑功能。

由化简的逻辑表达式和真值表可见，电路的输出 Y 只与输入 A、B 有关，而与输入 C 无关。Y 和 A、B 的逻辑关系为与非逻辑运算的关系。

图 1-23 所示的逻辑电路设计不够合理，它可用一个两输入与非门取代，如图 1-24 所示。

图 1-24 与非门

【例 1-28】 分析图 1-25 所示电路的逻辑功能。

解 逐级标出前级门电路的输出，如图 1-25 所示，则输出逻辑表达式为

$$F = \overline{\overline{ABA} \cdot \overline{ABB}} = \overline{AB}\,A + \overline{AB}\,B$$
$$= (\overline{A}+\overline{B})A + (\overline{A}+\overline{B})B$$
$$= A\overline{B} + \overline{A}B = A \oplus B \quad (1\text{-}50)$$

图 1-25 例 1-28 逻辑电路

所以，此电路实现**异或**逻辑功能。此例说明用一片 74LS00（4 个两输入与非门）可实现**异或**逻辑关系。

【例 1-29】 分析图 1-26 所示电路的逻辑功能。

解 由图 1-26 所示逻辑电路直接写出输出逻辑表达式

$$\begin{cases} S = \overline{\overline{AB} \cdot \overline{A}\,\overline{B}} = \overline{A}B + A\overline{B} = A \oplus B \\ C = AB \end{cases} \quad (1\text{-}51)$$

真值表如表 1-23 所示。

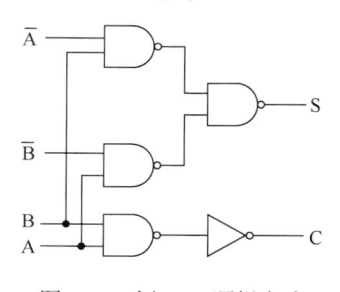

图 1-26 例 1-29 逻辑电路

表 1-23 例 1-29 真值表

A	B	S	C
0	0	0	0
0	1	1	0
1	0	1	0
1	1	0	1

由输出逻辑表达式可见，电路产生变量 A、B 的**异或**和与两种逻辑输出。

若分析真值表，将 A、B 分别作为一位二进制数，则输出 S、C 分别为和数与进位数。这就构成典型组合逻辑电路——半加器。

【例 1-30】 分析图 1-27 所示电路的逻辑功能。

解 由图 1-27 逻辑电路写出输出逻辑表达式

$$F = \overline{A}_1\overline{A}_0D_0\overline{\overline{EN}} + \overline{A}_1A_0D_1\overline{\overline{EN}} + A_1\overline{A}_0D_2\overline{\overline{EN}} + A_1A_0D_3\overline{\overline{EN}}$$
$$= \sum_{i=0}^{2^2-1} m_i D_i \overline{\overline{EN}}$$

（1-52）

式中，m_i 是 A_1A_0 的最小项。真值表如表 1-24 所示。

分析表 1-24 可见，当使能信号 $\overline{EN}$ 有效时，地址输入 A_1A_0 取不同组合，选择相应的数据 D_i 在 F 端输出。这就是典型组合逻辑电路——4 选 1 数据选择器。

表 1-24 例 1-30 真值表

$\overline{EN}$	A_1	A_0	F
1	×	×	0
0	0	0	D_0
0	0	1	D_1
0	1	0	D_2
0	1	1	D_3

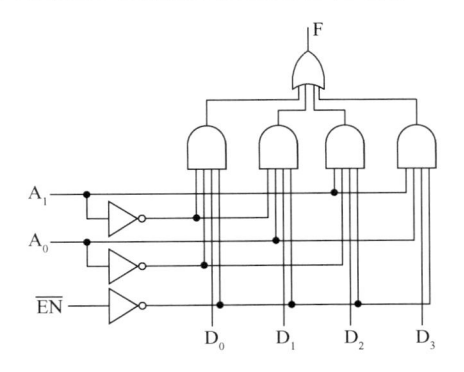

图 1-27 例 1-30 逻辑电路

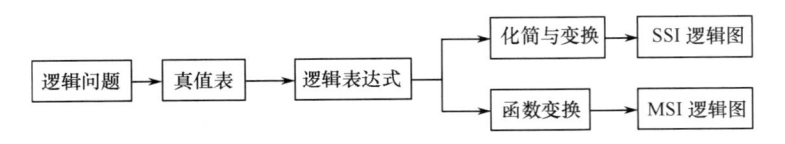

2. 组合逻辑电路的设计

组合逻辑电路的设计过程与分析过程相反，它是根据给定的逻辑功能要求，找出实现这一逻辑功能的最佳逻辑电路。这里所说的"最佳"是指电路所用的器件数最少、器件的种类最少，而且器件间的连线也最少。本书所介绍的设计内容仅限于逻辑设计，不包含制作实际装置的工艺设计。

组合逻辑电路的设计有时也称组合逻辑网络的综合。用数字逻辑部件（硬件）来实现一定逻辑功能的方法很多，可以采用 SSI 实现，也可以采用中规模集成模块或存储器、可编程逻辑器件来实现。本章主要讨论如何用 SSI 和 MSI 来实现给定的逻辑问题。

组合逻辑电路的设计步骤如图 1-28 所示。

图 1-28 组合逻辑电路的设计步骤

下面以采用小规模集成器件设计为例对组合逻辑电路的设计步骤加以说明。

（1）根据给定的逻辑问题，分析设计要求，列出真值表。

设计要求一般用文字来描述，分功能要求与器件要求两部分。由于用真值表表示逻辑函数的方法最直观，因此设计的第一步是列出真值表。具体过程为：①分析问题的因果关系，确定输入变量和输出变量；②给输入变量、输出变量赋值，用 0 和 1 分别表示输入变量、输出变量的两种不同状态；③根据问题的逻辑关系，列出真值表。

（2）由真值表写出逻辑表达式。

（3）对逻辑函数进行化简，按器件要求进行逻辑表达式的变换。

通常将逻辑函数化简成最简**与**或式，使其包含的乘积项数最少，且每个乘积项所包含的因子数也最少。根据器件要求的类型，进行适当的逻辑表达式变换，如变换成与非-与非式、或非-或非式、与或非式等。

(4) 根据化简与变换后的最佳输出逻辑表达式,画出逻辑电路。

组合逻辑电路的设计步骤不一定要遵循上述的固定程序,可根据实际情况取舍。例如,步骤(2)、(3)的目的若只是化简,那么它们也可以写成由真值表直接填卡诺图,然后化简。

对于同一组输入变量下具有多个输出变量的逻辑电路设计,要考虑到多输出逻辑函数电路是一整体,从"局部"观点看,每个单独输出电路最简,但从"整体"看未必最简。因此从全局出发,应确定各输出逻辑函数的公共项,以使整个逻辑电路最简。

下面举例说明采用小规模集成器件设计组合逻辑电路的方法。

【例 1-31】 有 3 个温度探测器,当探测的温度超过 60℃时,输出控制信号为 1;如果探测的温度等于或低于 60℃时,输出控制信号为 0。当其中两个或两个以上的温度探测器输出 1 信号时,总控制器输出 1 信号,并自动控制调控设备,使温度降低到 60℃以下,试设计总控制器的逻辑电路。

解 指定变量并赋值。

设 A、B、C 分别表示 3 个温度探测器的探测输出信号,同时也是总控制器电路的输入信号。当探测的温度超过 60℃时,总控制器电路的输入信号为 1;当探测的温度等于或低于 60℃时,总控制器电路的输入信号为 0。

设 F 为总控制器电路的输出。当有温度控制信号时,输出为 1;当无温度控制信号时,输出为 0。

由题意可列出真值表,如表 1-25 所示。

由表 1-25 写出的逻辑表达式为

$$F = m_3 + m_5 + m_6 + m_7 = \overline{A}BC + A\overline{B}C + AB\overline{C} + ABC \tag{1-53}$$

利用卡诺图化简,如图 1-29 所示,得到最简**与或**式,即

$$F = AB + AC + BC \tag{1-54}$$

若采用与非门实现,则可以对式(1-54)两次求反,变换成与非-与非式,即

$$F = \overline{\overline{AB + AC + BC}} = \overline{\overline{AB} \cdot \overline{AC} \cdot \overline{BC}} \tag{1-55}$$

根据式(1-55)可以画出用与非门实现的逻辑电路,如图 1-30 所示。

表 1-25 例 1-31 真值表

A	B	C	F
0	0	0	0
0	0	1	0
0	1	0	0
0	1	1	1
1	0	0	0
1	0	1	1
1	1	0	1
1	1	1	1

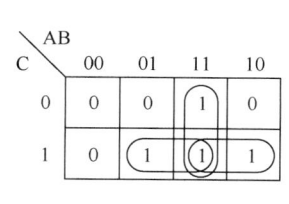

图 1-29 例 1-31 卡诺图

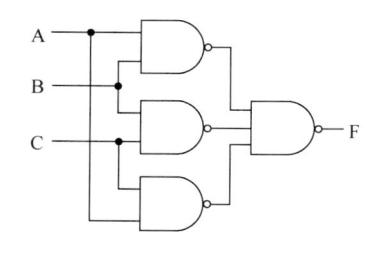

图 1-30 用与非门实现的逻辑电路

若采用**或非**门实现,可将 F 的最简**与或**式变换为**或与**式,再对**或与**式两次求反,变换成**或非-或非**式。也可在卡诺图上圈 0,如图 1-31 所示,直接得到最简**或与**式,即

$$F = (A+B)(A+C)(B+C) \tag{1-56}$$

两次求反,得

第1章 多人表决器电路

$$F = \overline{\overline{(A+B)(A+C)(B+C)}}$$
$$= \overline{\overline{(A+B)} + \overline{(A+C)} + \overline{(B+C)}}$$
（1-57）

按式（1-57），可以画出用**或非**门实现的逻辑电路，如图 1-32 所示。

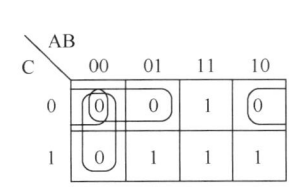

图 1-31　在卡诺图上圈 0 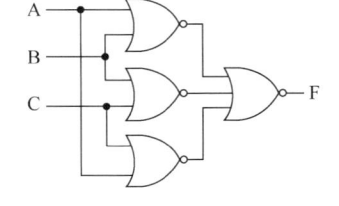　　　图 1-32　用或非门实现的逻辑电路

【例 1-32】 用与非门实现下列多输出函数

$$F_1(A,B,C) = \sum m(1,3,4,5,7)$$
$$F_2(A,B,C) = \sum m(3,4,7)$$

解 分别填 F_1 和 F_2 的卡诺图，如图 1-33 所示，分别化简，得

$$\begin{cases} F_1 = C + A\overline{B} = \overline{\overline{C} \cdot \overline{A\overline{B}}} \\ F_2 = BC + A\overline{B}\,\overline{C} = \overline{\overline{BC} \cdot \overline{A\overline{B}\,\overline{C}}} \end{cases}$$
（1-58）

分别画出逻辑电路，如图 1-34 所示。

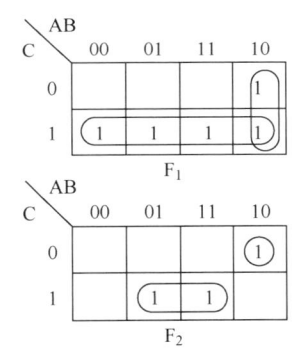

图 1-33　例 1-32 卡诺图之一 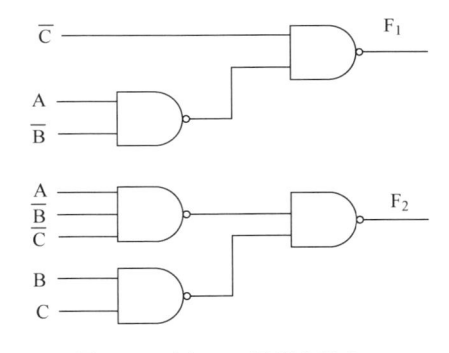　　　图 1-34　例 1-32 逻辑电路之一

若考虑公共乘积项 $A\overline{B}\,\overline{C}$，对 F_1 重新化简，如图 1-35 所示，则

$$F_1 = C + A\overline{B}\,\overline{C} = \overline{\overline{C} \cdot \overline{A\overline{B}\,\overline{C}}}$$
（1-59）

F_2 不变，画出综合逻辑电路，如图 1-36 所示。

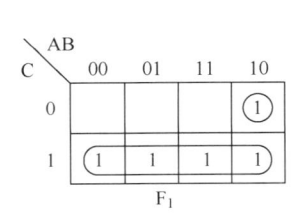

图 1-35　例 1-32 卡诺图之二 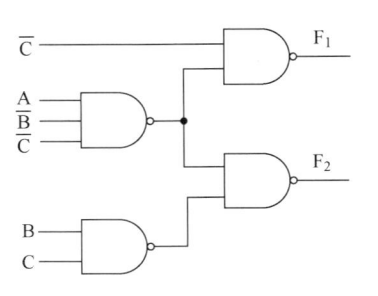　　　图 1-36　例 1-32 逻辑电路之二

可见公共乘积项的利用能使逻辑电路设计得到优化。

组合逻辑电路的设计步骤一般只在使用小规模集成器件时使用。中、大规模集成电路出现以后，逻辑电路的设计方法出现了重大变化。用中规模集成器件设计的逻辑电路具有连线简单、方便快捷、成本低的特点。

1.2.7 Multisim 的使用

图 1-37 所示为 Multisim 的初始界面，中间是仿真电路图，上侧是工具栏。先新建一个仿真界面，再根据设计的需要选择合适的器件类型，例如，第三个图标表示二极管大类，我们可以在该图标下选择合适的二极管；又如，第五个图标表示 TTL 系列，我们可以找到 74 系列的所有芯片。右侧是实验室器件，如函数发生器、示波器等。

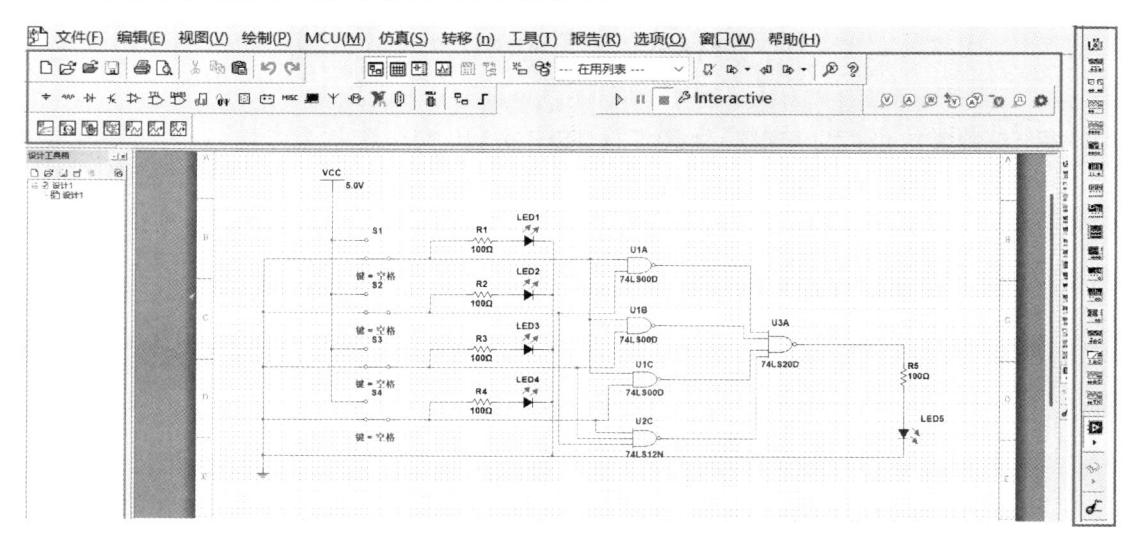

图 1-37 Multisim 的初始界面

以多人表决器为例，根据电路设计确定使用何种元器件和电路。分析完毕后打开 Multisim 软件，新建电路图，在新建的电路图中添加合适的器件，并将其放到合适位置，还需要添加 VCC 和 GND，保证正常的电路构造，同时利用导线工具按照设计好的电路逻辑连接各个器件，这样一套完整的 Multisim 仿真图就展现出来了，最后进行仿真操作。

1.2.8 Altium Designer 的使用

图 1-38（a）、（b）分别展示了 Altium Designer 电路图板块和 PCB 板块的初始界面。先新建一个文件，再利用图 1-38（d）的 File-based libraries preference 选项导入元件，接着将元件拖至相应位置，利用图 1-38（c）的工具栏添加导线、信号源等。所有导线连接完毕后需要映射到新建的 PCB 图中，这里可以根据图 1-38（e）"设计"菜单下的 Update PCB 实现，图 1-38（b）即映射后的板块。我们也可以根据要求设计两层，分别将元器件拖至相应位置后开始连线，最终呈现完整的 PCB 板块。

特别要注意的是，Multisim 软件和 Altium Designer 软件中用到的元器件、导线、信号源等的格式并不完全相同，与本书中用到的也不相同，请读者区分清楚。

第 1 章　多人表决器电路

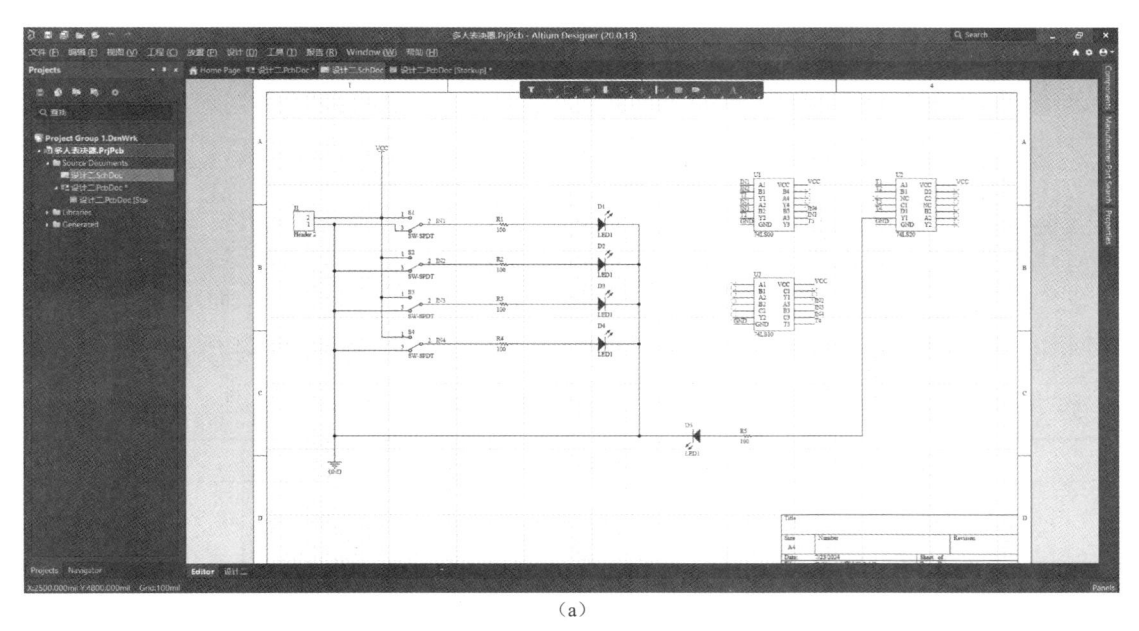

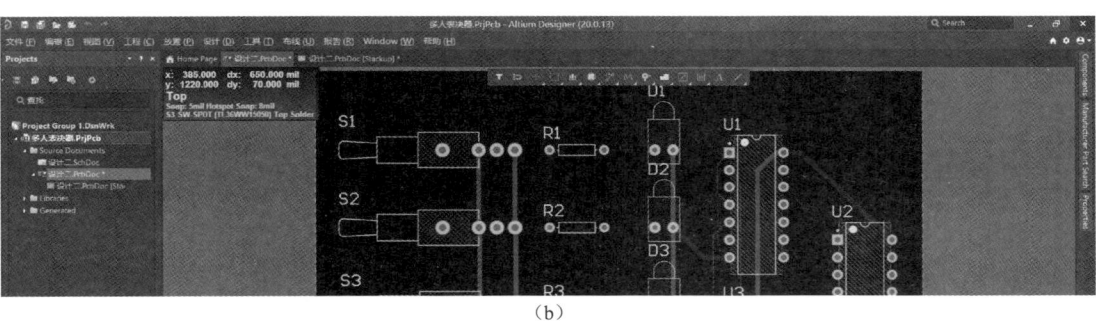

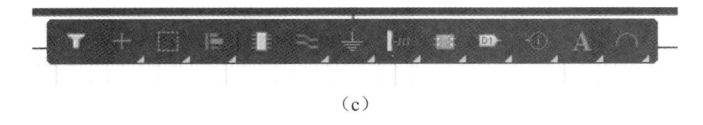

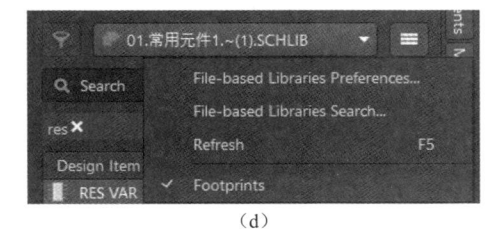

(a)

(b)

(c)

(d)

(e)

图 1-38　Altium Designer 工作界面

1.3 电路设计及仿真

1.3.1 设计过程

多人表决器设计要求：A 代表教练，$B_0 \sim B_2$ 代表 3 位球迷，高电平代表同意，低电平代表不同意；Y 表示结果，高电平代表罚球，低电平代表不罚球。真值表如表 1-26 所示。

表 1-26 电路真值表

A	B_0	B_1	B_2	Y
0	0	0	0	0
0	0	0	1	0
0	0	1	0	0
0	0	1	1	0
0	1	0	0	0
0	1	0	1	0
0	1	1	0	0
0	1	1	1	1
1	0	0	0	0
1	0	0	1	1
1	0	1	0	1
1	0	1	1	1
1	1	0	0	1
1	1	0	1	1
1	1	1	0	1
1	1	1	1	1

由真值表可得到卡诺图，如图 1-39 所示。

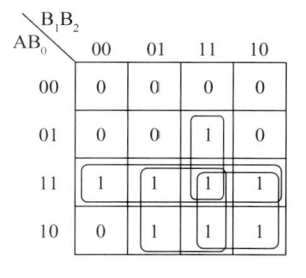

图 1-39 卡诺图

由卡诺图得逻辑表达式 $Y = AB_0 + AB_1 + AB_2 + B_0B_1B_2$，转换成与非式得

$$Y = \overline{\overline{AB_0} \cdot \overline{AB_1} \cdot \overline{AB_2} \cdot \overline{B_0B_1B_2}}$$

1.3.2 Multisim 电路图

如图 1-40 所示,图(a)为电路图;图(b)表示教练 A 和球迷 B_2 同意惩罚,因此输出为罚球,指示灯亮;图(c)表示 B_0、B_2 两位球迷同意惩罚,因此输出为不罚球,指示灯不亮;图(d)表示 $B_0 \sim B_2$ 三位球迷同意惩罚,因此输出为罚球,指示灯亮。

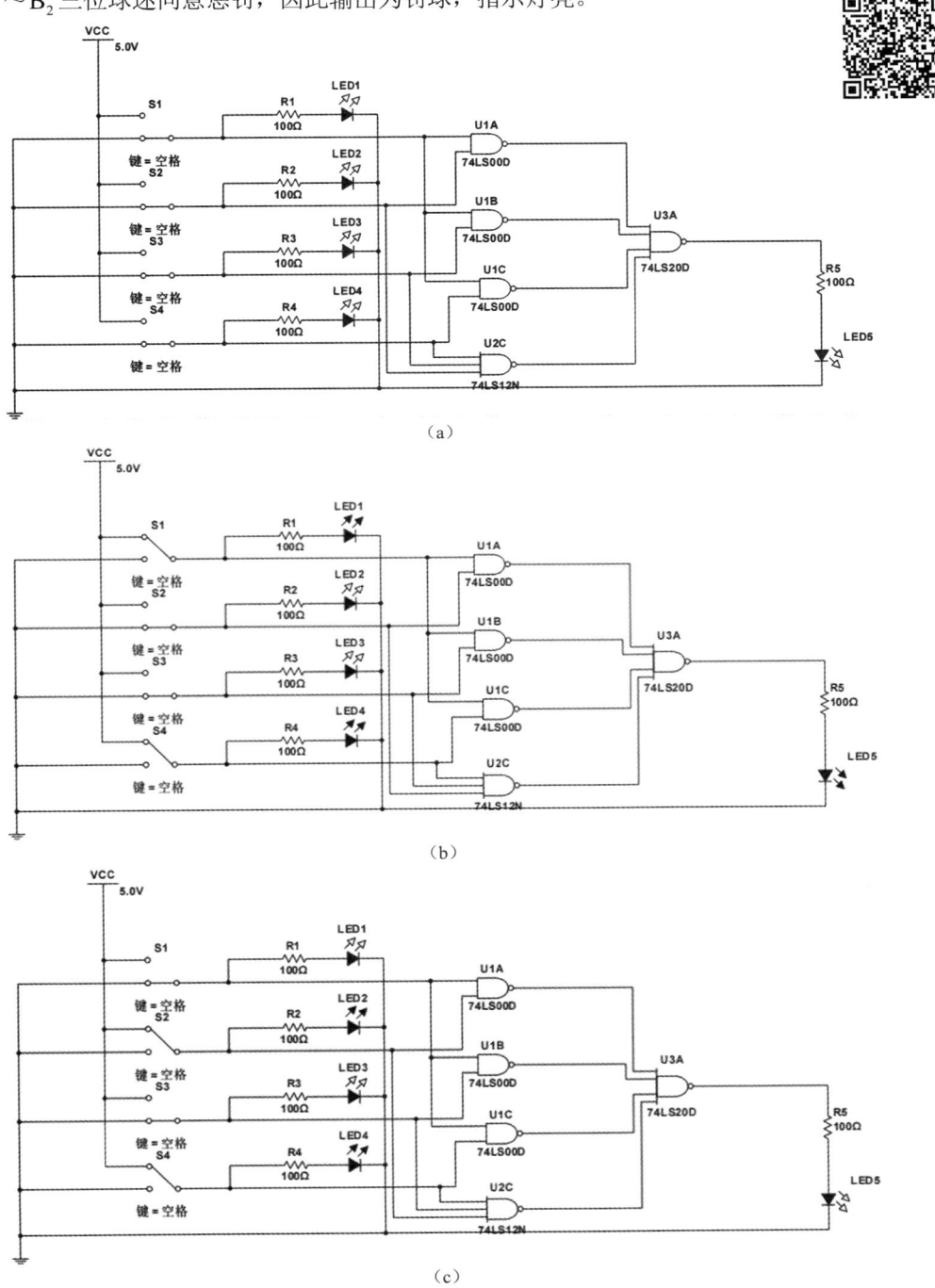

(a)

(b)

(c)

图 1-40　Multisim 电路图及仿真结果

数字电路设计与实践

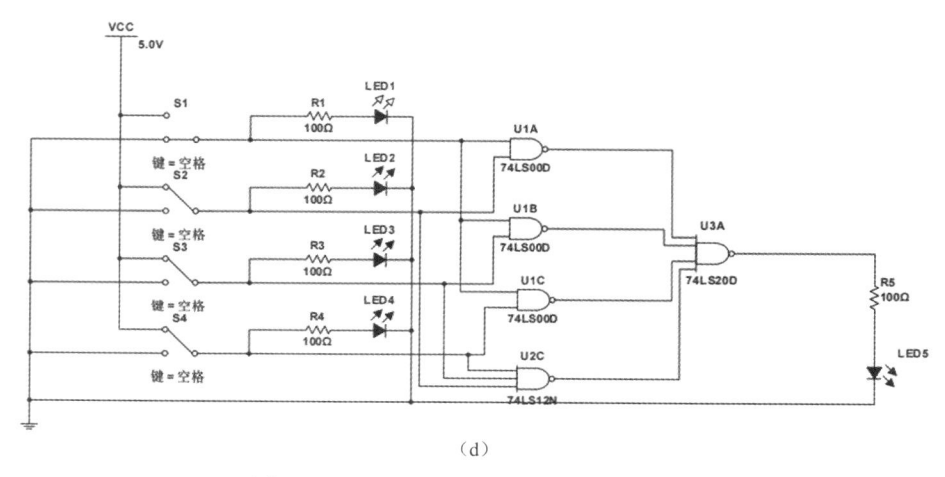

（d）

图 1-40　Multisim 电路图及仿真结果（续）

1.3.3　PCB 原理图与 PCB 板图

环境采用 Altium Designer 20，PCB 为双面板。PCB 原理图如图 1-41 所示，PCB 板图如图 1-42 所示。

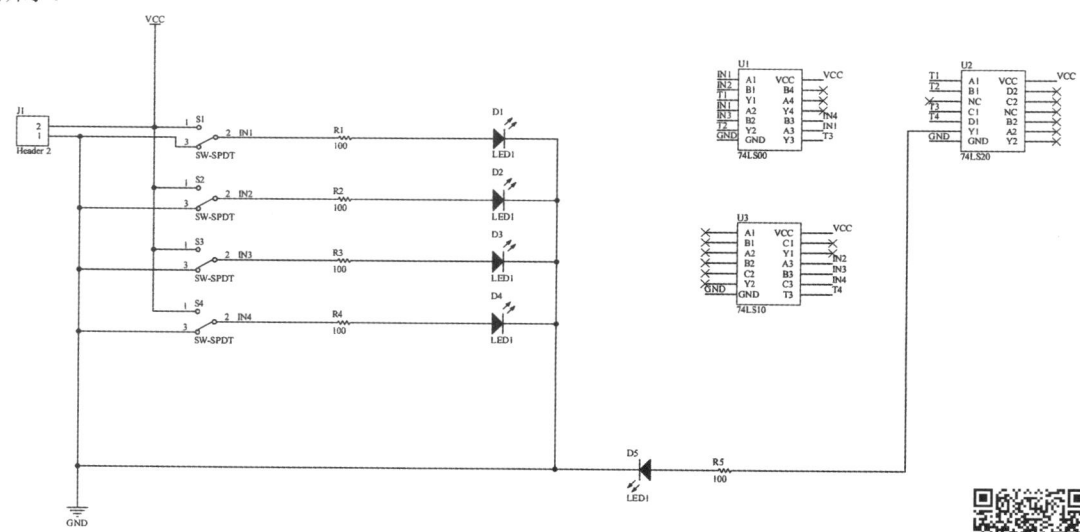

图 1-41　PCB 原理图

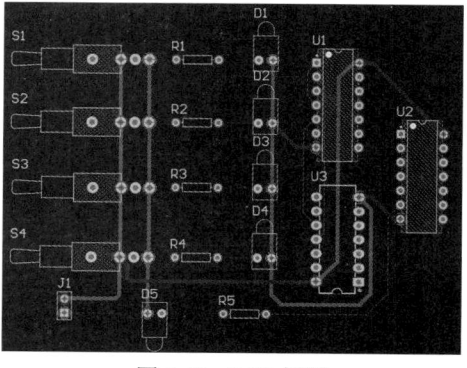

图 1-42　PCB 板图

小结

本章首先介绍了数制与码制的概念、常用的进制与转换、几种常见的标准代码。需要着重掌握的是 8421 码。在数字系统中,常用原码、反码和补码来表示二进制数。

然后介绍了逻辑函数及其化简的内容,包括基本逻辑运算、逻辑函数、逻辑函数的标准表达式和逻辑函数的化简方法。在进行逻辑运算时,要注意使用逻辑代数的基本定律和常用公式,以提高运算的效率。逻辑函数的最小项和最大项表达式可以相互转换,但最小项表达式更常用。逻辑函数的化简方法有公式法和卡诺图法两种,公式法不受变量个数的限制,但缺乏规律性;卡诺图法更加简单直观,但不适合五变量以上的逻辑函数化简。

最后介绍了组合逻辑电路的分析与设计,组合逻辑电路的一般设计步骤为:

对实际问题进行逻辑抽象→列出真值表→写出逻辑表达式→根据器件要求进行化简及变换→画出逻辑电路。

在多人表决器的项目中,首先根据对要求的理解写出真值表,然后画出卡诺图并进行化简,最后将化简后的逻辑函数转换成与非式后利用逻辑门完成电路。这是一个逻辑电路通用的设计过程,读者必须熟练掌握。

习题

1.【数制转换】将下列二进制数转换成十进制数。
(1) 101101　(2) 11011101　(3) 0.11　(4) 1010101.0011

2.【数制运算】计算下列两个二进制数 A、B 的和、差、积、商的值。
(1) $A=10101$,$B=1001$　(2) $A=1010101$,$B=101000$
(3) $A=101$,$B=1010$　(4) $A=1011.101$,$B=100.01$

3.【数制运算】计算下列两个二进制反码相减的结果,并用十进制数表示结果(减法变成加法运算)。
(1) 110011-110110　(2) 100110-011000
(3) 011010-011110　(4) 011111-100011

4.【数制转换】将下列二进制数转换为八进制数。
(1) 10110.01　(2) 1110101.01
(3) 11010.011　(4) 10100.0101

5.【数制转换】将下列十进制数转换成十六进制数(小数部分取一位有效数字)。
(1) 43　(2) 36.8　(3) 6.73　(4) 174.5

6.【数制转换】将下列十六进制数转换成十进制数。
(1) 56　(2) 4F.12　(3) 2B.C1　(4) AB.CD

7.【原码、反码和补码】试写出下列十进制数的二进制原码、反码和补码(码长为8)。
(1) +37　(2) -102　(3) +10.5　(4) -38

8.【8421 码】将下列 8421 码表示的数还原成十进制数。
(1) 10010111　(2) 0101100111

（3）11101111001　　　　　　　　（4）10100000010

9．【数制转换】完成下列各数的转换。

（1）$(24.36)_{10}=(00100100.00110110)_{8421码}$

（2）$(64.27)_{10}=(10010111.01011010)_{余3码}$

（3）$(10100011.1010)_{2421码}=(43.4)_{10}$

10．【原码、反码和补码】写出下列二进制原码对应的反码和补码。

（1）10101011　　　　　　　　　（2）00100011

（3）11111111　　　　　　　　　（4）00000000

11．【逻辑函数的表示】逻辑函数有哪些表示方法？

12．【逻辑函数】列出下述问题的真值表，并写出逻辑表达式。

（1）题12图所示为"单刀双掷"开关控制楼道灯的示意图。A点表示楼上开关，B表示楼下开关，两个开关的上接点分别为a和b；下接点分别为c和d。在楼下时，可以按动开关B开灯，照亮楼梯；到楼上后，可以按动开关A关灯。试写出灯的亮灭与开关A、B的真值表和逻辑表达式。

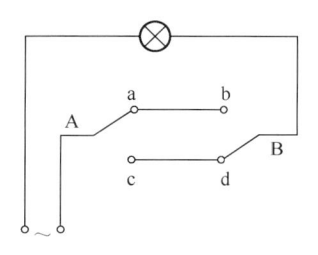

题12图

（2）有3个温度探测器，当探测的温度超过60℃时，输出控制信号1；如果探测的温度低于60℃时，输出控制信号为0。当有两个或者两个以上的温度探测器输出1信号时，总控制器输出1信号，自动控制调控设备，使温度降低到60℃以下。假设有3个温度探测器，试写出总控制器的真值表和逻辑表达式。

13．【逻辑函数的化简】用公式法化简下列各式。

（1）$F = A(A+\overline{B}) + BC(\overline{A}+B) + \overline{B}(A \oplus C)$

（2）$F = \overline{(A+B)(A+C)} + \overline{A+B+C}$

14．【逻辑代数的基本规则】写出下列各式F 和它们的对偶式、反演式的最小项表达式。

（1）$F = ABCD + ACD + B\overline{D}$

（2）$F = \overline{A}\,\overline{B} + CD$

15．【逻辑函数与真值表】写出下述逻辑问题的真值表，并写出逻辑表达式。

（1）有3个输入信号A、B、C，当3个输入信号中不多于一个输入为1时，输出Y为1；其余情况下，输出Y为0；

（2）有3个输入信号A、B、C，当3个输入信号中有偶数个输入为1时，输出F为1；其余情况下，输出F为0。

16．【卡诺图化简法】用卡诺图法化简第13题中各逻辑函数，写出逻辑函数的最简或与式。

17．【卡诺图化简法】用卡诺图法化简下列逻辑函数：

（1）$F = (\overline{A}+\overline{B})(AB+C)$

（2） $F(A, B, C) = \sum m(0, 1, 4, 5, 7)$
（3） $F = A\overline{B}C + \overline{A}\,\overline{C}D + A\overline{C}$
（4） $F = BC + D + \overline{D}(\overline{B} + \overline{C})(AD + B)$
（5） $F = f(A,B,C,D) = \sum m(0,2,5,7,9,10) + \sum d(1,4,8,12,15)$

实践

1.【逻辑电路的设计】用或非门设计一个组合逻辑电路。其输入为 8421 码，输出 L 当输入数能被 4 整除时为"1"，其他情况下为"0"。

2.【逻辑电路的设计】设计用三个开关控制一个电灯的逻辑电路，要求改变任何一个开关的状态都能控制电灯由亮变灭或者由灭变亮。

第 2 章

二进制数相乘电路

2.1 项目内容及要求

设计两个 2 位二进制数相乘的电路,输出用 4 位二进制数表示,器件不限。

2.2 必备理论内容

2.2.1 中规模组合逻辑电路

2.2.1.1 概述

在数字系统中,根据输出信号对输入信号响应的不同及逻辑功能的不同,将数字逻辑电路分成两大类:组合逻辑电路、时序逻辑电路。

在任何时刻,电路的输出仅仅取决于该时刻的输入信号,而与该时刻前电路原来的状态无关,这种电路称为组合逻辑电路,简称组合电路。电路只有从输入到输出的通路,而无从输出反馈到输入的回路,这是组合逻辑电路的结构特点。

图 2-1 所示为一个多输入、多输出组合电路的框图。图中,输入变量 $I_0, I_1, \cdots, I_{n-1}$ 是二值逻辑变量,输出变量 $Y_0, Y_1, \cdots, Y_{m-1}$ 是二值逻辑变量的逻辑函数。组合逻辑电路的逻辑功能可用下面一组逻辑表达式来描述输出变量与输入变量的逻辑关系。

图 2-1 组合逻辑电路框图

$$\begin{cases} Y_0 = f_0(I_0 I_1 \cdots I_{n-1}) \\ Y_1 = f_1(I_0 I_1 \cdots I_{n-1}) \\ \vdots \\ Y_{m-1} = f_{m-1}(I_0 I_1 \cdots I_{n-1}) \end{cases} \quad (2-1)$$

由于组合逻辑电路的输出与电路原来的状态无关,因此电路中不含有记忆功能的存储器件,仅由各种集成逻辑门电路组成。由式(2-1)可见,任何一个组合逻辑电路的输出,可以用一定的逻辑函数描述;而任何一个逻辑函数都可以用不同的逻辑门电路实现。所以,与一定逻辑函数相对应的组合逻辑电路并不是唯一的。通常情况下,为使器件数和连线数减少,需对逻辑函数进行化简,使逻辑表达式中的项数及每一乘积项中的因子数最少,即用最简逻辑表达式实现组合逻辑电路的逻辑功能。真值表、逻辑表达式、卡诺图和逻辑图均可用来描述组合逻辑电路的逻辑功能。

在长期的数字电路应用中，形成了一些典型的组合逻辑电路，制成了常用的中规模组合功能模块，如编码器、译码器、数据选择器、数值比较器、加法器等。由于这些组合逻辑模块经常使用，因此均有相应的模块符号。本章将结合组合逻辑电路的分析和设计方法，介绍常用中规模集成电路（Medium Scale Integrated Circuit，MSI）的功能和应用。

2.2.1.2 编码器

在数字系统中，常常需要将二进制代码按照一定的规律编排，如8421码、5421码和格雷码等，使每组代码具有特定的含义。通常将具有特定意义的信息编成相应二进制代码的过程称为编码。实现编码功能的电路称为编码器。编码器有普通编码器和优先编码器两种。

1. 普通编码器

编码器一般采用键控输入方式，类似于计算机的键盘输入。在普通编码器中，在任何时刻只允许输入一个编码有效信号，否则输出将发生混乱。

（1）二进制编码器

二进制编码器有 M 个输入信号，它们是 M 个表示数字、字符等的信息，用高、低电平表征这些信息的有、无；输出信号则是 N 位与输入信号有一一对应关系的二进制代码。M 与 N 之间满足编码要求 $M=2^N$。在任一时刻只有一个输入编码信号有效，若有效信号为1，称输入高电平有效；若有效信号为0，称输入低电平有效。

二进制编码器有 3 位二进制编码器、4 位二进制编码器等。3 位二进制编码器又称 8 线—3 线编码器，4 位二进制编码器又称 16 线—4 线编码器。二进制编码器的实现比较简单，下面以 3 位二进制编码器的设计为例说明二进制编码器的工作原理。

首先确定输入/输出变量。因为 N 位二进制代码可以有 2^N 种组合，即可以表示 $M=2^N$ 个输入信号。那么 3 位二进制编码器，就是把 8 个输入信号 $I_0 \sim I_7$ 编成对应的 3 位二进制代码输出 $Y_2Y_1Y_0$。图 2-2 所示为 3 位二进制编码器的逻辑框图。

设输入信号高电平有效。将 8 个输入信号与相对应的 3 位二进制代码填入表格，即得编码器的真值表（见表 2-1）。

由真值表写出逻辑表达式，再利用无关项化简，得

$$\begin{cases} Y_2 = I_4 + I_5 + I_6 + I_7 \\ Y_1 = I_2 + I_3 + I_6 + I_7 \\ Y_0 = I_1 + I_3 + I_5 + I_7 \end{cases} \quad (2-1)$$

由此画出逻辑电路，如图 2-3 所示。

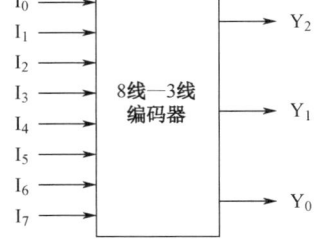

图 2-2 3 位二进制编码器的逻辑框图

表 2-1 3 位二进制编码器真值表

I_7	I_6	I_5	I_4	I_3	I_2	I_1	I_0	Y_2	Y_1	Y_0
0	0	0	0	0	0	0	1	0	0	0
0	0	0	0	0	0	1	0	0	0	1
0	0	0	0	0	1	0	0	0	1	0
0	0	0	0	1	0	0	0	0	1	1
0	0	0	1	0	0	0	0	1	0	0
0	0	1	0	0	0	0	0	1	0	1
0	1	0	0	0	0	0	0	1	1	0
1	0	0	0	0	0	0	0	1	1	1

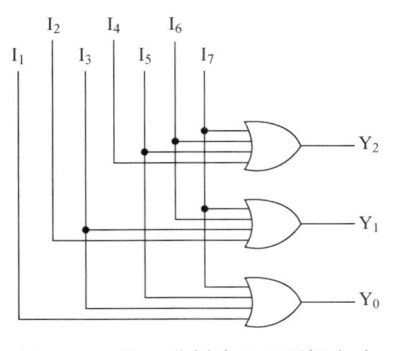

图 2-3 3 位二进制编码器逻辑电路

（2）8421 码编码器

8421 码是最常用的一种二-十进制编码。能够将十进制数 0～9 编为二进制代码的逻辑电路称为 BCD 码编码器，其工作原理与二进制编码器无本质上的区别。8421 码编码器也有普通编码器和优先编码器之分，输入编码信号也有高电平有效、低电平有效之别，输出编码信号还可有原码、反码的不同。读者可按上述二进制编码器的设计方法，自行设计一款 8421 码编码器。

2. 优先编码器

通常计算机有多个外设，在某一时刻，可能有多个外设同时向主机发出请求，但在该时刻计算机只能接收一个请求。为此需要一个判定电路，确定哪个外设有优先权。而普通编码器，在任何时刻只能输入一个编码信号，输入信号之间是互相排斥的。因此需要设计这样一种编码器：允许同时输入两个以上的编码信号，此时电路只对其中优先级最高的信号编码，而不会对优先级低的信号编码。能够根据请求信号的优先级进行编码的逻辑电路称为优先编码器。因此，在设计优先编码器时，应将所有的输入信号按优先级顺序排队。至于优先级的顺序，则是由设计者根据实际的轻重缓急情况来确定的。

常用的 8 线—3 线优先编码器（74HC148）的功能表如表 2-2 所示，其逻辑电路如图 2-4 所示。其中，$\overline{S}$ 端称使能输入端（简称使能端），低电平有效，当 $\overline{S}=0$ 时，电路允许编码；当 $\overline{S}=1$ 时，无论输入端有无编码请求信号，所有的输出端均被封锁为高电平。因此 $\overline{S}$ 端又称选通输入端（简称选通端）。8 个输入编码信号低电平有效，功能表中用 $\overline{I}_7$、$\overline{I}_6$、$\overline{I}_5$、$\overline{I}_4$、$\overline{I}_3$、$\overline{I}_2$、$\overline{I}_1$、$\overline{I}_0$ 表示。电路图中为了强调说明以低电平为有效输入信号，常将反相器图形符号中表示反相的小圆圈画在输入端，如图 2-4 中左边一列反相器的画法。

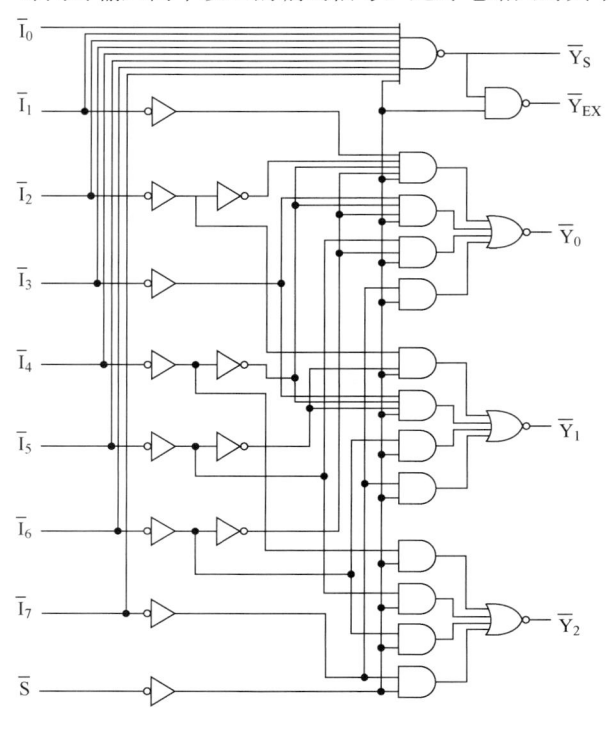

图 2-4 8 线—3 线优先编码器逻辑电路

表 2-2 8 线—3 线优先编码器的功能表

	输 入								输 出				
$\overline{S}$	$\overline{I}_0$	$\overline{I}_1$	$\overline{I}_2$	$\overline{I}_3$	$\overline{I}_4$	$\overline{I}_5$	$\overline{I}_6$	$\overline{I}_7$	$\overline{Y}_2$	$\overline{Y}_1$	$\overline{Y}_0$	$\overline{Y}_{EX}$	$\overline{Y}_S$
1	×	×	×	×	×	×	×	×	1	1	1	1	1
0	1	1	1	1	1	1	1	1	1	1	1	1	0
0	×	×	×	×	×	×	×	0	0	0	0	0	1
0	×	×	×	×	×	×	0	1	0	0	1	0	1
0	×	×	×	×	×	0	1	1	0	1	0	0	1
0	×	×	×	×	0	1	1	1	0	1	1	0	1
0	×	×	×	0	1	1	1	1	1	0	0	0	1
0	×	×	0	1	1	1	1	1	1	0	1	0	1
0	×	0	1	1	1	1	1	1	1	1	0	0	1
0	0	1	1	1	1	1	1	1	1	1	1	0	1

第 2 章 二进制数相乘电路

编码输出为 8421 码的反码，即以 3 位二进制码的反码输出（又称低有效输出），用 $\overline{Y}_2$、$\overline{Y}_1$、$\overline{Y}_0$ 表示。每次可以有多个编码信号输入，但编码的优先级顺序是 $\overline{I}_7 \to \overline{I}_6 \to \overline{I}_5 \to \overline{I}_4 \to \overline{I}_3 \to \overline{I}_2 \to \overline{I}_1 \to \overline{I}_0$，$\overline{I}_7$ 的优先级最高，$\overline{I}_0$ 的优先级最低。当 $\overline{I}_7 = 0$ 时，不管 $\overline{I}_0 \sim \overline{I}_6$ 处于何种状态，电路只对 $\overline{I}_7$ 编码，输出为 $\overline{Y}_2\overline{Y}_1\overline{Y}_0 = 000$。

$\overline{Y}_S$ 端为使能输出端或称选通输出端；$\overline{Y}_{EX}$ 端为扩展输出端，也是有编码输出的标志（低电平有效）。它们主要用于电路的级联和扩展。表 2-2 中出现的 $\overline{Y}_2\overline{Y}_1\overline{Y}_0 = 111$ 的 3 种情况，可以用 $\overline{Y}_S$ 和 $\overline{Y}_{EX}$ 的不同状态加以区分。下面说明利用 $\overline{Y}_S$ 和 $\overline{Y}_{EX}$ 信号实现电路功能扩展的方法。

图 2-5 所示为用两片 8 线—3 线优先编码器 74HC148 构成 16 线—4 线优先编码器的逻辑电路。由于每片 74HC148 只有 8 个编码输入端，而 16 线—4 线优先编码器需要 16 个编码输入端，因此需要两片 74HC148。按惯例 $\overline{A}_{15}$ 的优先级最高，$\overline{A}_0$ 的优先级最低。故将 $\overline{A}_{15} \sim \overline{A}_8$ 接到片（1）的输入端，$\overline{A}_7 \sim \overline{A}_0$ 接到片（2）的输入端。因此，片（1）的优先级比片（2）高，即片（1）编码时，片（2）不准编码。只有当片（1）的 8 个输入端 $\overline{A}_{15} \sim \overline{A}_8$ 都是高电平，即无编码请求（$\overline{Y}_S = 0$）时，片（2）才能编码。因此将片（1）的 $\overline{Y}_S$ 接于片（2）的 $\overline{S}$ 端，作为片（2）的选通输入。

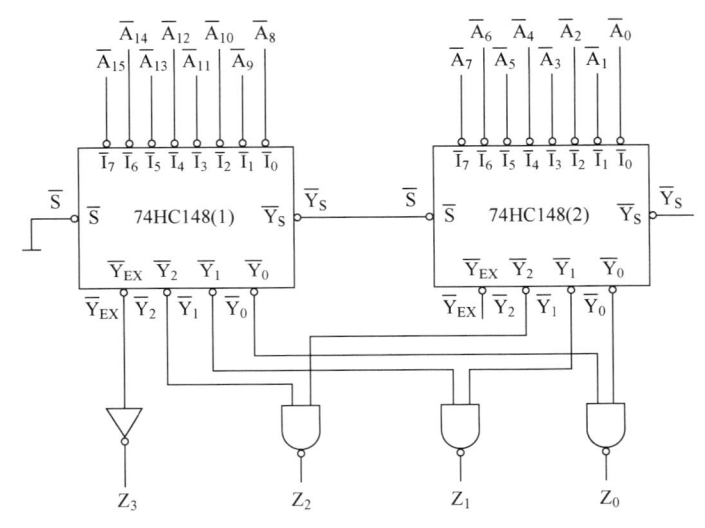

图 2-5 16 线—4 线优先编码器逻辑电路

另外，当片（1）有编码输出时，它的 $\overline{Y}_{EX} = 0$，无编码输出时 $\overline{Y}_{EX} = 1$，正好可以用它作为编码输出的第四位，以区别 8 个高优先级输入信号和 8 个低优先级输入信号的编码。编码输出的低 3 位应为两片输出 $\overline{Y}_2$、$\overline{Y}_1$、$\overline{Y}_0$ 的逻辑加，考虑 74HC148 编码器的反码输出，用与非门实现。4 位编码输出 $Z_3Z_2Z_1Z_0$ 为原码。

由图 2-5 可见，当 $\overline{A}_{15} \sim \overline{A}_8$ 中任一输入端有编码请求（为低电平）时，如 $\overline{A}_{10} = 0$，片（1）的 $\overline{Y}_{EX} = 0$，$Z_3 = 1$，$\overline{Y}_2\overline{Y}_1\overline{Y}_0 = 101$。同时片（1）的 $\overline{Y}_S = 1$，将片（2）封锁，使它的输出 $\overline{Y}_2\overline{Y}_1\overline{Y}_0 = 111$。于是在最后的输出端得到 $Z_3Z_2Z_1Z_0 = 1010$。如果 $\overline{A}_{15} \sim \overline{A}_8$ 中同时有几个输入端为低电平，电路只对其中优先级最高的一个有效信号编码。

当 $\overline{A}_{15} \sim \overline{A}_8$ 全部为高电平（没有编码输入请求）时，片（1）的 $\overline{Y}_S = 0$，故片（2）的 $\overline{S} = 0$，使片（2）处于编码工作状态，可对 $\overline{A}_7 \sim \overline{A}_0$ 输入的低电平信号中优先级最高的一个编码，如 $\overline{A}_4 = 0$，则片（2）的 $\overline{Y}_2\overline{Y}_1\overline{Y}_0 = 011$。而此时片（1）的 $\overline{Y}_{EX} = 1$，$Z_3 = 0$，片（1）的 $\overline{Y}_2\overline{Y}_1\overline{Y}_0 = 111$。于是在输出端得到了 $Z_3Z_2Z_1Z_0 = 0100$。

在常用的优先编码器中，除 74HC148 二进制优先编码器外，还有二-十进制优先编码器，如

数字电路设计与实践

74HC147。表 2-3 所示为二-十进制优先编码器 74HC147 的功能表。

表 2-3　二-十进制优先编码器 74HC147 的功能表

输入									输出			
$\overline{I_1}$	$\overline{I_2}$	$\overline{I_3}$	$\overline{I_4}$	$\overline{I_5}$	$\overline{I_6}$	$\overline{I_7}$	$\overline{I_8}$	$\overline{I_9}$	$\overline{Y_3}$	$\overline{Y_2}$	$\overline{Y_1}$	$\overline{Y_0}$
1	1	1	1	1	1	1	1	1	1	1	1	1
×	×	×	×	×	×	×	×	0	0	1	1	0
×	×	×	×	×	×	×	0	1	0	1	1	1
×	×	×	×	×	×	0	1	1	1	0	0	0
×	×	×	×	×	0	1	1	1	1	0	0	1
×	×	×	×	0	1	1	1	1	1	0	1	0
×	×	×	0	1	1	1	1	1	1	0	1	1
×	×	0	1	1	1	1	1	1	1	1	0	0
×	0	1	1	1	1	1	1	1	1	1	0	1
0	1	1	1	1	1	1	1	1	1	1	1	0

2.2.1.3　译码器

译码是编码的逆过程，它根据输入的编码确定对应的输出信号。译码器是将输入的二进制代码翻译成相应输出信号电平的电路。译码器的种类很多，根据所完成的逻辑功能可分为变量译码器、码制译码器和显示译码器 3 种。

1. 变量译码器

变量译码器又称为二进制译码器或完全译码器，它的输入是一组二进制代码，输出是与输入相对应的高、低电平信号。N 位二进制代码输入的变量译码器，共有 2^N 个输出端，且对应于输入代码的每一种状态，2^N 个输出中只有一个为 0（或为 1），其余全为 1（或为 0）。2 位二进制代码输入共有 4 条输出线，称为 2 线—4 线译码器；3 位二进制代码输入共有 8 条输出线，称为 3 线—8 线译码器；N 位二进制代码输入共有 2^N 条输出线，称为 N 线—2^N 线译码器。

（1）2 线—4 线译码器

常用的 2 线—4 线译码器（74LS139）的逻辑电路如图 2-6 所示，由图可得各输出端的逻辑表达式

$$\begin{cases} \overline{Y_3} = \overline{A_1 A_0 \cdot \overline{\overline{ST}}} \\ \overline{Y_2} = \overline{A_1 \overline{A_0} \cdot \overline{\overline{ST}}} \\ \overline{Y_1} = \overline{\overline{A_1} A_0 \cdot \overline{\overline{ST}}} \\ \overline{Y_0} = \overline{\overline{A_1} \overline{A_0} \cdot \overline{\overline{ST}}} \end{cases} \quad (2\text{-}2)$$

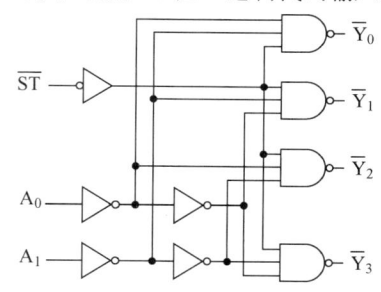

图 2-6　2 线—4 线译码器的逻辑电路

由式（2-2）可列出 2 线—4 线译码器的真值表，如表 2-4 所示。由真值表可见，选通输入端（又称使能输入端）$\overline{ST}$ 为低电平有效，当 $\overline{ST}=1$ 时，无论输入变量如何，所有的输出均被封锁为高电平；当 $\overline{ST}=0$ 时，电路允许译码，输出也为低电平有效。例如，当地址输入 $A_1A_0=01$ 时，在其对应输出端 $\overline{Y_1}=0$。其逻辑符号如图 2-7 所示。

表 2-4 2 线—4 线译码器真值表

$\overline{ST}$	A_1	A_0	$\overline{Y}_0$	$\overline{Y}_1$	$\overline{Y}_2$	$\overline{Y}_3$
1	×	×	1	1	1	1
0	0	0	0	1	1	1
0	0	1	1	0	1	1
0	1	0	1	1	0	1
0	1	1	1	1	1	0

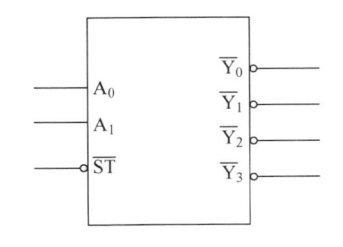

图 2-7 2 线—4 线译码器逻辑符号

合理地应用选通端 $\overline{ST}$，可以扩大译码器的逻辑功能。图 2-8 所示为一片双 2 线—4 线译码器 74LS139 扩展为 3 线—8 线译码器的应用电路。单片 74LS139 中集成了两个相同但彼此独立的 2 线—4 线译码器。当 $A_2=0$ 时，（Ⅰ）部分的 $\overline{ST}=0$，正常译码工作，（Ⅱ）部分的 $\overline{ST}=1$，输出被封锁为 1，$\overline{Y}_3 \sim \overline{Y}_0$ 在输入地址 A_1A_0 的作用下有译码输出。当 $A_2=1$ 时，（Ⅰ）部分的 $\overline{ST}=1$，输出被封锁为 1，（Ⅱ）部分的 $\overline{ST}=0$，正常译码工作，$\overline{Y}_7 \sim \overline{Y}_4$ 在输入地址 A_1A_0 的作用下有译码输出。由此实现了 3 线—8 线译码器的逻辑功能。

变量译码器还可以作为数据分配器使用。例如，将图 2-7 所示 2 线—4 线译码器的 $\overline{ST}$ 端输入数据 D，A_1A_0 作为数据分配的地址，就构成了 4 输出的数据分配器，如图 2-9 所示。

图 2-8 2 线—4 线扩展为 3 线—8 线译码器

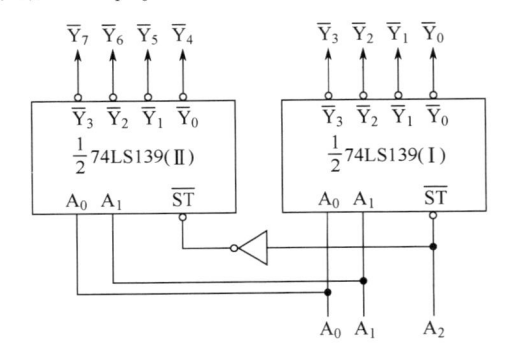

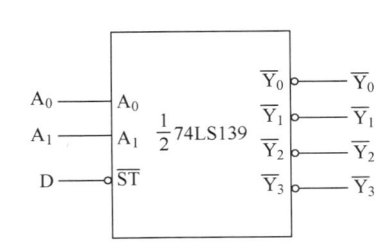

图 2-9 4 输出的数据分配器

当地址输入 $A_1A_0=01$ 时，则对应输出 $\overline{Y}_1=D$，实现了输入数据按地址进行分配输出。

（2）3 线—8 线译码器

典型的 3 线—8 线译码器（74LS138）真值表如表 2-5 所示。其中，ST_A、$\overline{ST}_B$、$\overline{ST}_C$ 是多个使能输入端，ST_A 为高电平有效，$\overline{ST}_B + \overline{ST}_C$ 为低电平有效。当使能输入端为有效电平，即 $ST_A=1$，$\overline{ST}_B + \overline{ST}_C =0$ 时，由真值表可写出 3 线—8 线译码器各输出端的逻辑表达式为

$$\begin{cases} \overline{Y}_0 = \overline{\overline{A}_2\overline{A}_1\overline{A}_0} = \overline{m}_0 \\ \overline{Y}_1 = \overline{\overline{A}_2\overline{A}_1A_0} = \overline{m}_1 \\ \overline{Y}_2 = \overline{\overline{A}_2A_1\overline{A}_0} = \overline{m}_2 \\ \overline{Y}_3 = \overline{\overline{A}_2A_1A_0} = \overline{m}_3 \\ \overline{Y}_4 = \overline{A_2\overline{A}_1\overline{A}_0} = \overline{m}_4 \\ \overline{Y}_5 = \overline{A_2\overline{A}_1A_0} = \overline{m}_5 \\ \overline{Y}_6 = \overline{A_2A_1\overline{A}_0} = \overline{m}_6 \\ \overline{Y}_7 = \overline{A_2A_1A_0} = \overline{m}_7 \end{cases} \quad (2-3)$$

表 2-5　74LS138 真值表

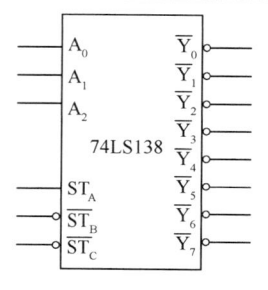

ST_A	$\overline{ST}_B+\overline{ST}_C$	A_2	A_1	A_0	$\overline{Y}_0$	$\overline{Y}_1$	$\overline{Y}_2$	$\overline{Y}_3$	$\overline{Y}_4$	$\overline{Y}_5$	$\overline{Y}_6$	$\overline{Y}_7$
×	1	×	×	×	1	1	1	1	1	1	1	1
0	×	×	×	×	1	1	1	1	1	1	1	1
1	0	0	0	0	0	1	1	1	1	1	1	1
1	0	0	0	1	1	0	1	1	1	1	1	1
1	0	0	1	0	1	1	0	1	1	1	1	1
1	0	0	1	1	1	1	1	0	1	1	1	1
1	0	1	0	0	1	1	1	1	0	1	1	1
1	0	1	0	1	1	1	1	1	1	0	1	1
1	0	1	1	0	1	1	1	1	1	1	0	1
1	0	1	1	1	1	1	1	1	1	1	1	0

其逻辑符号如图 2-10 所示。

（3）利用变量译码器实现组合逻辑函数

一个 N 变量的完全译码器（变量译码器）的输出，包含 N 变量的所有最小项。例如，3 线—8 线译码器 8 个输出，包含 3 个变量的所有最小项。用 N 变量译码器加输出门，就能获得任何形式的输入变量数不大于 N 的组合逻辑函数。

【例 2-1】 试利用 3 线—8 线译码器 74LS138 设计一个多输出的组合逻辑电路。输出的逻辑表达式为

$$\begin{cases} F_1 = A\overline{B} + \overline{B}C + AC \\ F_2 = \overline{A}\,\overline{B} + B\overline{C} + ABC \\ F_3 = \overline{A}C + BC + A\overline{C} \end{cases}$$

图 2-10　3 线—8 线译码器逻辑符号

解 当使能端为有效电平时，3 线—8 线译码器各输出端的逻辑表达式为 $\overline{Y}_i = \overline{m}_i$。

本题 F_1、F_2、F_3 均为三变量函数，首先令函数的输入变量 $ABC=A_2A_1A_0$，然后将 F_1、F_2、F_3 变换为最小项之和的形式，并进行变换，得

$$F_1 = A\overline{B} + \overline{B}C + AC = m_1+m_4+m_5+m_7 = \overline{\overline{m}_1 \cdot \overline{m}_4 \cdot \overline{m}_5 \cdot \overline{m}_7} = \overline{\overline{Y}_1 \cdot \overline{Y}_4 \cdot \overline{Y}_5 \cdot \overline{Y}_7}$$

$$F_2 = \overline{A}\,\overline{B} + B\overline{C} + ABC = m_0+m_1+m_2+m_6+m_7 = \overline{\overline{m}_0 \cdot \overline{m}_1 \cdot \overline{m}_2 \cdot \overline{m}_6 \cdot \overline{m}_7} = \overline{\overline{Y}_0 \cdot \overline{Y}_1 \cdot \overline{Y}_2 \cdot \overline{Y}_6 \cdot \overline{Y}_7}$$

$$F_3 = \overline{A}C + BC + A\overline{C} = m_1+m_3+m_4+m_6+m_7 = \overline{\overline{m}_1 \cdot \overline{m}_3 \cdot \overline{m}_4 \cdot \overline{m}_6 \cdot \overline{m}_7} = \overline{\overline{Y}_1 \cdot \overline{Y}_3 \cdot \overline{Y}_4 \cdot \overline{Y}_6 \cdot \overline{Y}_7}$$

用与非门作为 F_1、F_2、F_3 的输出门，就可以得到用 3 线—8 线译码器实现 F_1、F_2、F_3 函数的逻辑电路，如图 2-11 所示。

2. 码制译码器

最常用的码制译码器是 8421 码译码器，又称二-十进制译码器。二-十进制译码器的输入是十进制数的 4 位二进制编码（8421 码），用 $A_3A_2A_1A_0$ 表示；输出是与 10 个十进制数码相对应的 10 个低有效（或高有效）信号，用 $\overline{Y}_9 \sim \overline{Y}_0$ 表示。由于二-十进制译码器有 4 条输入线和 10 条输出线，所以又称为 4 线—10 线译码器。

典型的 4 线—10 线译码器（74LS42）真值表如表 2-6 所示。可见，对于 8421 码输入，译码输出低电平有效；对于 1010～1111 六个伪码输入，输出被锁定在无效高电平上。图 2-12 所示为其逻辑符号。

第 2 章 二进制数相乘电路

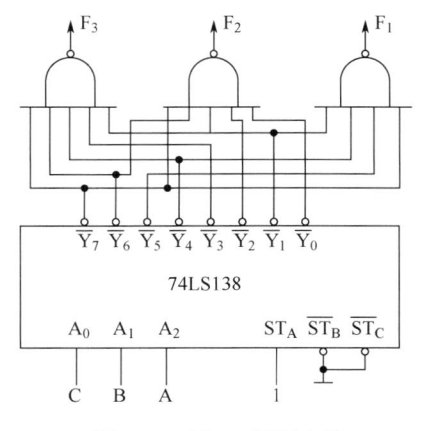

图 2-11 例 2-1 逻辑电路

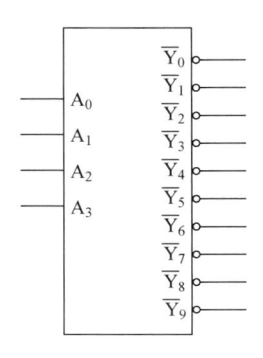

图 2-12 4 线—10 线译码器逻辑符号

表 2-6 4 线—10 线译码器（74LS42）真值表

序号	输入				输出									
	A_3	A_2	A_1	A_0	$\overline{Y}_0$	$\overline{Y}_1$	$\overline{Y}_2$	$\overline{Y}_3$	$\overline{Y}_4$	$\overline{Y}_5$	$\overline{Y}_6$	$\overline{Y}_7$	$\overline{Y}_8$	$\overline{Y}_9$
0	0	0	0	0	0	1	1	1	1	1	1	1	1	1
1	0	0	0	1	1	0	1	1	1	1	1	1	1	1
2	0	0	1	0	1	1	0	1	1	1	1	1	1	1
3	0	0	1	1	1	1	1	0	1	1	1	1	1	1
4	0	1	0	0	1	1	1	1	0	1	1	1	1	1
5	0	1	0	1	1	1	1	1	1	0	1	1	1	1
6	0	1	1	0	1	1	1	1	1	1	0	1	1	1
7	0	1	1	1	1	1	1	1	1	1	1	0	1	1
8	1	0	0	0	1	1	1	1	1	1	1	1	0	1
9	1	0	0	1	1	1	1	1	1	1	1	1	1	0
伪码	1	0	1	0	1	1	1	1	1	1	1	1	1	1
	1	0	1	1	1	1	1	1	1	1	1	1	1	1
	1	1	0	0	1	1	1	1	1	1	1	1	1	1
	1	1	0	1	1	1	1	1	1	1	1	1	1	1
	1	1	1	0	1	1	1	1	1	1	1	1	1	1
	1	1	1	1	1	1	1	1	1	1	1	1	1	1

4 线—10 线译码器可作为 3 线—8 线译码器使用。由表 2-6 可见，只要使 $A_3=0$，$\overline{Y}_0 \sim \overline{Y}_7$ 译出的就是 $A_2 \sim A_0$ 的二进制代码。图 2-13 所示为利用 1 片 2 线—4 线译码器和 4 片 4 线—10 线译码器组成 5 线—32 线译码器的逻辑电路。输入地址中 A_4、A_3 经双 2 线—4 线译码器（74LS139）产生 $\overline{Y}_3 \sim \overline{Y}_0$ 4 个片选通信号，分别送到 4 个 4 线—10 线译码器（74LS42）的 A_3 输入端；$A_2 \sim A_0$ 为 4 个 4 线—10 线译码器的地址。因而这 4 个 4 线—10 线译码器实质上完成了 3 线—8 线译码器的功能，每个只取 $\overline{Y}_0 \sim \overline{Y}_7$ 译码输出，所以共 32 个译码输出信号。

3．显示译码器

用来驱动各种显示器件，从而将用二进制代码表示的数字、文字、符号，翻译成人们习惯的形式直观地显示出来的电路，称为显示译码器。由于显示器件和显示方式不同，译码电路也不相同。

数字电路设计与实践

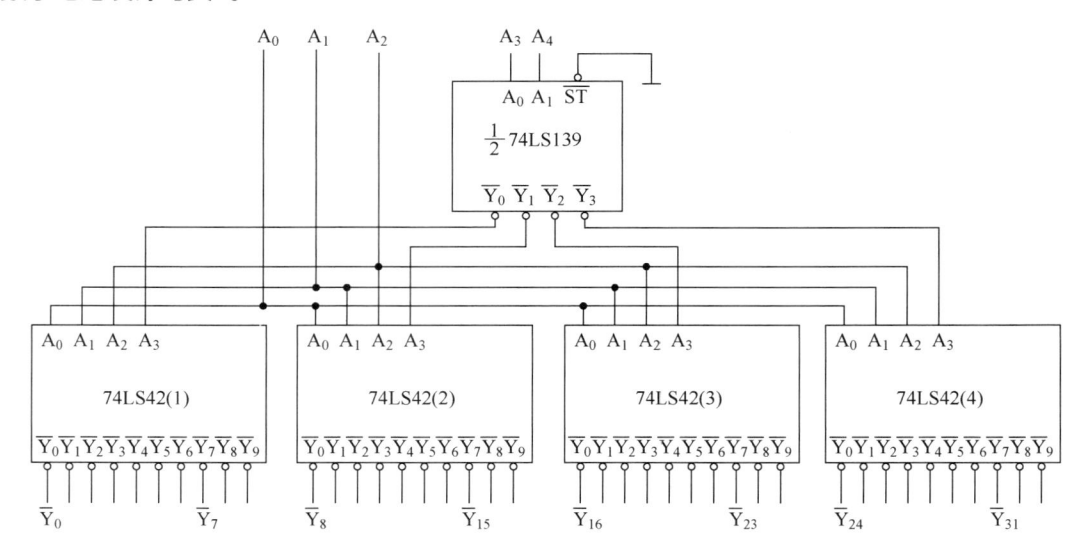

图 2-13 利用 2 线—4 线译码器和 4 线—10 线译码器组成 5 线—32 线译码器的逻辑电路

（1）七段显示器

为了能以十进制数码直观地显示数字系统的运行数据，通常采用七段显示器，或称七段数码管。七段显示器由七段可发光的线段拼合而成，显示的数字图形如图 2-14 所示。常见的七段显示器有半导体数码管和液晶显示器两种。

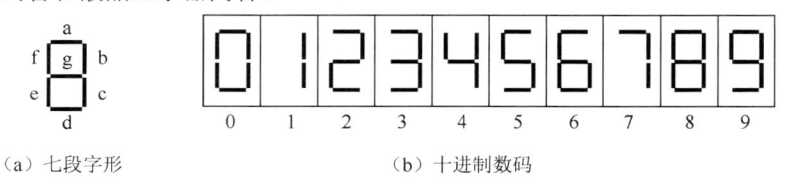

（a）七段字形　　　　　　（b）十进制数码

图 2-14　七段显示的数字图形

半导体数码管的每个线段都是一个发光二极管（Light Emitting Diode，LED），因而它也称为 LED 数码管。为了方便在数字显示系统中显示小数点，在每个数码管中还有一个 LED 专门用于显示小数点，故其也称为八段数码管。图 2-15 所示为 LED 数码管的外形图和两种内部接法。当输出为低电平控制时，需选用共阳极接法的数码管，使用时公共极（com）通过一个 100Ω 的限流电阻接+5V 电源；当输出为高电平控制时，需选用共阴极接法的数码管，使用时公共极接地。

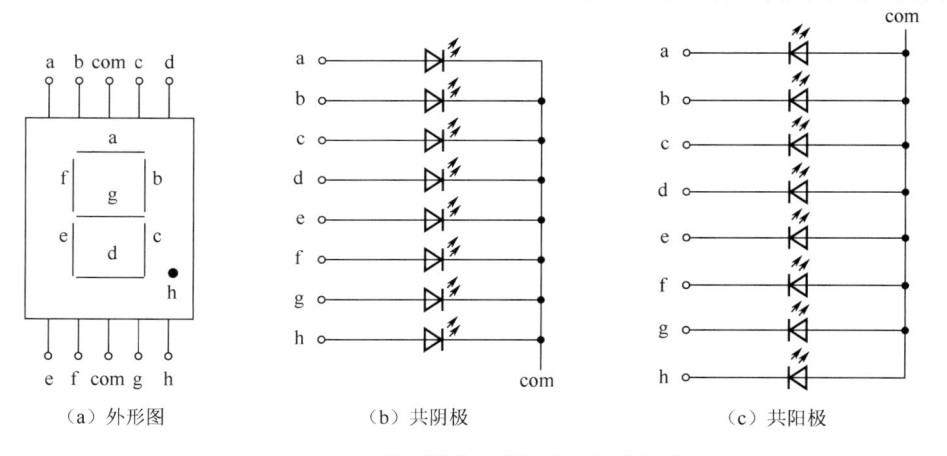

（a）外形图　　　　（b）共阴极　　　　（c）共阳极

图 2-15　LED 数码管的外形图和两种内部接法

LED 显示器的特点是工作电压低、体积小、寿命长、亮度高、响应速度快（一般不超过 0.1μs）和工作可靠性强。它的主要缺点是工作电流大，每一段的工作电流在 10mA 左右，功耗较大。

另一种常用的七段显示器采用液晶显示器（Liquid Crystal Display，LCD），液晶是一种既具有液体的流动性又具有光学特性的有机化合物，它的透明度和呈现的颜色受外加电场的影响，利用这一特点便可做成字符显示器。

LCD 显示器的最大优点是功耗极低，每平方厘米的功耗在 1μW 以下。它的工作电压也很低，在 1V 电压以下它仍能工作。因此，液晶显示器在电子表以及各种小型、便携式仪器仪表中得到了广泛的应用。但是，由于它本身不会发光，仅仅靠反射外界光线显示字形，所以亮度较差。此外，它的响应速度较慢（10～200ms），因而限制了它在快速系统中的应用。

（2）集成显示译码器

半导体数码管和液晶显示器都可以用 TTL 或 CMOS 集成电路直接驱动。为此，就需要使用显示译码器，将 BCD 码译成数码管所需要的七段驱动信号，以便显示出十进制数。

常用的集成七段显示译码器 74LS48 的逻辑电路如图 2-16 所示，其功能表如表 2-7 所示。

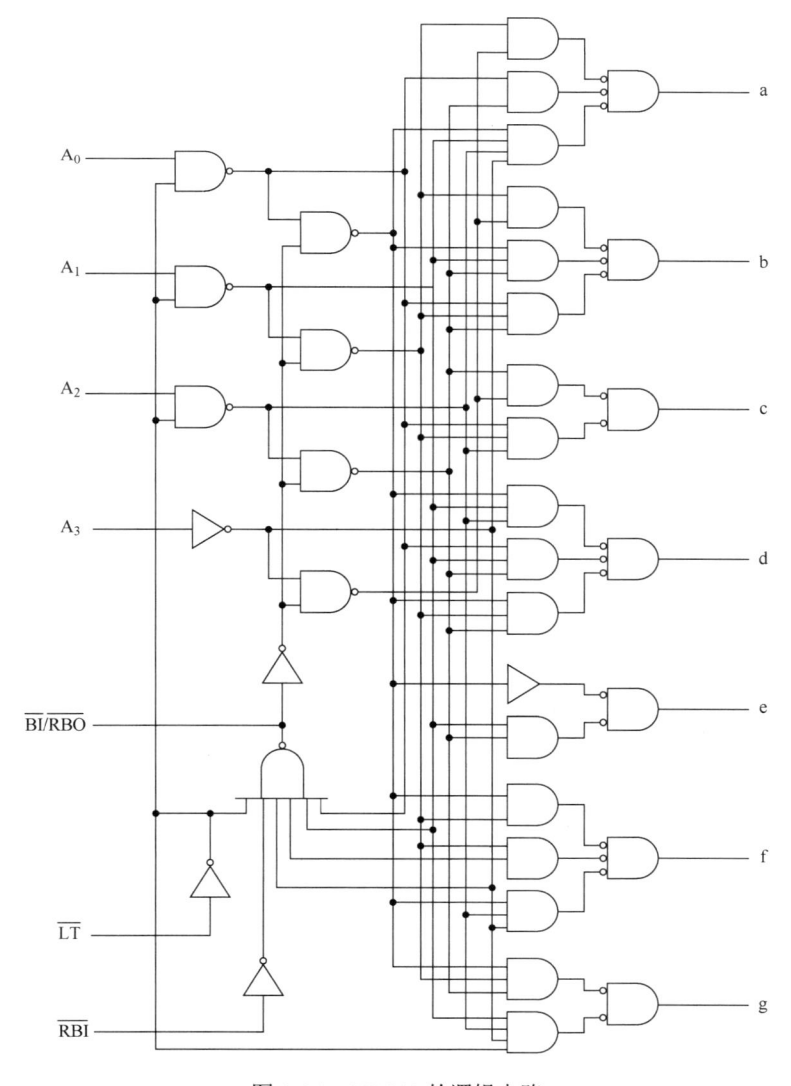

图 2-16　74LS48 的逻辑电路

表 2-7　74LS48 的功能表

十进制数或功能	输入						输出								字形
	$\overline{LT}$	$\overline{RBI}$	A_3	A_2	A_1	A_0	$\overline{BI}/\overline{RBO}$	a	b	c	d	e	f	g	
0	1	1	0	0	0	0	1	1	1	1	1	1	1	0	0
1	1	×	0	0	0	1	1	0	1	1	0	0	0	0	1
2	1	×	0	0	1	0	1	1	1	0	1	1	0	1	2
3	1	×	0	0	1	1	1	1	1	1	1	0	0	1	3
4	1	×	0	1	0	0	1	0	1	1	0	0	1	1	4
5	1	×	0	1	0	1	1	1	0	1	1	0	1	1	5
6	1	×	0	1	1	0	1	0	0	1	1	1	1	1	6
7	1	×	0	1	1	1	1	1	1	1	0	0	0	0	7
8	1	×	1	0	0	0	1	1	1	1	1	1	1	1	8
9	1	×	1	0	0	1	1	1	1	1	0	0	1	1	9
10	1	×	1	0	1	0	1	0	0	0	1	1	0	1	c
11	1	×	1	0	1	1	1	0	0	1	1	0	0	1	⊃
12	1	×	1	1	0	0	1	0	1	0	0	0	1	1	u
13	1	×	1	1	0	1	1	1	0	0	1	0	1	1	⊆
14	1	×	1	1	1	0	1	0	0	0	1	1	1	1	t
15	1	×	1	1	1	1	1	0	0	0	0	0	0	0	
消隐	×	×	×	×	×	×	0（输入）	0	0	0	0	0	0	0	
灯测试	0	×	×	×	×	×	1	1	1	1	1	1	1	1	8
灭零	1	0	0	0	0	0	0	0	0	0	0	0	0	0	

由图 2-16 可见，电路除 $A_3 \sim A_0$ 的 4 位二进制代码输入外，还有 3 个低电平有效的控制输入，下面结合功能表进行介绍。

$\overline{LT}$ 端为灯测试输入端，又称灯测试检查端，用来检验芯片本身及七段数码管的工作是否正常。当 $\overline{LT}=0$ 时，$\overline{BI}/\overline{RBO}=1$ 是输出，不论 $A_3 \sim A_0$ 输入为何种状态，可驱动数码管的七段同时点亮，显示字形 "8"。芯片正常工作时 $\overline{LT}$ 端应接高电平。

$\overline{RBI}$ 端为灭零输入端。在有些情况下，不希望数码 0 显示出来。例如，当显示 4.5 时，不希望显示结果为 004.500，多余的 0 可以用 $\overline{RBI}$ 信号熄灭。当 $\overline{LT}=1$、$\overline{RBI}=0$ 且 $A_3 \sim A_0=0000$ 时，数码管的七段全不亮，显示器被熄灭，故称灭零。此时，$\overline{BI}/\overline{RBO}=0$ 是输出，称灭零输出（$\overline{RBO}$）。由功能表可见，$\overline{RBI}$ 只熄灭数码 0，不熄灭其他数码。

$\overline{BI}/\overline{RBO}$ 端是双重功能的端口，既可作输入端也可作输出端。$\overline{RBO}$ 为灭零输出，$\overline{BI}$ 为消隐输入。当 $\overline{BI}/\overline{RBO}$ 端作输入端时，$\overline{BI}/\overline{RBO}=0$，即 $\overline{BI}=0$。此时，不论其他所有输入为何值，输出 a～g 全部为低电平，应使显示器处于熄灭状态。但由于 $\overline{BI}$ 输入一般为矩形波振荡信号，短暂的低电平输入时间与数码管的余辉时间相比拟，很难看出显示器被熄灭的状态，故称消隐。

将 $\overline{BI}/\overline{RBO}$ 与 $\overline{RBI}$ 配合使用，很容易实现多位数码显示的灭零控制。图 2-17 所示为一个数码译码显示系统。其中，芯片（1）（百位）的 $\overline{RBI}$ 接地；将芯片（1）的 $\overline{BI}/\overline{RBO}$ 与芯片（2）（十位）的 $\overline{RBI}$ 相连，可使百位灭零时，十位也能灭零；芯片（3）（个位）的 $\overline{RBI}$ 接高电平（5V）以保持小数点前的一个零。同理，将芯片（6）（10^{-3} 位）的 $\overline{RBI}$ 接地；将芯片（6）的 $\overline{BI}/\overline{RBO}$ 与芯片（5）（10^{-2} 位）的 $\overline{RBI}$ 相连；芯片（4）（10^{-1} 位）的 $\overline{RBI}$ 接高电平（5V）以保持小数点后的一个零。这样就会使不希望显示的 0 熄灭，而 0.1 或 1.0 可以显示出来。

第 2 章　二进制数相乘电路

图 2-17 中，还用了一个占空比约为 50% 的多谐振荡器与 $\overline{BI}/\overline{RBO}$ 相连接，其目的是实现"亮度调节"。显示器在振荡波形的作用下，间歇地闪现数码，又称扫描显示。改变脉冲波形的宽度，可以控制闪现的时间，调节数码管的亮度。

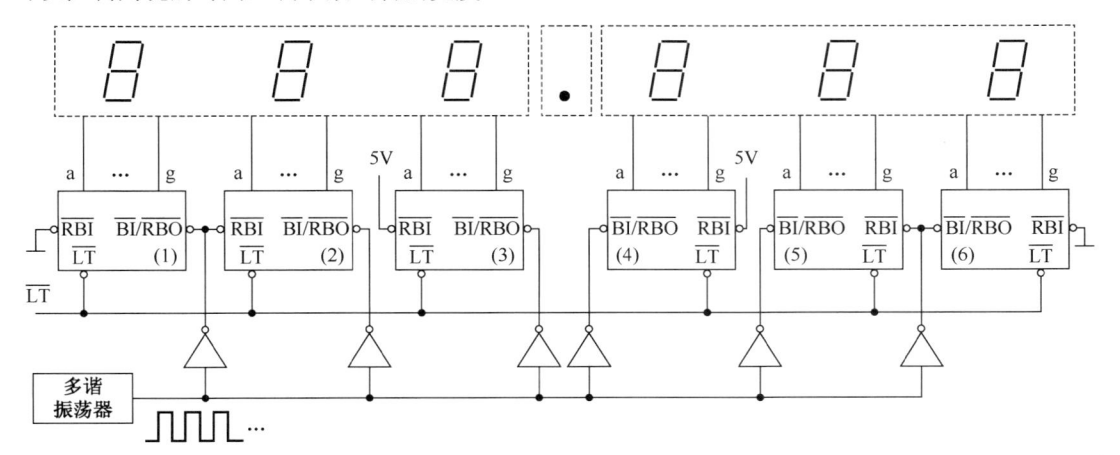

图 2-17　数码译码显示系统

2.2.1.4　数据选择器

在数字信息的传输过程中，有时需要从多路并行传送的数据中选通一路送到唯一的输出线上，形成总线传输。这时就要用到数据选择器，亦称为多路转换器、多路调制器、多路开关（Multiplexer，MUX）。它的功能与数据分配器相反，为多输入、单输出形式。其通用逻辑符号如图 2-18 所示。

由图 2-18 可见，数据选择器有 n 条地址输入线（$A_{n-1} \sim A_0$）、2^n 条数据输入线、1 条输出线、1 个选通端。其功能是根据地址线的编码信息，从 2^n 个输入信号中选择 1 个信号输出。当选通信号有效时，输出 Y 的通用逻辑表达式为

$$Y = \sum_{i=0}^{2^n-1} D_i m_i \qquad (2\text{-}4)$$

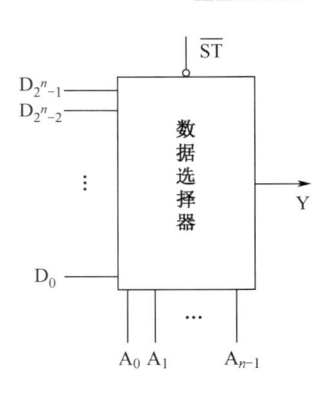

图 2-18　数据选择器通用逻辑符号

式中，m_i 为地址编码 $A_{n-1}A_{n-2}\cdots A_1A_0$ 的最小项。

1. 数据选择器及扩展

目前常用的数据选择器有 4 选 1 数据选择器和 8 选 1 数据选择器两种类型。

（1）4 选 1 数据选择器

常用的集成双 4 选 1 数据选择器 74HC153 的逻辑电路如图 2-19 所示，它包含两个完全相同的 4 选 1 数据选择器，以虚线分为上下两部分。两个数据选择器共用地址输入端 A_1A_0，而数据输入端和输出端是各自独立的，选通端 $\overline{ST}_1$ 和 $\overline{ST}_2$ 也是独立控制的。

表 2-8 所示为双 4 选 1 数据选择器 74HC153 的功能表。由表可见，当 $\overline{ST}_1$、$\overline{ST}_2$ 均为低有效电平时，Y_1、Y_2 可作为 2 位数的 4 选 1 数据选择输出；当 $\overline{ST}_1$ 和 $\overline{ST}_2$ 分别为低有效电平时，Y_1 和 Y_2 可分别独立作为 1 位数的 4 选 1 数据选择输出；而当 $\overline{ST}_1$、$\overline{ST}_2$ 均为无效电平时，Y_1、Y_2 均为 0。

当选通控制电平有效时，由表 2-8 可写出输出 Y_1 和 Y_2 的逻辑表达式为

$$\begin{cases} Y_1 = \overline{A}_1\overline{A}_0 D_{10} + \overline{A}_1 A_0 D_{11} + A_1 \overline{A}_0 D_{12} + A_1 A_0 D_{13} \\ Y_2 = \overline{A}_1\overline{A}_0 D_{20} + \overline{A}_1 A_0 D_{21} + A_1 \overline{A}_0 D_{22} + A_1 A_0 D_{23} \end{cases} \tag{2-5}$$

由双 4 选 1 数据选择器 74HC153 的功能可见，通过多片相同数据选择器地址线的共用（并联），可实现数据位数的扩展。

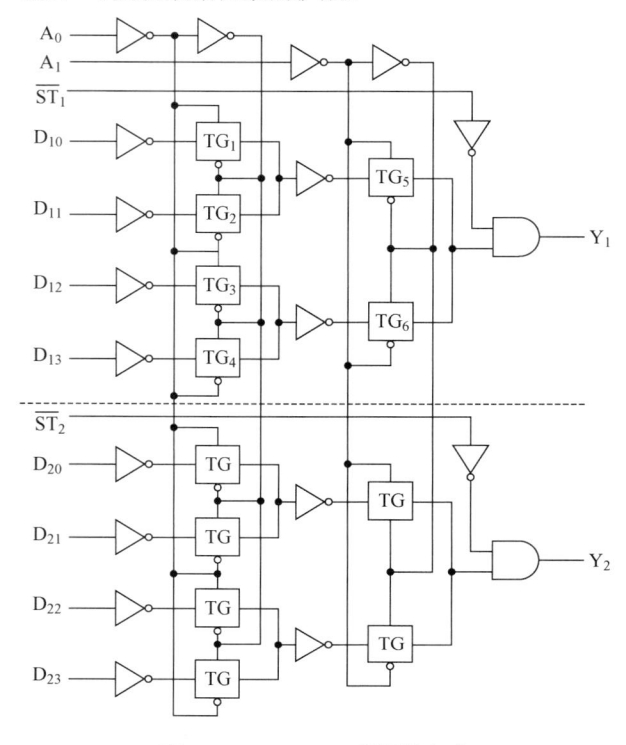

图 2-19　74HC153 的逻辑电路

表 2-8　74HC153 的功能表

$\overline{ST}_1$	$\overline{ST}_2$	A_1	A_0	Y_1	Y_2
0	0	0	0	D_{10}	D_{20}
0	0	0	1	D_{11}	D_{21}
0	0	1	0	D_{12}	D_{22}
0	0	1	1	D_{13}	D_{23}
0	1	0	0	D_{10}	0
0	1	0	1	D_{11}	0
0	1	1	0	D_{12}	0
0	1	1	1	D_{13}	0
1	0	0	0	0	D_{20}
1	0	0	1	0	D_{21}
1	0	1	0	0	D_{22}
1	0	1	1	0	D_{23}
1	1	×	×	0	0

（2）8 选 1 数据选择器

利用门电路的控制和输出，很容易将集成双 4 选 1 数据选择器扩展成 8 选 1 数据选择器。图 2-20 所示为用 74HC153 构成的 8 选 1 数据选择器。将低位地址输入 A_1、A_0 分别直接接到芯片的公共地址端 A_1 和 A_0，高位地址输入 A_2 接至 $\overline{ST}_1$，经非门产生的 $\overline{A}_2$ 接至 $\overline{ST}_2$，同时将输出 Y_1 和 Y_2 相或。

根据 74HC153 的功能表，可导出 8 选 1 数据选择器功能表，如表 2-9 所示。

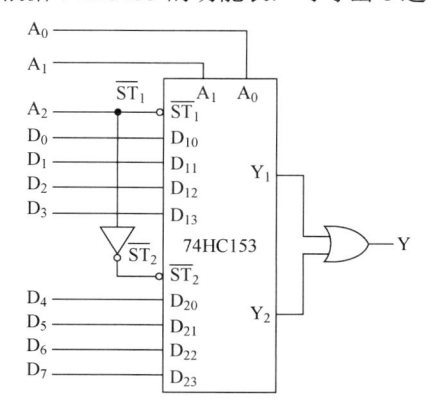

图 2-20　用 74HC153 构成的 8 选 1 数据选择器

表 2-9　8 选 1 数据选择器功能表

A_2	A_1	A_0	Y_1	Y_2	Y
0	0	0	D_0	0	D_0
0	0	1	D_1	0	D_1
0	1	0	D_2	0	D_2
0	1	1	D_3	0	D_3
1	0	0	0	D_4	D_4
1	0	1	0	D_5	D_5
1	1	0	0	D_6	D_6
1	1	1	0	D_7	D_7

第2章 二进制数相乘电路

由表 2-9 可写出输出 Y 的逻辑表达式为

$$Y = \overline{A}_2 \overline{A}_1 \overline{A}_0 D_0 + \overline{A}_2 \overline{A}_1 A_0 D_1 + \overline{A}_2 A_1 \overline{A}_0 D_2 + \overline{A}_2 A_1 A_0 D_3 +$$
$$A_2 \overline{A}_1 \overline{A}_0 D_4 + A_2 \overline{A}_1 A_0 D_5 + A_2 A_1 \overline{A}_0 D_6 + A_2 A_1 A_0 D_7 \quad (2\text{-}6)$$

常用的集成 8 选 1 数据选择器还有 74HC151,其逻辑符号如图 2-21 所示。它有原码和反码两个输出端,其功能表如表 2-10 所示。

利用选通端 $\overline{ST}$ 可以实现功能扩展。图 2-22 所示为由 4 片 8 选 1 数据选择器和 1 片 4 选 1 数据选择器构成的 32 选 1 数据选择器逻辑电路。当 $A_4A_3=00$ 时,由 $A_2 \sim A_0$ 选片(1)输入 $D_7 \sim D_0$ 中的数据;当 $A_4A_3=01$ 时,由 $A_2 \sim A_0$ 选片(2)输入 $D_{15} \sim D_8$ 中的数据;当 $A_4A_3=10$ 时,由 $A_2 \sim A_0$ 选片(3)输入 $D_{23} \sim D_{16}$ 中的数据;当 $A_4A_3=11$ 时,由 $A_2 \sim A_0$ 选片(4)输入 $D_{31} \sim D_{24}$ 中的数据。

表 2-10 74HC151 功能表

$\overline{ST}$	A_2	A_1	A_0	Y	$\overline{W}$
1	×	×	×	0	1
0	0	0	0	D_0	$\overline{D}_0$
0	0	0	1	D_1	$\overline{D}_1$
0	0	1	0	D_2	$\overline{D}_2$
0	0	1	1	D_3	$\overline{D}_3$
0	1	0	0	D_4	$\overline{D}_4$
0	1	0	1	D_5	$\overline{D}_5$
0	1	1	0	D_6	$\overline{D}_6$
0	1	1	1	D_7	$\overline{D}_7$

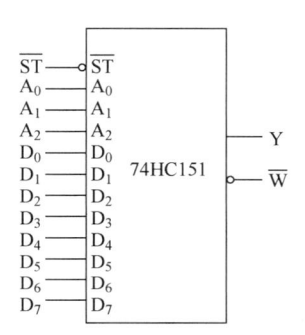

图 2-21 集成 8 选 1 数据选择器 74HC151 的逻辑符号

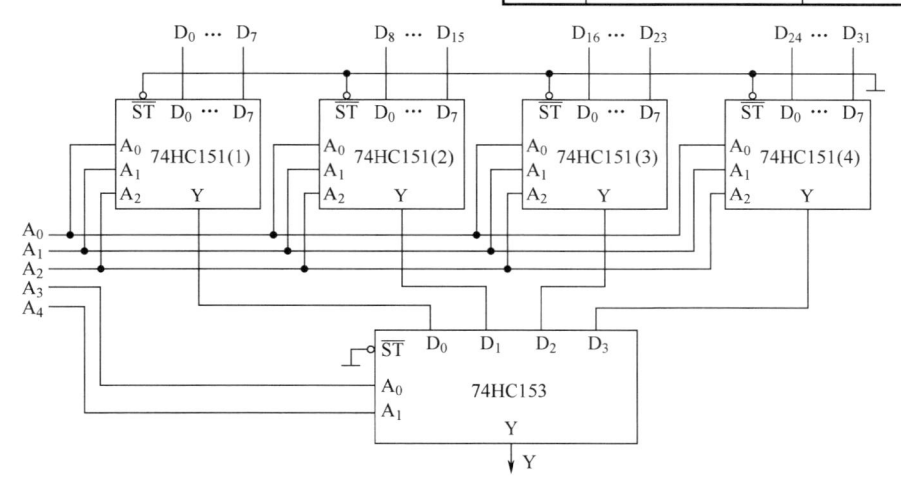

图 2-22 由 8 选 1 和 4 选 1 数据选择器扩展为 32 选 1 数据选择器逻辑电路

2. 用数据选择器实现组合逻辑函数

数据选择器除可以用来选择输入信号,实现多路开关的功能外,还可以作为函数发生器,实现组合逻辑函数。

(1) 用具有 N 个地址输入端的数据选择器实现 M 变量逻辑函数($M \leq N$)

如果逻辑函数的变量数 M 与数据选择器地址变量数 N 相同,那么数据选择器的数据输入端数与函数的最小项数相同,这时用数据选择器实现组合逻辑函数是十分方便的。首先将逻辑函数的输入变量按次序接至数据选择器的地址端,于是函数的最小项 m_i 便与数据选择器的数据输入端

数字电路设计与实践

D_i 一一对应了。例如，函数包含某些最小项，便将与它们对应的数据选择器的数据输入端接 1，否则接 0，由此在数据选择器的输出端便可得到该逻辑函数。

【例2-2】 试用 8 选 1 数据选择器实现逻辑函数：

$$F=\overline{A}B+A\overline{B}+C$$

解 将 F 填入卡诺图，如图 2-23 所示，求出 F 的最小项表达式：

$$F(A,B,C)=\sum m(1,2,3,4,5,7)$$

对于 8 选 1 数据选择器，地址线 $n=3$，顺序输入 A、B、C；对照 8 选 1 数据选择器的输出逻辑表达式

$$Y=\sum_{i=0}^{7}D_i m_i$$

得 $D_1=D_2=D_3=D_4=D_5=D_7=1$，$D_0=D_6=0$。

画出用 8 选 1 数据选择器实现的逻辑电路，如图 2-24 所示。

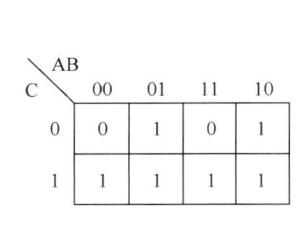

图 2-23 例 2-2 卡诺图

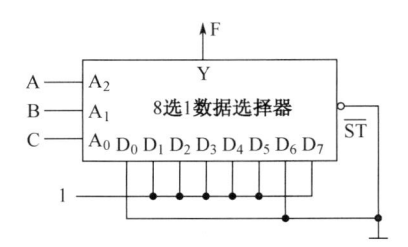

图 2-24 例 2-2 逻辑电路

当输入变量数 M 小于数据选择器的地址端数 N 时，只需将高位地址端接地并将相应的数据输入端接地即可。

【例2-3】 试用 8 选 1 数据选择器实现逻辑函数：

$$F=\overline{A}B+A\overline{B}$$

解 因为 F 可直接写成最小项表达式：

$$F(A,B)=\sum m(1,2)$$

所以令 $A_2=0$，$A_1=A$，$A_0=B$；$D_1=D_2=1$，$D_0=D_3=D_4=D_5=D_6=D_7=0$。

画出用 8 选 1 数据选择器实现的逻辑电路，如图 2-25 所示。

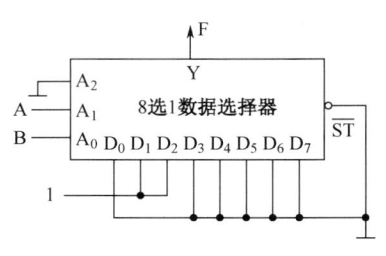

图 2-25 例 2-3 逻辑电路

（2）用具有 N 个地址输入端的数据选择器实现 M 变量的组合逻辑函数（$M>N$）

N 个地址端的数据选择器共有 2^N 个数据输入端，而 M 变量的逻辑函数共有 2^M 个最小项。因为 $2^M>2^N$，所以用 N 个地址端的数据选择器来实现 M 变量的逻辑函数，一种方法是将 2^N 选 1 数据选择器扩展为 2^M 选 1 数据选择器，称为扩展法；另一种方法是采用降维的方法将 M 变量的逻辑函数转换成 N 变量的逻辑函数，因此可以用 2^N 选 1 数据选择器实现具有 2^M 个最小项的逻辑函数，通常称为降维图法。

① 扩展法。前面已经介绍了数据选择器及扩展的方法，下面举例说明实现逻辑函数的具体应用。

【例2-4】 试用 8 选 1 数据选择器实现 4 变量逻辑函数：

$$F(A,B,C,D)=\sum m(0,3,6,7,10,11,13,14)$$

解 8 选 1 数据选择器有 3 个地址端和 8 个数据输入端，而 4 变量函数共有 16 个最小项，所以采用两片 8 选 1 数据选择器扩展成 16 选 1 数据选择器，逻辑电路如图 2-26 所示。

第 2 章 二进制数相乘电路

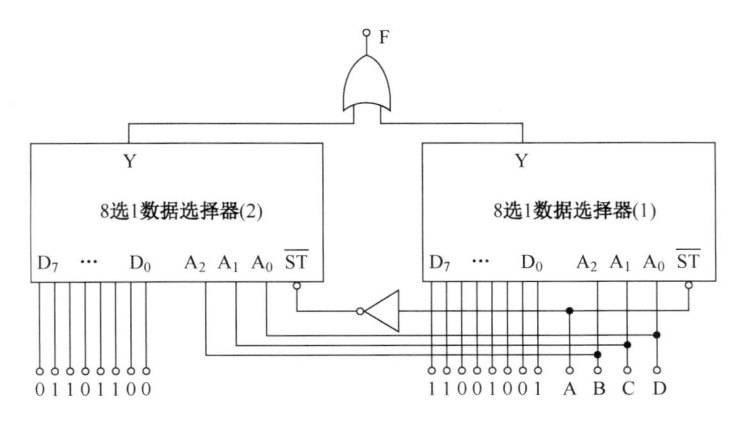

图 2-26 例 2-4 逻辑电路

图 2-26 中，片（1）的选通信号 $\overline{ST}$ 接高位输入变量 A，输入变量 B、C、D 作为两片 8 选 1 数据选择器地址端 $A_2A_1A_0$ 的输入地址。当 A=0 时，片（1）执行数据选择功能，片（2）被封锁，在 B、C、D 输入变量作用下，输出 $m_0 \sim m_7$ 中的函数值；当 A=1 时，片（1）被封锁，片（2）执行数据选择功能，在 B、C、D 输入变量作用下，输出 $m_8 \sim m_{15}$ 中的函数值。所以，根据 F 逻辑表达式中的最小项编号，输入数据：

$$D_0=D_3=D_6=D_7=D_{10}=D_{11}=D_{13}=D_{14}=1$$
$$D_1=D_2=D_4=D_5=D_8=D_9=D_{12}=D_{15}=0$$

② 降维图法。在函数的卡诺图中，函数的所有变量均为卡诺图的变量，图中每个最小项小方格都填有 1、0 或任意项×。一般将卡诺图的变量数称为该图的维数。如果把某些变量也作为卡诺图小方格内的值，则会减少卡诺图的维数，这种卡诺图称为降维卡诺图，简称降维图。作为降维图小方格中值的那些变量称为记图变量。

降维的方法是，如果记图变量为 X，对原卡诺图（或降维图），当 X=0 时，原图单元值为 f；当 X=1 时，原图单元值为 g，则在新的降维图中，对应的降维图单元填入子函数 $\overline{X} \cdot f + X \cdot g$。其中 f 和 g 可以为 0，也可以为 1；可以为某一变量，也可以为某一函数。

例如，图 2-27（a）为函数 F 的 4 变量卡诺图，若将变量 D 作为记图变量，以 A、B、C 为三维卡诺图的输入变量，形成 3 变量降维图，如图 2-27（b）所示。将 4 变量卡诺图转换成 3 变量降维图的具体做法为：①根据 4 变量卡诺图，若变量 D=0 及 D=1 时，函数 F 的值均为 0，则在 3 变量降维图对应小方格中填 0，即 $\overline{D} \cdot 0 + D \cdot 0 = 0$，如图 2-27（b）中 F(0, 0, 1)=0。②若变量 D=0 及 D=1 时，函数 F 的值均为 1，则在 3 变量降维图对应小方格中填 1，即 $\overline{D} \cdot 1 + D \cdot 1 = 1$，如图 2-27（b）中 F(0, 1, 1)=F(1, 1, 0)=1。③若变量 D=0 时，函数 F(A, B, C, 0)=0；D=1 时，函数 F(A, B, C, 1)=1，则在 3 变量降维图对应小方格中填 D，即 $\overline{D} \cdot 0 + D \cdot 1 = D$，如图 2-27（b）中 F(0, 0, 0)=F(0, 1, 0)= F(1, 0, 0)=F(1,0,1)=D。④若变量 D=0 时，函数 F(A, B, C, 0)=1；D=1 时，函数 F(A, B, C, 1)=0，则在 3 变量降维图对应小方格中填 $\overline{D}$，即 $\overline{D} \cdot 1 + D \cdot 0 = \overline{D}$，如图 2-27（b）中 F(1, 1, 1)=$\overline{D}$。

若需进一步降维，则在 3 变量降维图的基础上，再以 C 作为记图变量，以 A、B 为二维卡诺图的输入变量，形成 2 变量降维图，如图 2-27（c）所示。其中，F(0, 0)=$\overline{C} \cdot D + C \cdot 0 = \overline{C}D$，F(0, 1)= $\overline{C} \cdot D + C \cdot 1 = C+D$，F(1, 0)=$\overline{C} \cdot D + C \cdot D = D$，F(1, 1)=$\overline{C} \cdot 1 + C \cdot \overline{D} = \overline{C} + \overline{D}$。降维图小方格中填入的记图变量也称原函数的子函数。图 2-27（c）中包含 4 个子函数，即 $f_0 = \overline{C}D$，$f_1 = C+D$，$f_2 = D$，$f_3 = \overline{C} + \overline{D}$。

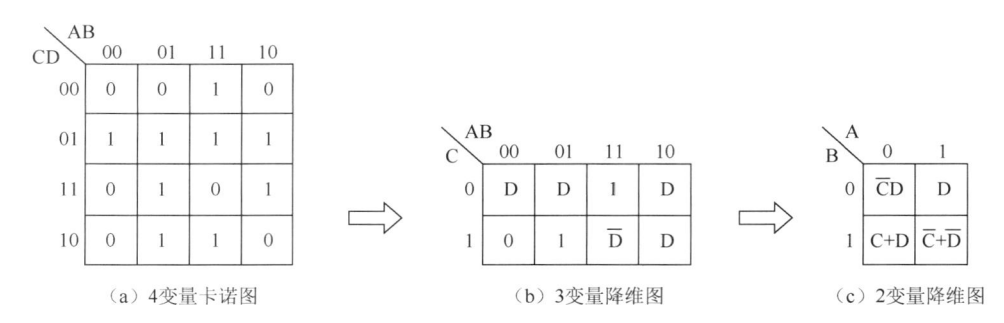

(a) 4变量卡诺图　　(b) 3变量降维图　　(c) 2变量降维图

图 2-27　函数 F 的降维图示例

【例 2-5】 用数据选择器实现函数：

$$F(A, B, C, D)=\sum m(1, 5, 6, 7, 9, 11, 12, 13, 14)$$

解 作出 F 的卡诺图，如图 2-27（a）所示。若采用 8 选 1 数据选择器实现，以 D 作为记图变量，一次降维得到 3 变量降维图，如图 2-27（b）所示。

根据 8 选 1 数据选择器输出逻辑函数卡诺图，如图 2-28 所示，令 $A_2=A$，$A_1=B$，$A_0=C$，对照图 2-27（b），得

$$D_0=D, D_1=0, D_2=D, D_3=1$$
$$D_4=D, D_5=D, D_6=1, D_7=\overline{D}$$

图 2-28　8 选 1 数据选择器卡诺图

画出逻辑电路之一，如图 2-29 所示。

若采用 4 选 1 数据选择器实现，两次降维得到 2 变量降维图，如图 2-27（c）所示。将其中 4 个子函数化为最小项表达式，即

$$f_0=\overline{C}D=m_1$$
$$f_1=C+D=\sum m(1, 2, 3)$$
$$f_2=D$$
$$f_3=\overline{C}+\overline{D}=\sum m(0, 1, 2)$$

画出逻辑电路之二，如图 2-30 所示。

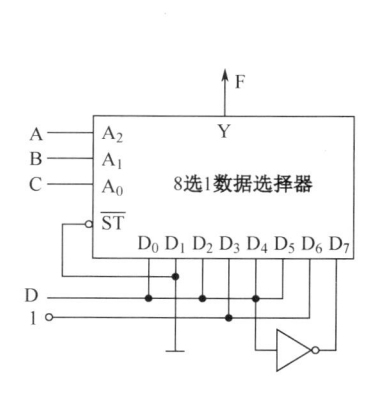

图 2-29　例 2-5 逻辑电路之一

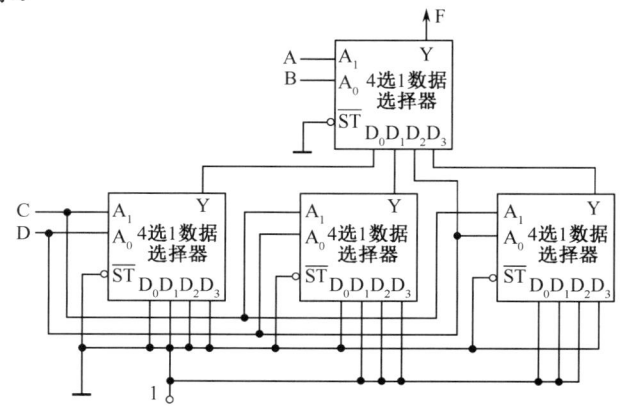

图 2-30　例 2-5 逻辑电路之二

2.2.1.5　数值比较器

在各种数字系统中，经常需要对两个二进制数进行大小判别，然后根据判别

第 2 章 二进制数相乘电路

结果执行某种操作。数值比较器是用来比较两个相同位数二进制数大小以及是否相等的组合逻辑电路。其输入为要进行比较的两个二进制数，输出为比较的三个结果：大于、小于、等于。

1. 1 位数值比较器

能够完成两个 1 位二进制数 A 和 B 比较的电路，称为 1 位数值比较器。A、B 是输入信号，输出信号是比较结果。因为比较结果有 3 种情况，即 A>B、A<B、A=B，分别用 $F_{A>B}$、$F_{A<B}$、$F_{A=B}$ 表示。并规定当 A>B 时，令 $F_{A>B}=1$；当 A<B 时，令 $F_{A<B}=1$；当 A=B 时，令 $F_{A=B}=1$。其真值表如表 2-11 所示。由真值表可写出其逻辑表达式为

$$\begin{cases} F_{A>B} = A\overline{B} \\ F_{A<B} = \overline{A}B \\ F_{A=B} = \overline{A}\overline{B} + AB = A \odot B \end{cases} \tag{2-7}$$

由逻辑表达式画出逻辑电路，如图 2-31 所示。

表 2-11 1 位数值比较器真值表

输	入	输		出
A	B	$F_{A>B}$	$F_{A<B}$	$F_{A=B}$
0	0	0	0	1
0	1	0	1	0
1	0	1	0	0
1	1	0	0	1

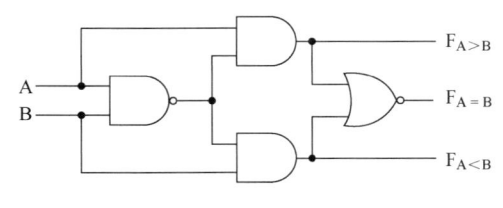

图 2-31 1 位数值比较器逻辑电路

2. 多位数值比较器

在比较两个多位二进制数的大小时，必须自高而低地逐位比较，而且只有在高位相等时，才需要比较低位。现以比较两个 4 位二进制数 $A=A_3A_2A_1A_0$ 和 $B=B_3B_2B_1B_0$ 为例，说明多位数值比较器的设计方法。

首先从高位开始比较，如果 $A_3>B_3$，那么不管其他几位数码为何值，肯定是 A>B，则 $F_{A>B}=1$，$F_{A<B}=0$，$F_{A=B}=0$。反之，如果 $A_3<B_3$，同样不管其他几位数码为何值，肯定是 A<B，则 $F_{A>B}=0$，$F_{A<B}=1$，$F_{A=B}=0$。如果 $A_3=B_3$，就必须通过比较次高位 A_2 和 B_2 来判断 A 和 B 的大小。依次类推，直至比较出结果，故可列出 4 位数值比较器的功能表，如表 2-12 所示。表中输入端 $I_{A>B}$、$I_{A<B}$ 和 $I_{A=B}$ 是两个级联的低位数 A 和 B 比较出的结果，称级联输入。设置级联输入是为了便于数值比较器的位数扩展。当仅对 4 位数值进行比较时，令 $I_{A>B}=I_{A<B}=0$ 和 $I_{A=B}=1$ 即可。

表 2-12 4 位数值比较器的功能表

输				入			输		出
$A_3\ B_3$	$A_2\ B_2$	$A_1\ B_1$	$A_0\ B_0$	$I_{A>B}$	$I_{A<B}$	$I_{A=B}$	$F_{A>B}$	$F_{A<B}$	$F_{A=B}$
$A_3>B_3$	× ×	× ×	× ×	×	×	×	1	0	0
$A_3<B_3$	× ×	× ×	× ×	×	×	×	0	1	0
$A_3=B_3$	$A_2>B_2$	× ×	× ×	×	×	×	1	0	0
$A_3=B_3$	$A_2<B_2$	× ×	× ×	×	×	×	0	1	0
$A_3=B_3$	$A_2=B_2$	$A_1>B_1$	× ×	×	×	×	1	0	0
$A_3=B_3$	$A_2=B_2$	$A_1<B_1$	× ×	×	×	×	0	1	0
$A_3=B_3$	$A_2=B_2$	$A_1=B_1$	$A_0>B_0$	×	×	×	1	0	0
$A_3=B_3$	$A_2=B_2$	$A_1=B_1$	$A_0<B_0$	×	×	×	0	1	0
$A_3=B_3$	$A_2=B_2$	$A_1=B_1$	$A_0=B_0$	1	0	0	1	0	0
$A_3=B_3$	$A_2=B_2$	$A_1=B_1$	$A_0=B_0$	0	1	0	0	1	0
$A_3=B_3$	$A_2=B_2$	$A_1=B_1$	$A_0=B_0$	0	0	1	0	0	1

由 4 位数值比较器的功能表，写出输出逻辑表达式：

$$\begin{cases} F_{A>B} = A_3\bar{B}_3 + (A_3 \odot B_3)A_2\bar{B}_2 + (A_3 \odot B_3)(A_2 \odot B_2)(A_1\bar{B}_1) + \\ \quad\quad (A_3 \odot B_3)(A_2 \odot B_2)(A_1 \odot B_1)A_0\bar{B}_0 + \\ \quad\quad (A_3 \odot B_3)(A_2 \odot B_2)(A_1 \odot B_1)(A_0 \odot B_0)I_{A>B}\bar{I}_{A<B}\bar{I}_{A=B} \\ F_{A<B} = \bar{A}_3B_3 + (A_3 \odot B_3)\bar{A}_2B_2 + (A_3 \odot B_3)(A_2 \odot B_2)\bar{A}_1B_1 + \\ \quad\quad (A_3 \odot B_3)(A_2 \odot B_2)(A_1 \odot B_1)\bar{A}_0B_0 + \\ \quad\quad (A_3 \odot B_3)(A_2 \odot B_2)(A_1 \odot B_1)(A_0 \odot B_0)I_{A<B}\bar{I}_{A>B}\bar{I}_{A=B} \\ F_{A=B} = (A_3 \odot B_3)(A_2 \odot B_2)(A_1 \odot B_1)(A_0 \odot B_0)I_{A=B}\bar{I}_{A>B}\bar{I}_{A<B} \end{cases} \quad (2\text{-}8)$$

根据输出逻辑表达式，可设计出 4 位数值比较器的逻辑电路。常用的集成 4 位数值比较器 74LS85 的内部电路，就是按以上逻辑表达式连接而成的，其功能表如表 2-12 所示。

3. 数值比较器的位数扩展

利用 $I_{A>B}$、$I_{A<B}$ 和 $I_{A=B}$ 这 3 个级联输入，可以方便地实现数值比较器的位数扩展。位数扩展的方法有串联和并联两种，当位数较少且要求速度不高时，常采用串联方式；当位数较多且速度要满足一定要求时，应采用并联方式。

（1）串联方式扩展

例如，将两片 4 位数值比较器 74LS85 扩展为 8 位数值比较器。可以将两片芯片串联，即将低位芯片的输出端 $F_{A>B}$、$F_{A<B}$ 和 $F_{A=B}$，分别接高位芯片级联输入端 $I_{A>B}$、$I_{A<B}$ 和 $I_{A=B}$，如图 2-32 所示。这样，当高 4 位都相等时，可由低 4 位来决定两数的大小。

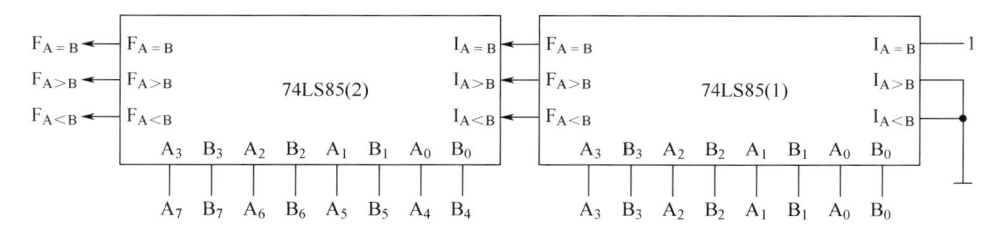

图 2-32 两片 74LS85 扩展为 8 位数值比较器的逻辑电路

（2）并联方式扩展

用 74LS85 组成 16 位数值比较器的逻辑电路如图 2-33 所示。它采用两级比较法，第一级的 4 个 4 位比较器并行比较，每个比较结果接第二级 4 位比较器的数值输入端，16 位的最终比较结果由第二级输出。由逻辑电路可以看出，采用并联方式速度较快，从数据输入到稳定输出，只需 2 倍的 4 位比较器延迟时间；而采用串联方式则需要 4 倍的 4 位比较器延迟时间。

2.2.1.6 加法器

加法器是构成算术运算器的基本单元。两个二进制数之间所进行的算术运算——加、减、乘、除等，在计算机中都是化作若干步加法运算进行的。实现 1 位加法运算的模块有半加器和全加器，实现多位加法运算的模块有串行进位加法器和超前进位加法器。

1. 1 位加法器

（1）半加器

如果不考虑有来自低位的进位，将两个 1 位二进制数相加称为半加。实现半加运算的逻辑电路称为半加器。

第 2 章 二进制数相乘电路

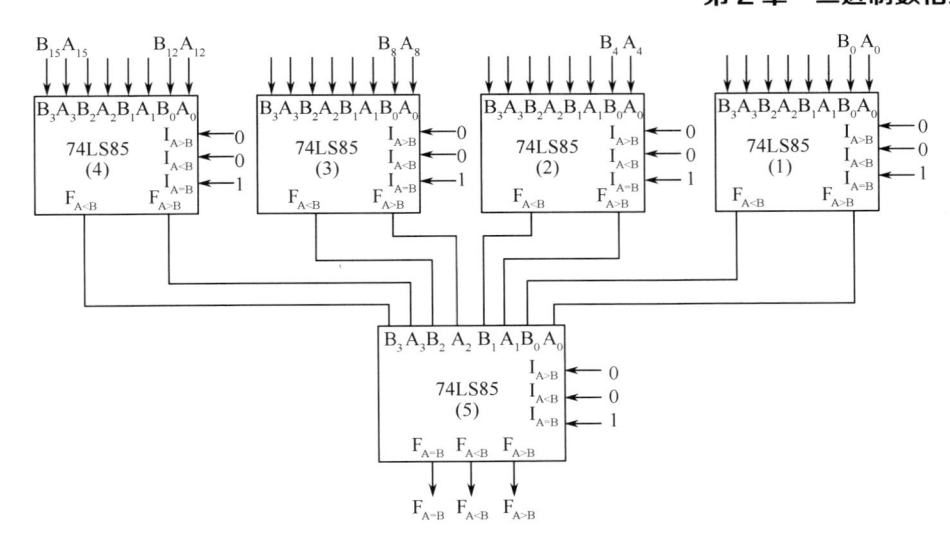

图 2-33 用 74LS85 组成 16 位数值比较器的逻辑电路

设 A 为被加数，B 为加数，S 为本位之和，CO 为本位向高位的进位。按照二进制加法运算规则可以列出半加器真值表，如表 2-13 所示。

由真值表可写出半加器的逻辑表达式为

$$\begin{cases} S = \overline{A}B + A\overline{B} = A \oplus B \\ CO = AB \end{cases} \tag{2-9}$$

由逻辑表达式画出逻辑电路，如图 2-34（a）所示，图 2-34（b）所示为半加器的逻辑符号。

表 2-13 半加器真值表

A	B	S	CO
0	0	0	0
0	1	1	0
1	0	1	0
1	1	0	1

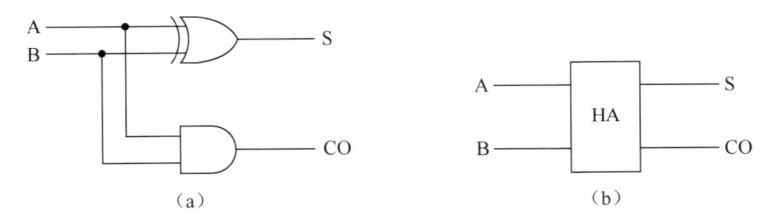

图 2-34 半加器逻辑电路及符号

（2）全加器

要实现两个多位二进制数相加，就必须考虑来自低位的进位。能对两个 1 位二进制数进行相加并考虑低位来的进位，即相当于 3 个 1 位二进制数相加，求得和及进位的逻辑电路称为全加器。

设 A、B 为两个 1 位二进制加数，CI 为低位来的进位，S 为本位的和，CO 为本位向高位的进位。根据二进制加法运算规则可以列出全加器真值表，如表 2-14 所示。

由真值表填卡诺图，如图 2-35 所示，可导出 S 和 CO 的逻辑表达式为

$$\begin{cases} \begin{aligned} S &= \overline{A}\overline{B}CI + \overline{A}B\overline{CI} + A\overline{B}\,\overline{CI} + ABCI \\ &= \overline{A}(\overline{B}CI + B\overline{CI}) + A(\overline{B}\,\overline{CI} + BCI) = \overline{A}(B \oplus CI) + A(\overline{B \oplus CI}) \\ &= A \oplus B \oplus CI \end{aligned} \\ \begin{aligned} CO &= \overline{A}BCI + A\overline{B}CI + AB = (\overline{A}B + A\overline{B})CI + AB \\ &= (A \oplus B)CI + AB \end{aligned} \end{cases} \tag{2-10}$$

表 2-14　全加器真值表

A	B	CI	S	CO
0	0	0	0	0
0	0	1	1	0
0	1	0	1	0
0	1	1	0	1
1	0	0	1	0
1	0	1	0	1
1	1	0	0	1
1	1	1	1	1

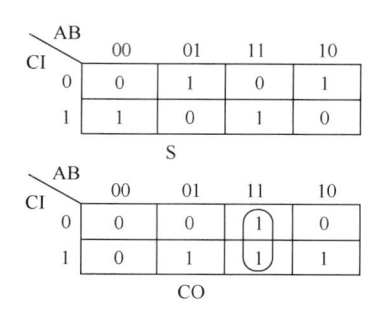

图 2-35　全加器的卡诺图

由逻辑表达式画出逻辑电路，如图 2-36（a）所示，图 2-36（b）所示为全加器的逻辑符号。

逻辑表达式有多种不同的变换，全加器的电路结构也有多种其他形式，但它们的逻辑功能都必须符合表 2-14 给定的全加器真值表。

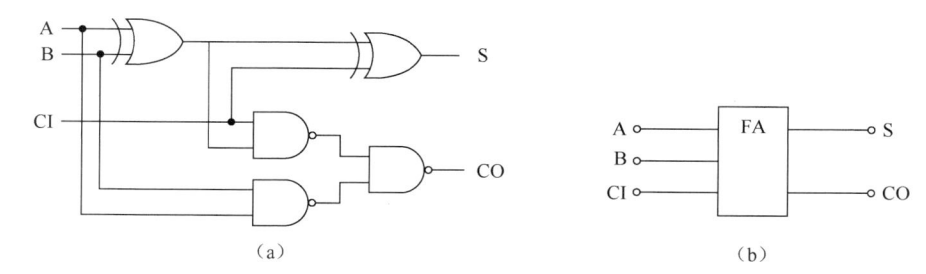

图 2-36　全加器的逻辑电路及符号

2. 多位加法器

（1）串行进位加法器

将 N 位全加器串联起来，低位全加器的进位输出连接到相邻的高位全加器的进位输入，这种进位方式称为串行进位。图 2-37 所示为 4 位串行进位加法器，由于每位的加法运算必须在低位的加法运算完成之后才能进行，因此串行进位加法器运算速度慢，只能用于低速数字设备。但这种电路的结构简单，实现加法的位数扩展方便。

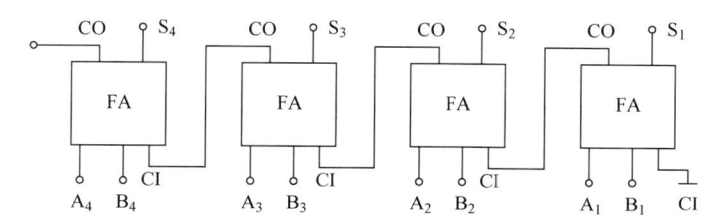

图 2-37　4 位串行进位加法器

（2）超前进位加法器

由于串行进位加法器的进位信号采用逐级传输方式，其速度受到进位信号的限制而较慢。若要提高运算速度，可采用超前进位方式解决这个问题。超前进位又称并行进位，就是让各级进位信号同时产生，每位的进位只由加数和被加数决定，而不必等低位的进位，即实行了提前进位，因而提高了运算速度。

全加器的逻辑表达式为

第 2 章 二进制数相乘电路

$$\begin{cases} S = A \oplus B \oplus CI \\ CO = A \oplus B \cdot CI + AB = P \cdot CI + G \end{cases} \quad (2\text{-}11)$$

其中，G=AB 称为进位生成函数，P=A⊕B 称为进位传递函数。根据加法进位的传递关系，可导出 4 位二进制超前进位加法器的和数输出 $S_1 \sim S_4$ 以及各位进位信号的逻辑表达式为

$$\begin{cases} S_1 = A_1 \oplus B_1 \oplus CI \\ CO_1 = A_1 B_1 + (A_1 \oplus B_1) CI \\ S_2 = A_2 \oplus B_2 \oplus CO_1 = A_2 \oplus B_2 \oplus [A_1 B_1 + (A_1 \oplus B_1) CI] \\ CO_2 = A_2 B_2 + (A_2 \oplus B_2)[A_1 B_1 + (A_1 \oplus B_1) CI] \\ S_3 = A_3 \oplus B_3 \oplus \{A_2 B_2 + (A_2 \oplus B_2)[A_1 B_1 + (A_1 \oplus B_1) CI]\} \\ CO_3 = A_3 B_3 + (A_3 \oplus B_3)\{A_2 B_2 + (A_2 \oplus B_2)[A_1 B_1 + (A_1 \oplus B_1) CI]\} \\ S_4 = A_4 \oplus B_4 \oplus \{A_3 B_3 + (A_3 \oplus B_3)\{A_2 B_2 + (A_2 \oplus B_2)[A_1 B_1 + (A_1 \oplus B_1) CI]\}\} \\ CO_4 = A_4 B_4 + (A_4 \oplus B_4)\{A_3 B_3 + (A_3 \oplus B_3)\{A_2 B_2 + (A_2 \oplus B_2)[A_1 B_1 + (A_1 \oplus B_1) CI]\}\} \end{cases} \quad (2\text{-}12)$$

可见，加到第 i 位的进位输入信号是两个加数第 i 位以下各位状态的函数，可以在相加前由 A、B 两数确定。所以，可以通过逻辑电路事先求出每位全加器的进位输入信号，而无须从最低位开始逐位向高位传递进位信号了，从而有效地提高了运算速度。

目前，常用的加法器模块多采用这种超前进位的工作方式。虽然超前进位加法器的逻辑电路复杂程度增加了，但使加法器的运算时间大大缩短了。4 位超前进位加法器集成电路有 CT54283/CY74283、CT54S283/CY74S283、CT54LS283/CY74LS283、CC4008 等。图 2-38 所示为 4 位二进制加法器的逻辑符号。

3. 加法器的应用

凡涉及数字增减的逻辑问题，都可以用加法器实现。加法器的主要应用有以下 3 个方面。

图 2-38 4 位二进制加法器的逻辑符号

（1）用作加法和减法运算器。用加法器作减法运算时，只需将减数变为补码，就可将两数相减变成两数相加的运算。

（2）用作代码转换器。常用的 8421 码、2421 码和余 3 码，它们两组代码之间的差值是一个确定的数。因此，加减这个确定的数，即可实现现代码的转换。

（3）用作二-十进制代码加法器。两个 4 位二进制数相加是逢十六进一，而两个 1 位二-十进制代码相加则是逢十进一。因此，在用二进制加法器实现二-十进制代码的加法运算时，就要根据不同的二-十进制代码及和数值的不同，增加不同的修正电路。

【例 2-6】 试用超前进位加法器设计一个代码转换电路，将余 3 码转换为 8421 码。

解 余 3 码是在 8421 码基础上加恒定常数 3（0011）。因此，将余 3 码作为一组数据输入（DCBA），减去 0011，即加上 0011 的补码 1101，就可得到 8421 码的输出（$F_3 F_2 F_1 F_0$），转换电路如图 2-39 所示。

【例 2-7】 试用 4 位二进制加法器构成 1 位 8421 码十进制加法器。

解 先举例分析十进制数的加法和 8421 码加法的差异。

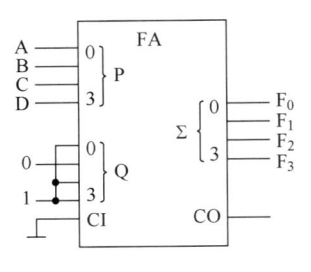

图 2-39 例 2-6 转换电路

数字电路设计与实践

```
  3+5=8              6+7=13             8+9=17
   0 0 1 1            0 1 1 0           1 0 0 0
 + 0 1 0 1          + 0 1 1 1         + 1 0 0 1
  ───────           ────────          ─────────
   1 0 0 0            1 1 0 1          1 0 0 0 1
```

和数大于9时需加6修正：
```
                      1 1 0 1          1 0 0 0 1
                    + 0 1 1 0         +   0 1 1 0
                    ─────────         ───────────
                     1 0 0 1 1          1 0 1 1 1
```

因此，电路应由 3 个部分组成：第一部分进行加数和被加数相加；第二部分判别是否加以修正，即是否产生修正控制信号；第三部分完成加 6 修正。第一部分和第三部分均由 4 位加法器实现。第二部分，应在 4 位 8421 码相加有进位信号 CO 产生时，或者在和数为 10～15 的情况下产生修正控制信号 F，所以 F 应为

$$F = CO + F_3F_2F_1F_0 + F_3F_2F_1\overline{F_0} + F_3F_2\overline{F_1}F_0 + F_3F_2\overline{F_1}\,\overline{F_0} + F_3\overline{F_2}F_1F_0 + F_3\overline{F_2}F_1\overline{F_0} \quad (2\text{-}13)$$

化简变换得

$$F = CO + F_3F_2 + F_3F_1 = \overline{\overline{CO} \cdot \overline{F_3F_2} \cdot \overline{F_3F_1}} = \overline{\overline{CO} \cdot \overline{F_3F_2} \cdot \overline{F_3F_1}} \quad (2\text{-}14)$$

根据上述分析及 F 信号产生的逻辑表达式，可得 1 位 8421 码十进制相加的逻辑电路，如图 2-40 所示。

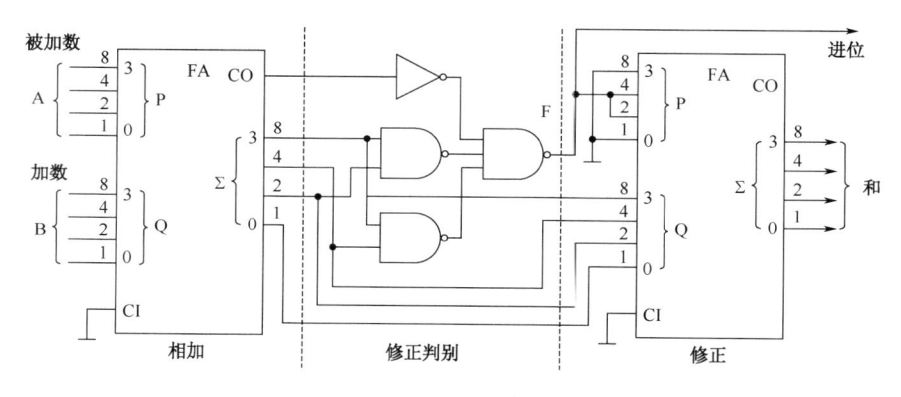

图 2-40 例 2-7 逻辑电路

2.2.2 中规模组合逻辑电路的分析方法

1. 逻辑电路的特点

时序逻辑电路：任意时刻的输出不仅取决于该时刻的输入，还与信号作用前电路原来的状态有关。

组合逻辑电路：任意时刻的输出仅取决于该时刻的输入，而与信号作用前电路原来的状态无关。组合逻辑电路逻辑表达式为

$$\begin{cases} y_1 = f_1(x_1, x_2, \cdots, x_m) \\ y_2 = f_2(x_1, x_2, \cdots, x_m) \\ \vdots \\ y_n = f_n(x_1, x_2, \cdots, x_m) \end{cases} \quad (2\text{-}15)$$

第 2 章 二进制数相乘电路

2. 组合逻辑电路的分析

（1）组合逻辑电路分析方法

分析方法如图 2-41 所示。

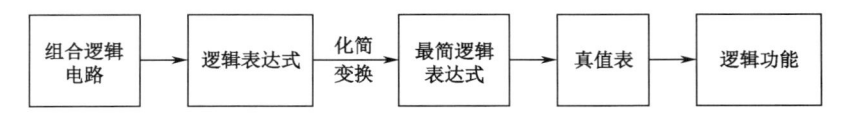

图 2-41 组合逻辑电路的分析方法

（2）分析举例

【例 2-8】 组合逻辑电路如图 2-42 所示，分析该电路的逻辑功能。

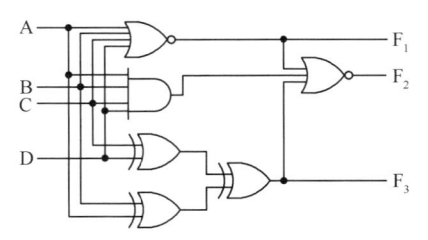

图 2-42 例 2-8 组合逻辑电路

解 由组合逻辑电路写出逻辑表达式：

$$F_1 = \overline{A+B+C+D}, \quad F_2 = \overline{F_1 + F_3 + ABCD}, \quad F_3 = A \oplus B \oplus C \oplus D$$

（1）当 $A=B=C=D=0$ 时，$F_1=1$，F_1 实现全 0 检测功能；

（2）$F_2=1$，此时输入的 4 个变量中总有两个为 1，F_2 实现输入两个 1 的检测功能；

（3）F_3 实现输入奇数个数为 1 的检测功能。

2.2.3 中规模组合逻辑电路的设计方法

1. 组合逻辑电路设计的分类

组合逻辑电路的设计分为 SSI 设计和 MSI 设计，SSI 设计的基本单元电路为门电路，MSI 设计的基本单元电路为中规模集成电路。

SSI：小规模集成电路（Small Scale Integration，包含 10 个以内的门）。

MSI：中规模集成电路（Medium Scale Integration，包含 10~100 个门）。

2. 组合逻辑电路的设计

（1）设计方法

设计方法如图 2-43 所示。

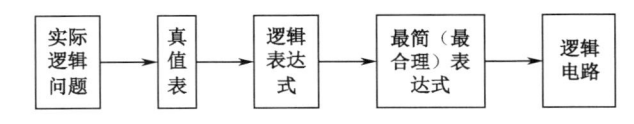

图 2-43 组合逻辑电路的设计方法

（2）分析举例

【例 2-9】 设计一个监视交通信号灯状态的逻辑电路，每组信号灯有红、黄、绿三种颜色，正常工作下，任何时刻有且仅有一盏灯亮。出现其他情况时，电路发生故障，要求发出故障信号，提醒工作人员前去修理。

解

（1）进行逻辑抽象：红、黄、绿三盏灯分别用 R、A、G 表示，设灯亮为"1"，不亮为"0"；故障信号为输出变量 Z，规定正常为"0"，不正常为"1"。可得真值表如表 2-15 所示。

（2）写出逻辑表达式：

$$Z = \overline{R}\,\overline{A}\,\overline{G} + \overline{R}\,A\,\overline{G} + R\,\overline{A}\,\overline{G} + R\,\overline{A}\,G + RAG$$

（3）化简得

$$Z = \overline{R}\,\overline{A}\,\overline{G} + AG + RG + RA$$

（4）画出逻辑电路，如图 2-44 所示。

表 2-15 例 2-9 真值表

R	A	G	Z
0	0	0	1
0	0	1	0
0	1	0	0
0	1	1	1
1	0	0	0
1	0	1	1
1	1	0	1
1	1	1	1

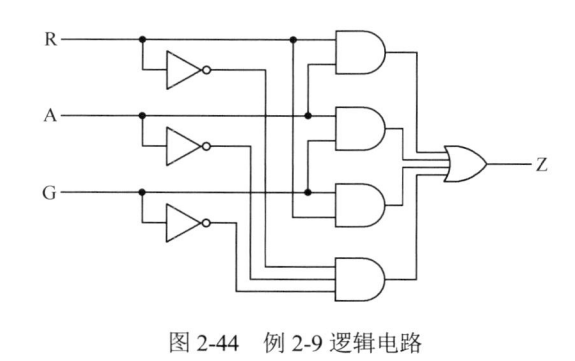

图 2-44 例 2-9 逻辑电路

在实际设计逻辑电路时，有时并不是逻辑表达式最简单就能满足设计要求，还应考虑所使用集成器件的种类，将逻辑表达式转换为能用所要求的集成器件实现的形式，并尽量使所用集成器件数最少，它就是设计方法框图中所说的"最合理表达式"。

2.2.4 组合逻辑电路的竞争冒险

1. 概述

在组合逻辑电路的分析和设计中，认为逻辑门具有理想的功能特性，而没有考虑逻辑器件的一些电气特性，并且是在输入/输出都处于稳定情况下讨论的。为了保证系统工作的可靠性，有必要观察当输入信号逻辑电平发生变化的瞬间电路的工作情况。

2. 竞争冒险现象及分类

理想情况下，在组合逻辑电路的设计中，假设电路的连线和集成门电路都没有延迟，电路中的多个输入信号发生变化都是同时瞬间完成的。实际上，信号通过连线及集成门都有一定的延迟时间，输入信号变化也需要一个过渡时间，多个输入信号发生变化时，也可能有先后快慢的差异。因此，在理想情况下设计的组合逻辑电路，受到上述因素的影响后，可能在输入信号发生变化的瞬间，在输出端出现一些不正确的尖峰信号。这些尖峰信号又称毛刺信号，主要是由信号经不同的路径或控制，到达同一点的时间不同而产生竞争引起的，其称为竞争冒险现象，简称竞争冒险或冒险。它分为静态冒险和动态冒险两大类。

（1）静态冒险

在组合逻辑电路中，如果输入信号变化前、后稳定输出相同，而在转换瞬间有冒险，称为静态冒险。静态冒险又分为静态 1 冒险和静态 0 冒险两种。

第 2 章　二进制数相乘电路

① 静态 1 冒险

如果输入信号变化前、后稳定输出为 0，而在转换瞬间出现 1 的毛刺（序列为 0-1-0），这种静态冒险称为静态 1 冒险。如图 2-45（a）所示电路中，$Y_1 = A \cdot \overline{A}$，如果不考虑非门的传输延迟时间，则输出 Y_1 始终为 0。但考虑了非门的平均传输延迟 t_{pd} 后，由于 $\overline{A}$ 的下降沿要滞后于 A 的上升沿，因此在 t_{pd} 时间内，与门的两个输入端都会出现高电平，致使它的输出端出现一个高电平窄脉冲，即出现了静态 1 冒险，如图 2-45（b）所示。因 t_{pd} 时间很短，这个窄脉冲就像一毛刺。

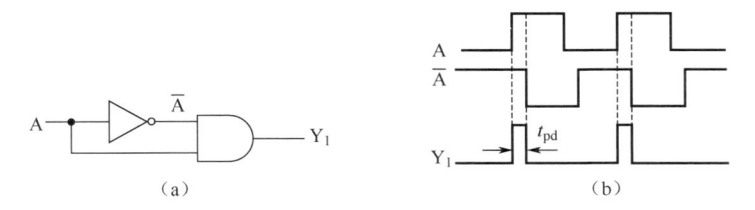

图 2-45　静态 1 冒险电路和波形

由图 2-45 可见，一个变量的原变量和反变量同时加到与门输入端时，就会产生静态 1 冒险，即 $Y = A \cdot \overline{A}$ 存在竞争冒险现象。

② 静态 0 冒险

如果输入信号变化前、后稳定输出为 1，而在转换瞬间出现 0 的毛刺（序列为 1-0-1），这种静态冒险称为静态 0 冒险。如图 2-46（a）所示电路中，$Y_2 = A + \overline{A}$，如果不考虑非门的传输延迟时间，则输出 Y_2 始终为 1。但考虑了非门的平均传输延迟 t_{pd} 后，由于 $\overline{A}$ 的上升沿要滞后于 A 的下降沿，因此在 t_{pd} 时间内，**或**门的两个输入端都会出现低电平，致使它的输出端出现一个低电平窄脉冲，即出现了静态 0 冒险，如图 2-46（b）所示。

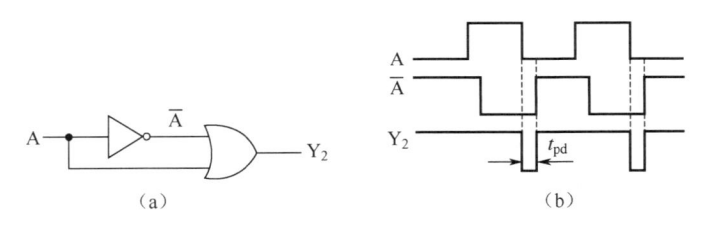

图 2-46　静态 0 冒险电路和波形

由图 2-46 可见，一个变量的原变量和反变量同时加到**或**门输入端时，就会产生静态 0 冒险，即 $Y = A + \overline{A}$ 存在竞争冒险现象。

（2）动态冒险

在组合逻辑电路中，如果输入信号变化前、后稳定输出不同，则不会出现静态冒险。但如果在得到最终稳定输出之前，输出发生了 3 次变化，即中间经历了瞬态 0-1 或 1-0，输出序列为 0-1-0-1 或 1-0-1-0，如图 2-47 所示，这种冒险称为动态冒险。

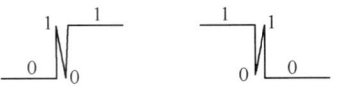

图 2-47　动态冒险波形示例

动态冒险只有在多级电路中才会发生，在两级**与或**和**或与**电路中是不会发生的。因而，在组合逻辑电路设计中，采用卡诺图化简法得到的最简**与或**式和**或与**式，不存在动态冒险的问题。因此下面仅讨论静态冒险的判断和消除的方法。

3. 竞争冒险的判断

在输入变量每次只有一个改变状态的简单情况下，可以通过电路的输出逻辑表达式或卡诺图来判断组合逻辑电路中是否存在竞争冒险，这就是常用的代数法和卡诺图法。

数字电路设计与实践

（1）代数法

由前述静态冒险的特例推广到一般情况。在一定条件下，如果电路的输出逻辑函数等于某个原变量与其反变量之积（$Y=A \cdot \overline{A}$）或之和（$Y=A+\overline{A}$），则电路存在竞争冒险现象。

【例 2-10】 试判断图 2-48 所示逻辑电路是否存在竞争冒险现象。

解 由图 2-48 写出输出逻辑表达式为

$$Y=AB+\overline{A}C$$

当 B=C=1 时，$Y=A+\overline{A}$，所以图 2-48 逻辑电路存在竞争冒险现象。

（2）卡诺图法

可以用卡诺图判断电路是否存在竞争冒险现象。在电路输出函数的卡诺图上，凡存在乘积项包围圈相邻者，都存在竞争冒险；若相交或不相邻，则无竞争冒险现象。

因为相邻的两个乘积项包围圈中，一个含有原变量，另一个含有该变量的非。例如，图 2-48 逻辑电路的卡诺图如图 2-49 所示，卡诺图中的两个包围圈相邻，所以该电路存在竞争冒险现象。

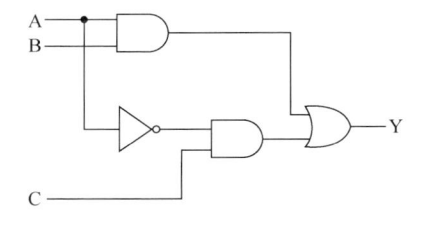

图 2-48　例 2-10 逻辑电路　　　　图 2-49　例 2-10 卡诺图

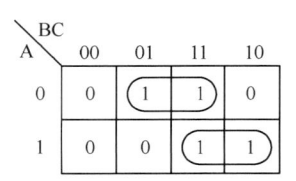

上述两种方法虽然简单，但有局限性，因为多数情况下输入变量都有两个以上同时改变的可能性。在多个输入变量同时发生状态改变时，如果输入变量又很多，便很难从逻辑表达式或卡诺图上简单地找出所有可能产生竞争冒险的情况，但可以通过计算机辅助分析迅速查出电路是否存在竞争冒险现象，目前已有成熟的程序可供选用。

4. 竞争冒险的消除

竞争冒险产生的毛刺信号的宽度和门电路的平均传输延迟时间相近，为纳秒级的窄脉冲。当组合逻辑电路的工作频率较低（小于 1MHz）时，由于竞争冒险的时间很短，因此基本不影响电路的逻辑功能。但当工作频率较高（大于 10MHz）时，必须考虑避免竞争冒险的有效措施，常用的方法为修改逻辑设计、引入选通脉冲和加输出滤波电容。

（1）修改逻辑设计

在电路的输出逻辑函数中，通过增加冗余项的方法，可以避免出现原变量与其反变量之积（$Y=A \cdot \overline{A}$）或者之和（$Y=A+\overline{A}$）的输出情况。例如，在图 2-49 的卡诺图中增加冗余项 BC，如图 2-50 中虚线所示，则输出逻辑表达式改为

$$Y=AB+\overline{A}C+BC$$

那么，当 B=C=1 时，Y=1，克服了 $A+\overline{A}$ 的竞争冒险现象。修改的逻辑电路如图 2-51 所示。

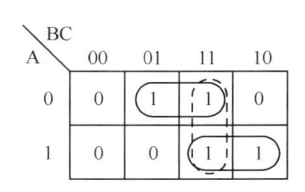

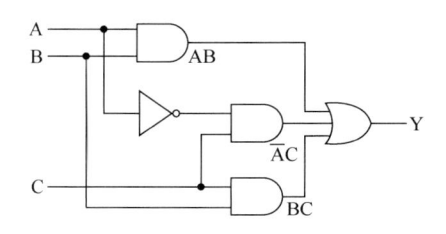

图 2-50　修改的卡诺图　　　　图 2-51　修改的逻辑电路

用增加冗余项的方法克服竞争冒险现象的适用范围是有限的。它只适用于输入变量每次只有一个改变状态的简单情况。

（2）引入选通脉冲

从上述对竞争冒险的分析可以看出，冒险现象仅仅发生在输入信号变化转换的瞬间，在稳定状态是没有冒险信号的。因此，引入选通脉冲，错开输入信号发生转换的瞬间，正确反映组合逻辑电路稳定时的输出值，可以有效地避免各种竞争冒险现象。

在图 2-52（a）电路中，引入了选通脉冲 P，当有冒险脉冲时，利用选通脉冲将输出级锁住，使冒险脉冲不能输出；而当冒险脉冲消失之后，选通脉冲又允许正常输出。P 的高电平出现在电路到达稳定状态之后，所以与门的输出端不会出现尖峰脉冲，波形如图 2-52（b）所示。

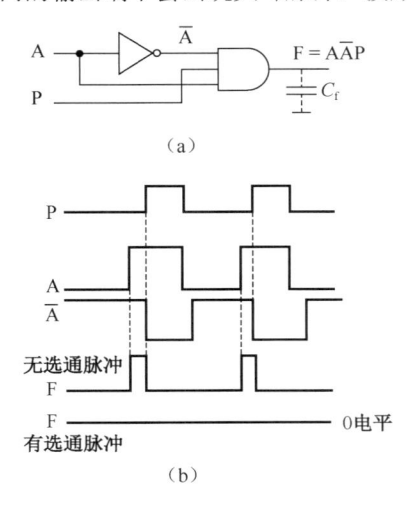

图 2-52　引入选通脉冲消除竞争冒险

值得注意的是，引入选通脉冲后，组合逻辑电路的输出已不是电平信号，而转变为脉冲信号了。

（3）加输出滤波电容

由竞争冒险产生的毛刺信号一般都很窄（纳秒级），所以只要在输出端并接一个很小的滤波电容，如图 2-52（a）中虚线所示的 C_f，就足以将毛刺信号的幅度削弱至门电路的阈值电平以下，从而忽略不计。

这种方法的优点是简单易行，但缺点是增加了输出波形的上升时间和下降时间，使波形变差。因此它只适合对输出波形边沿要求不高的情况。

2.3　电路设计及仿真

2.3.1　设计过程

2 位二进制数乘法电路设计要求：A_1A_0 表示乘数 A，B_1B_0 表示乘数 B。74LS48 的输入由高位到低位为 Y_D、Y_C、Y_B、Y_A。真值表如表 2-16 所示。

表 2-16 电路真值表

A_1	A_0	B_1	B_0	Y_D	Y_C	Y_B	Y_A
0	0	0	0	0	0	0	0
0	0	0	1	0	0	0	0
0	0	1	0	0	0	0	0
0	0	1	1	0	0	0	0
0	1	0	0	0	0	0	0
0	1	0	1	0	0	0	1
0	1	1	0	0	0	1	0
0	1	1	1	0	0	1	1
1	0	0	0	0	0	0	0
1	0	0	1	0	0	1	0
1	0	1	0	0	1	0	0
1	0	1	1	0	1	1	0
1	1	0	0	0	0	0	0
1	1	0	1	0	0	1	1
1	1	1	0	0	1	1	0
1	1	1	1	1	0	0	1

2.3.1.1 译码器实现

由于有 4 个输入,但 74LS138 只有 3 个输入端,因此需要将两片 74LS138 级联,即两片 74LS138 的输入端接到 A_0、B_1、B_0,高位的 74LS138(U3)的使能端接 A_1,低位的 74LS138(U2)的使能端接 $\overline{A_1}$。

由真值表可知

$$Y_A = \overline{A_1}A_0\overline{B_1}B_0 + \overline{A_1}A_0B_1B_0 + A_1A_0\overline{B_1}B_0 + A_1A_0B_1B_0$$

$$Y_B = \overline{A_1}A_0B_1\overline{B_0} + \overline{A_1}A_0B_1B_0 + A_1\overline{A_0}B_1B_0 + A_1\overline{A_0}B_1B_0 + A_1A_0\overline{B_1}B_0 + A_1A_0B_1\overline{B_0}$$

$$Y_C = A_1\overline{A_0}B_1\overline{B_0} + A_1A_0B_1\overline{B_0}$$

$$Y_D = A_1A_0B_1B_0$$

转换成与非式

$$Y_A = \overline{\overline{\overline{A_1}A_0\overline{B_1}B_0} \cdot \overline{\overline{A_1}A_0B_1B_0} \cdot \overline{A_1A_0\overline{B_1}B_0} \cdot \overline{A_1A_0B_1B_0}}$$

$$Y_B = \overline{\overline{\overline{A_1}A_0B_1\overline{B_0}} \cdot \overline{\overline{A_1}A_0B_1B_0} \cdot \overline{A_1\overline{A_0}B_1B_0} \cdot \overline{A_1\overline{A_0}B_1B_0} \cdot \overline{A_1A_0\overline{B_1}B_0} \cdot \overline{A_1A_0B_1\overline{B_0}}}$$

$$Y_C = \overline{\overline{A_1\overline{A_0}B_1\overline{B_0}} \cdot \overline{A_1A_0B_1\overline{B_0}}}$$

$$Y_D = \overline{\overline{A_1A_0B_1B_0}}$$

U3 和 U2 的输出与 $A_1A_0B_1B_0$ 的最小项的非一一对应,所以用与非门将 U3 和 U2 的输出与 74LS48 的输入相连。由于 74LS48 输出高电平有效,因此选用共阴数码管。

2.3.1.2 译码器实现的 Multisim 电路图

如图 2-53 所示,(a)为译码器实现的电路图;(b)为当 $A_1A_0 = 00$,$B_1B_0 = 10$ 时的情况,输出为 0;(c)为当 $A_1A_0 = 10$,$B_1B_0 = 11$ 时的情况,输出为 6;(d)为当 $A_1A_0 = 11$,$B_1B_0 = 11$ 时的情况,输出为 9。

2.3.1.3 译码器实现的 PCB 原理图及 PCB 板图

环境为 Altium Designer 20,PCB 为双面板。PCB 原理图如图 2-54 所示,PCB 板图如图 2-55 所示。

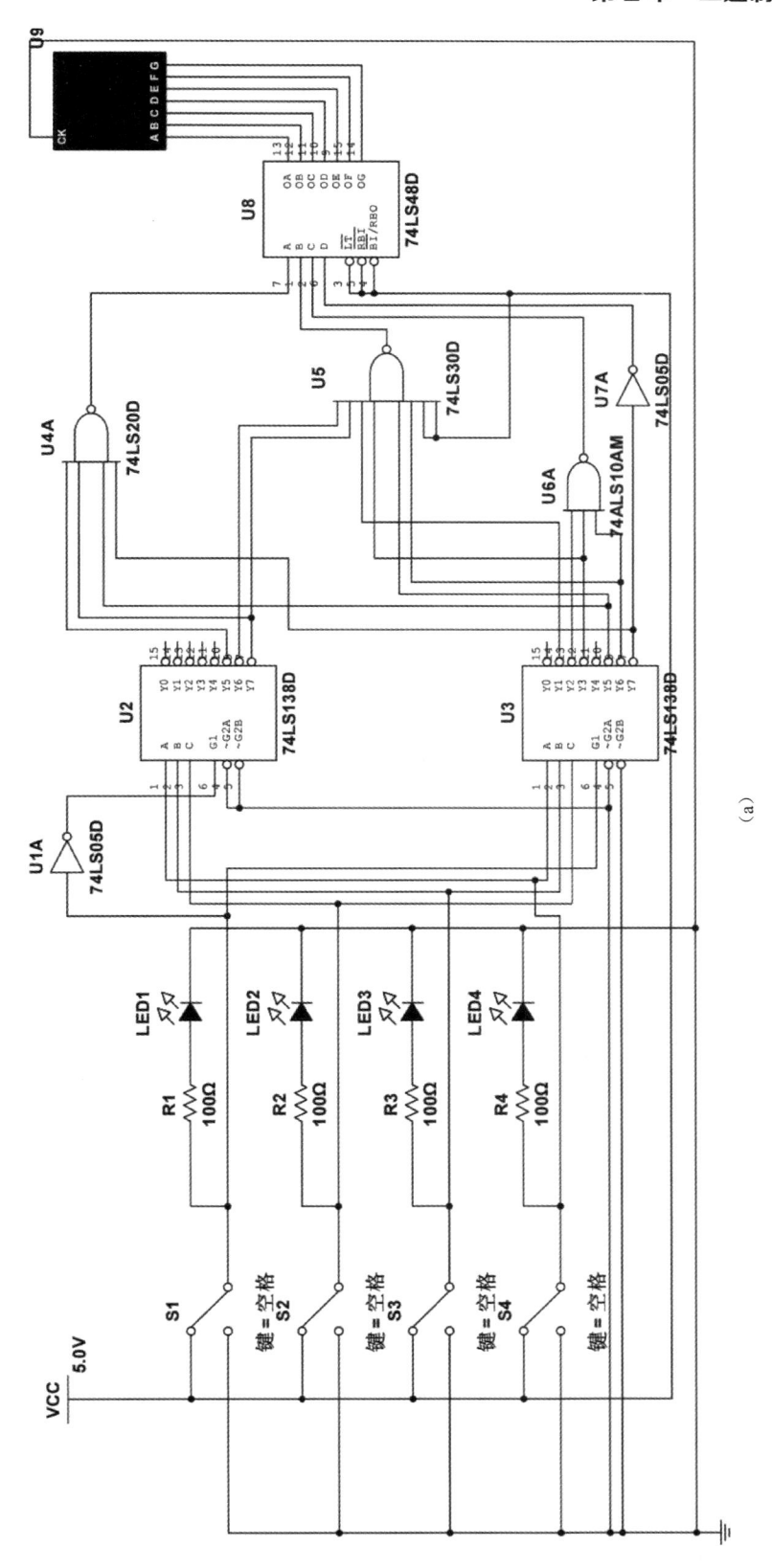

图 2-53 译码器实现的电路图及仿真结果

(a)

数字电路设计与实践

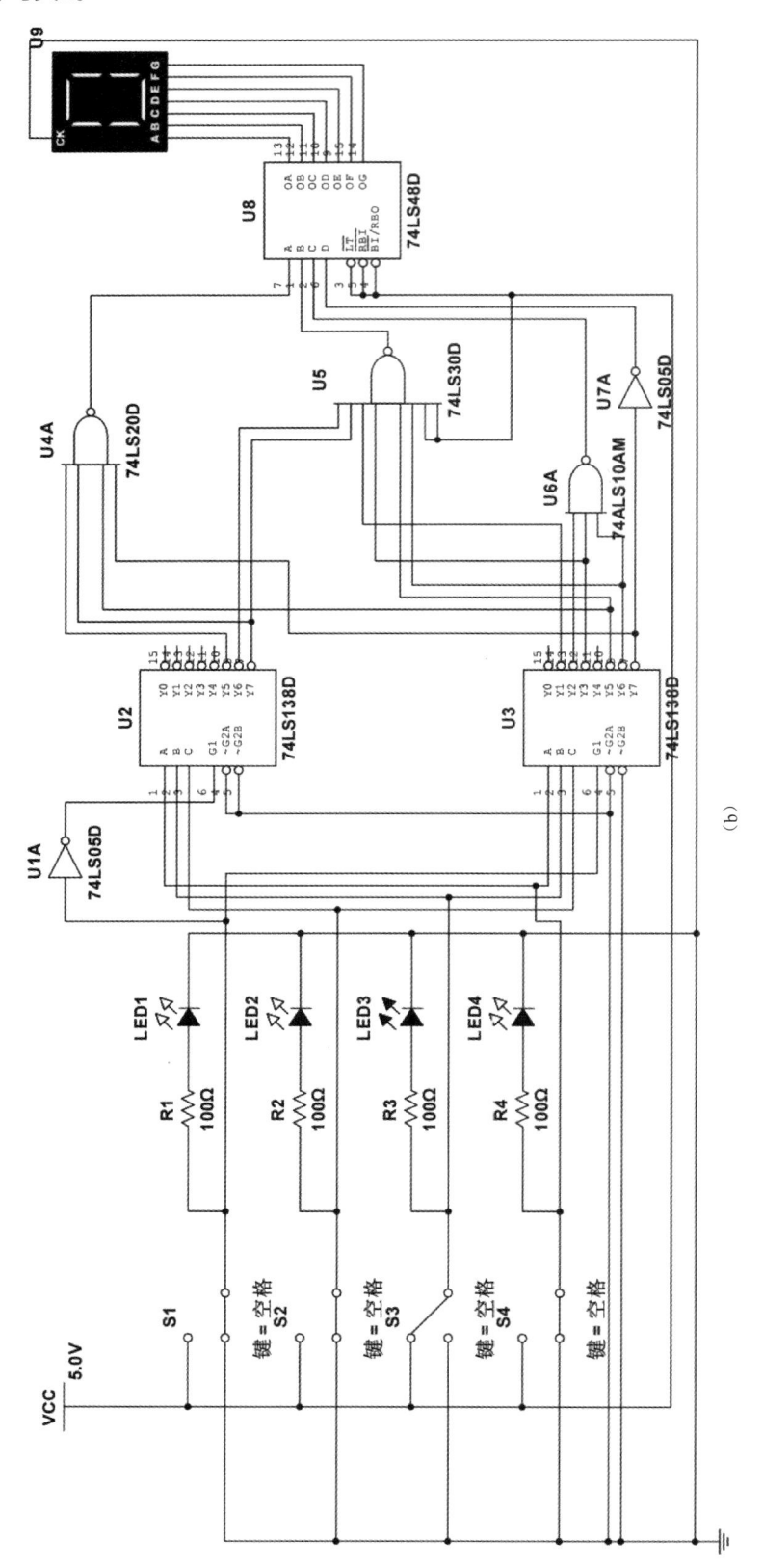

图 2-53 译码器实现的电路图及仿真结果（续）

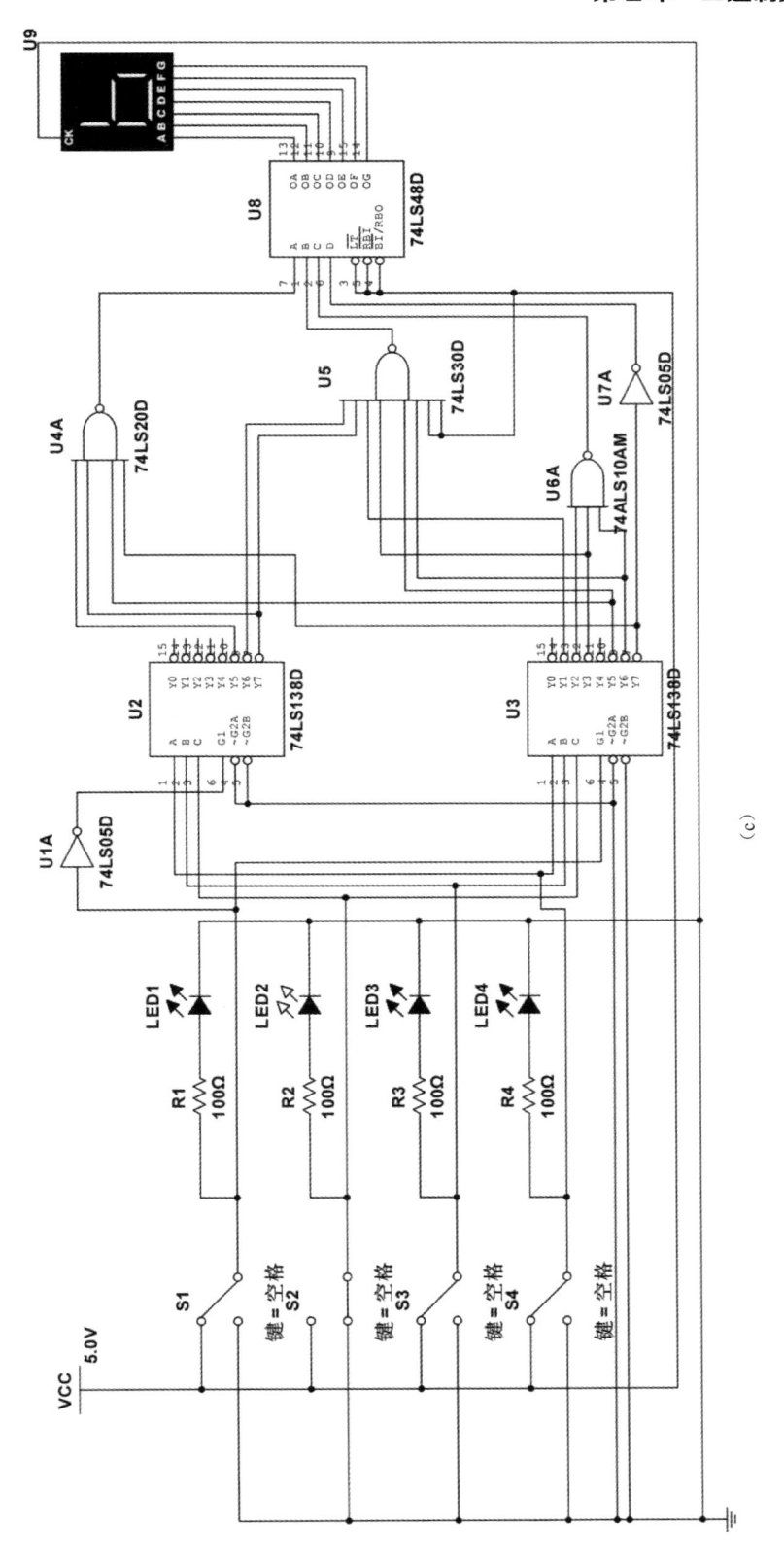

图 2-53 译码器实现的电路图及仿真结果（续）

(c)

数字电路设计与实践

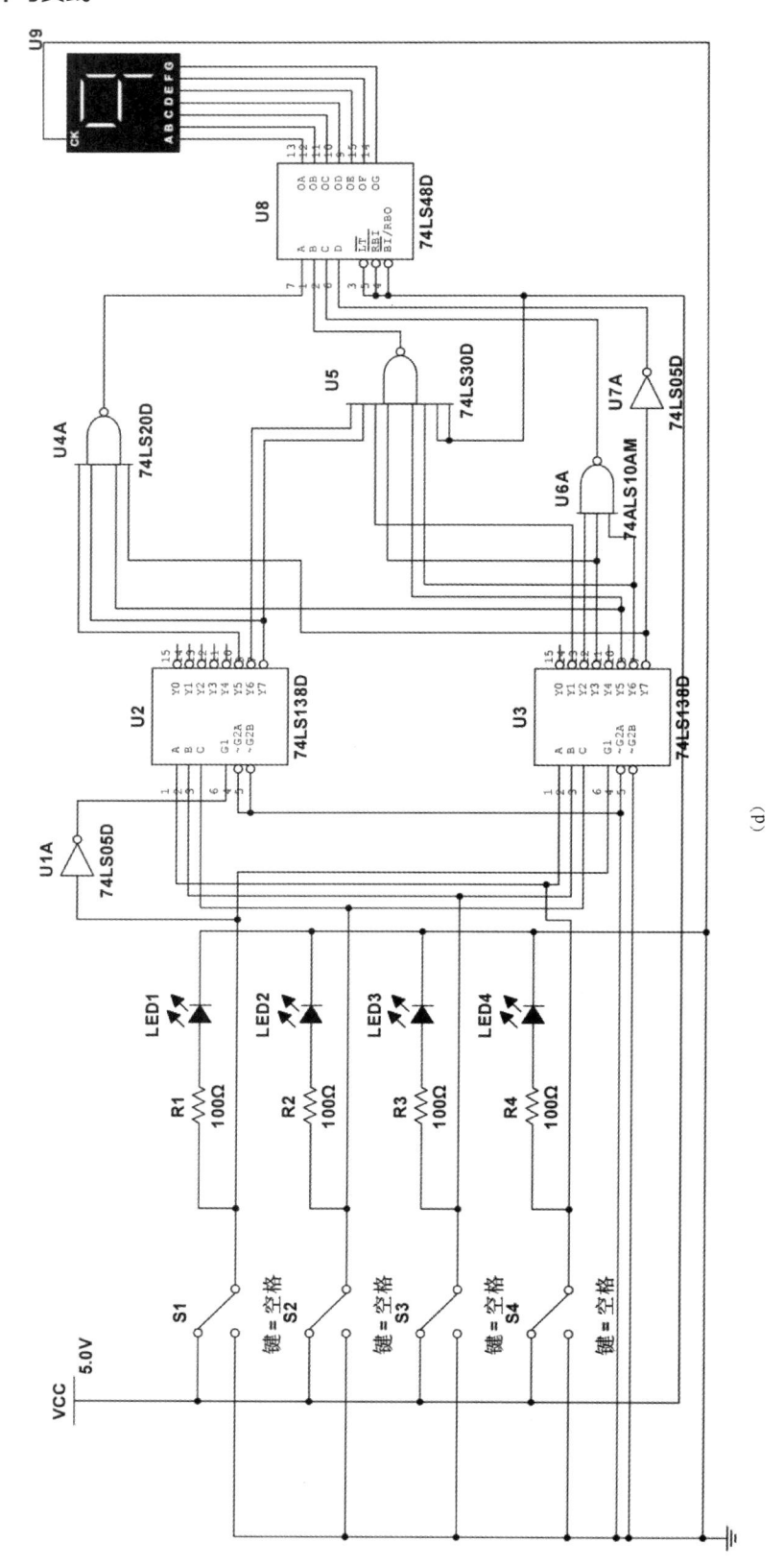

图 2-53 译码器实现的电路图及仿真结果（续）

第 2 章　二进制数相乘电路

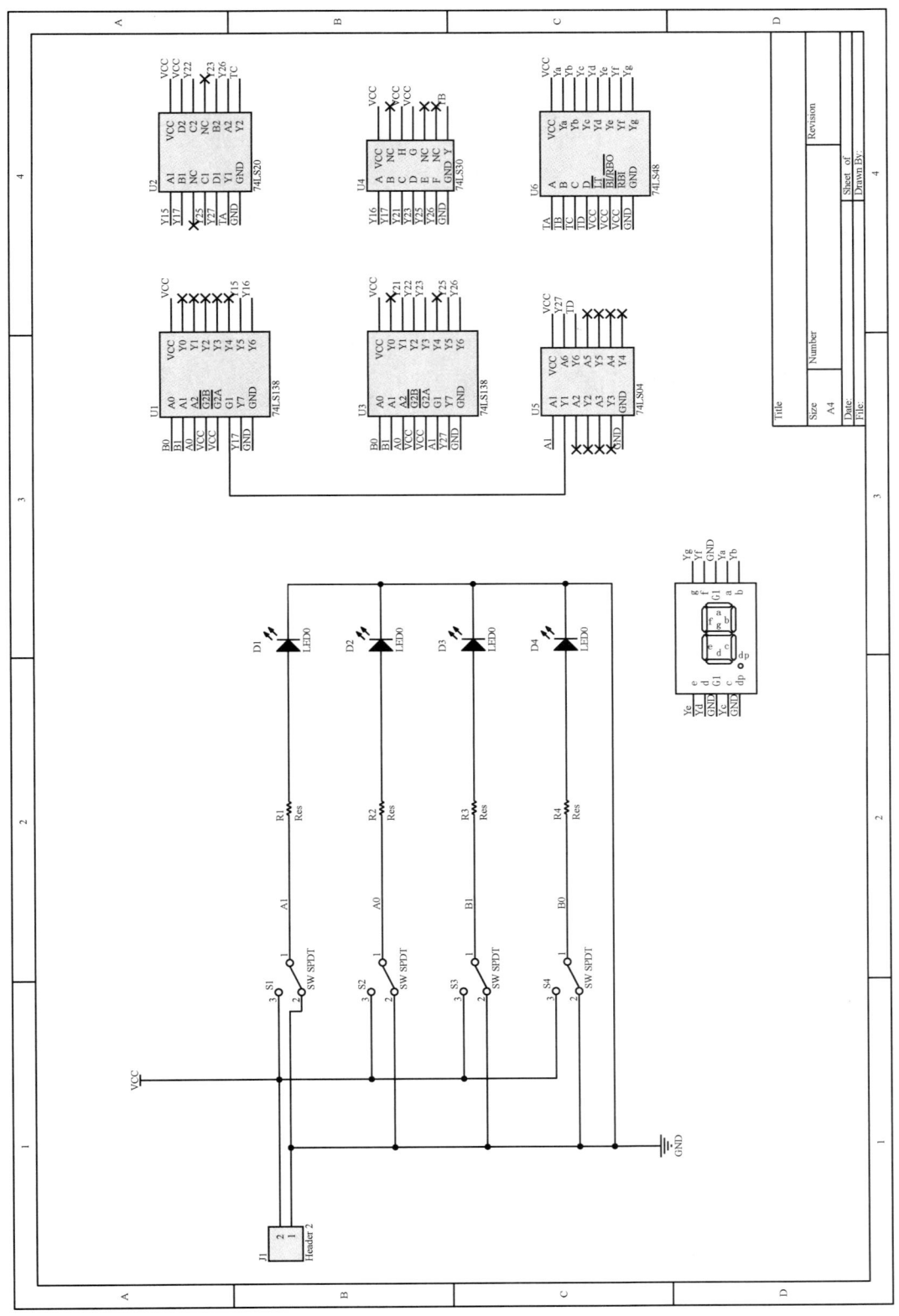

图 2-54　译码器实现的 PCB 原理图

数字电路设计与实践

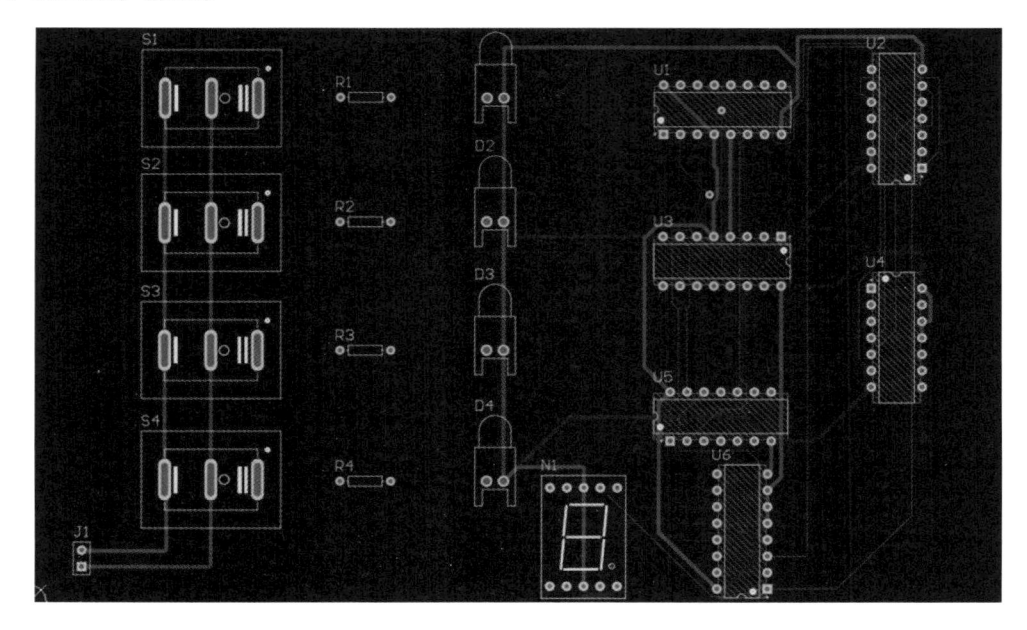

图 2-55 译码器实现的 PCB 板图

2.3.2 数据选择器实现

由于 Y_D 的表达式比较简单，可以直接用与非门和非门实现。Y_A、Y_B、Y_C 用数据选择器实现，74LS153 由 2 个两位数据选择器组成，级联后为 3 位，但输入有 4 位，所以第 4 位要加在数据选择器的输入端，其他三位加在控制端。

根据真值表可以画出 Y_A、Y_B、Y_C 的降维卡诺图，分别如图 2-56 中的（a）、（b）、（c）所示。

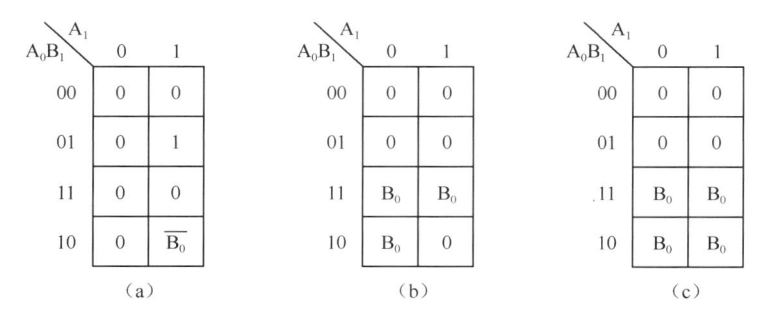

A_0B_1 \ A_1	0	1
00	0	0
01	0	1
11	0	0
10	0	$\overline{B_0}$

(a)

A_0B_1 \ A_1	0	1
00	0	0
01	0	0
11	B_0	B_0
10	B_0	0

(b)

A_0B_1 \ A_1	0	1
00	0	0
01	0	0
11	B_0	B_0
10	B_0	B_0

(c)

图 2-56 数据选择器实现的降维卡诺图

2.3.2.1 数据选择器实现的 Multisim 电路图

如图 2-57 所示，1C0 ~ 1C3 为第一个 2 位数据选择器的输入端，2C0 ~ 2C3 为第二个 2 位数据选择器的输入端，由高到低对应 $A_1A_0B_1$ 的最小项，根据卡诺图将 0、1、B_0、$\overline{B_0}$ 连到数据选择器的输入端。

2.3.2.2 数据选择器实现的 PCB 原理图和 PCB 板图

环境为 Altium Designer 20，PCB 为双面板。PCB 原理图如图 2-58 所示，PCB 板图如图 2-59 所示。

第 2 章 二进制数相乘电路

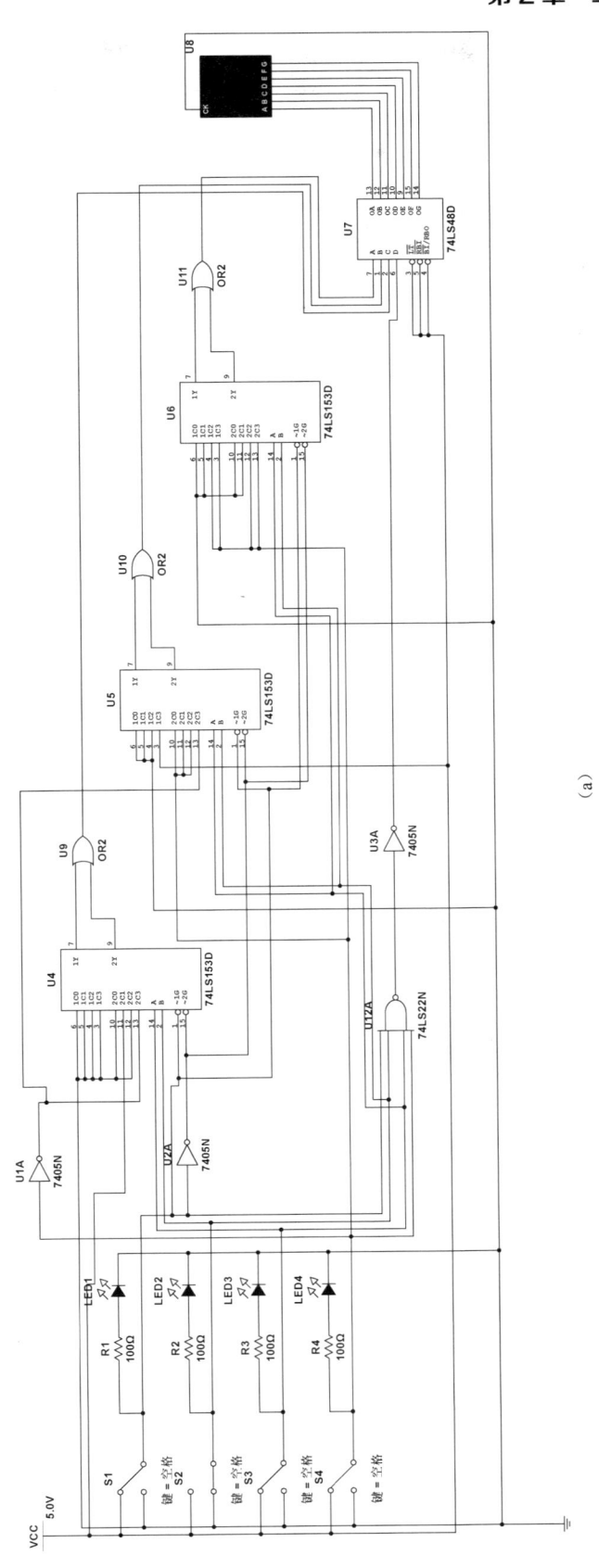

图 2-57 数据选择器实现的电路图及仿真结果

(a)

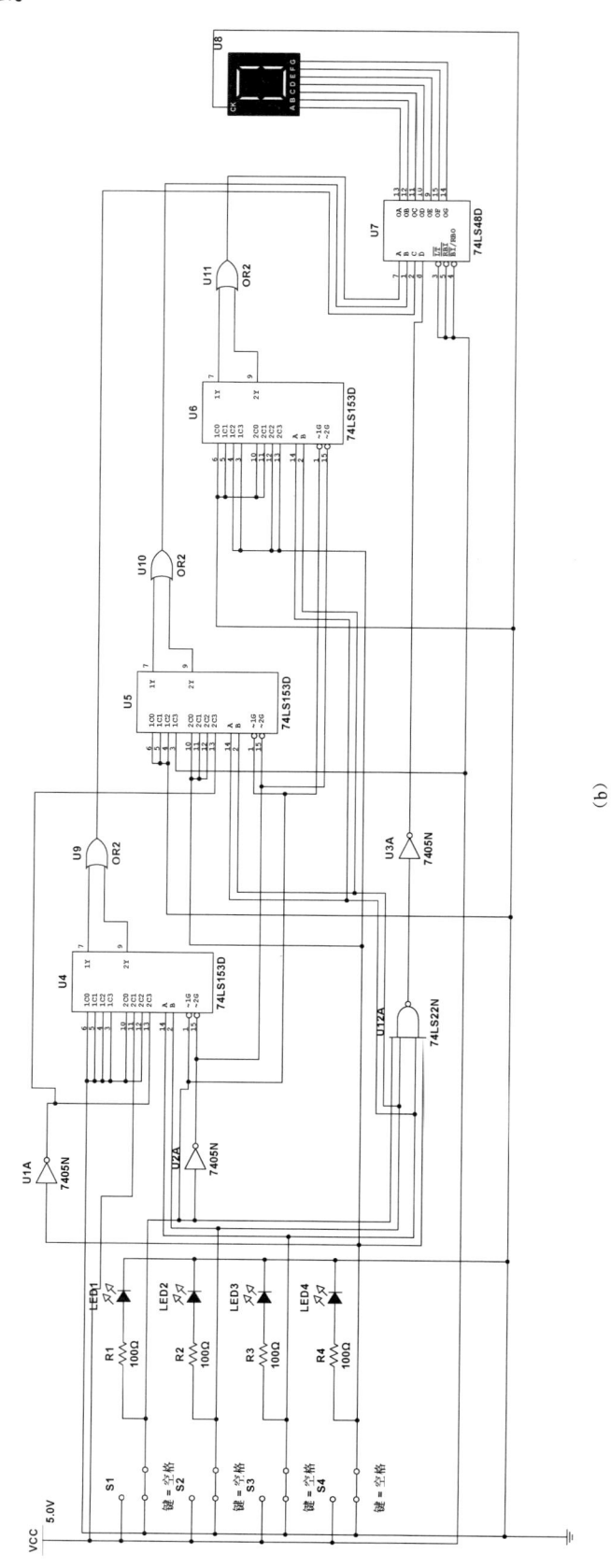

图 2-57 数据选择器实现的电路图及仿真结果（续）

(b)

第 2 章　二进制数相乘电路

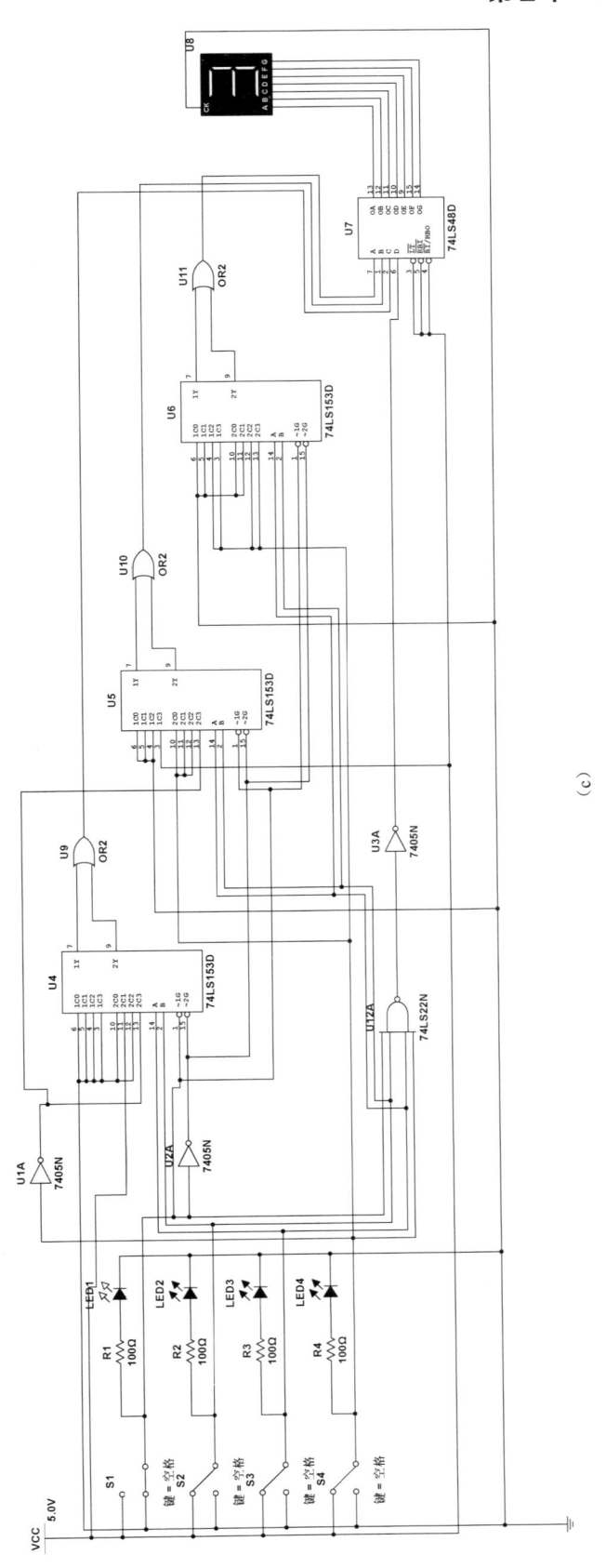

(c)

图 2-57　数据选择器实现的电路图及仿真结果（续）

数字电路设计与实践

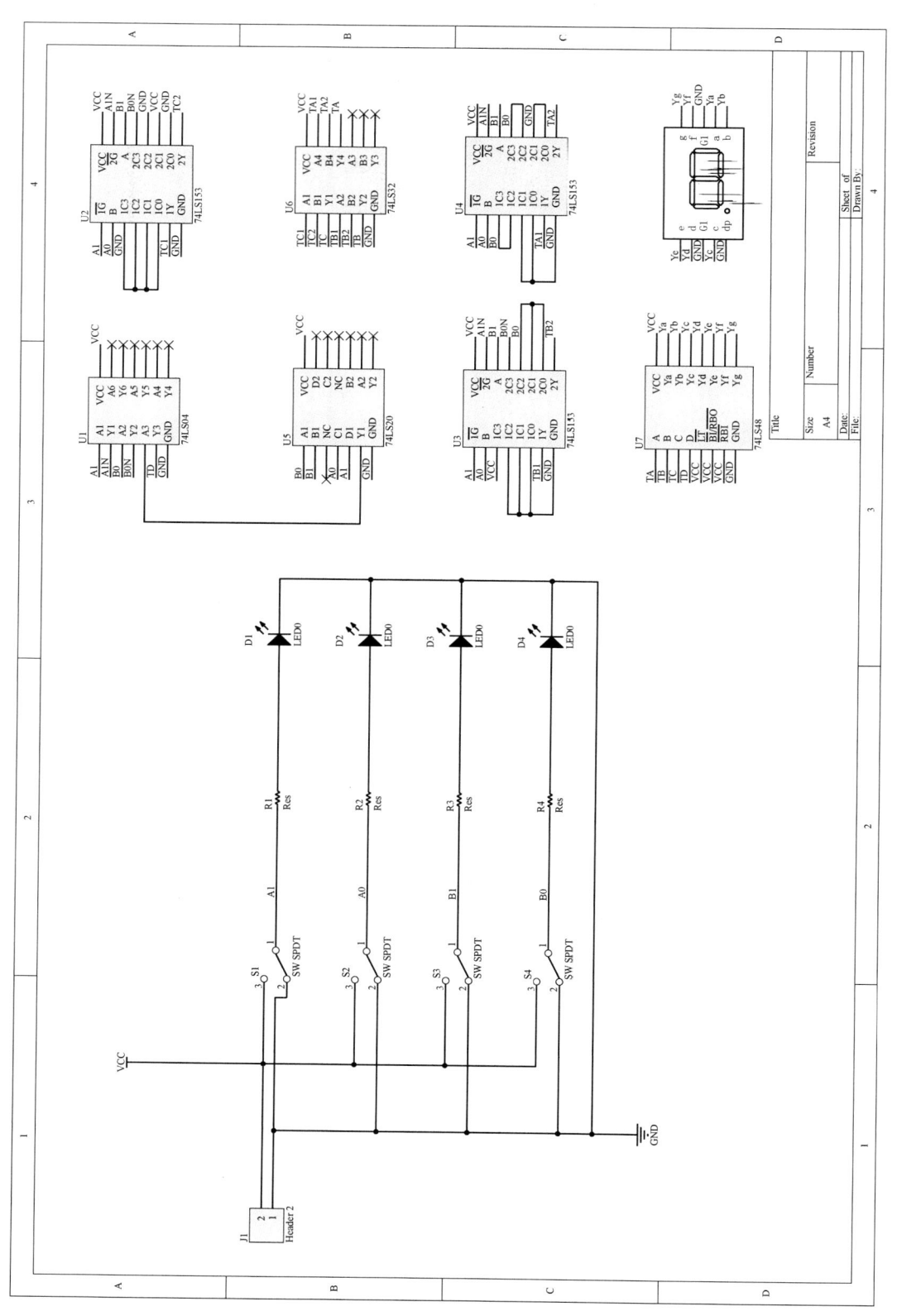

图 2-58 数据选择器实现的 PCB 原理图

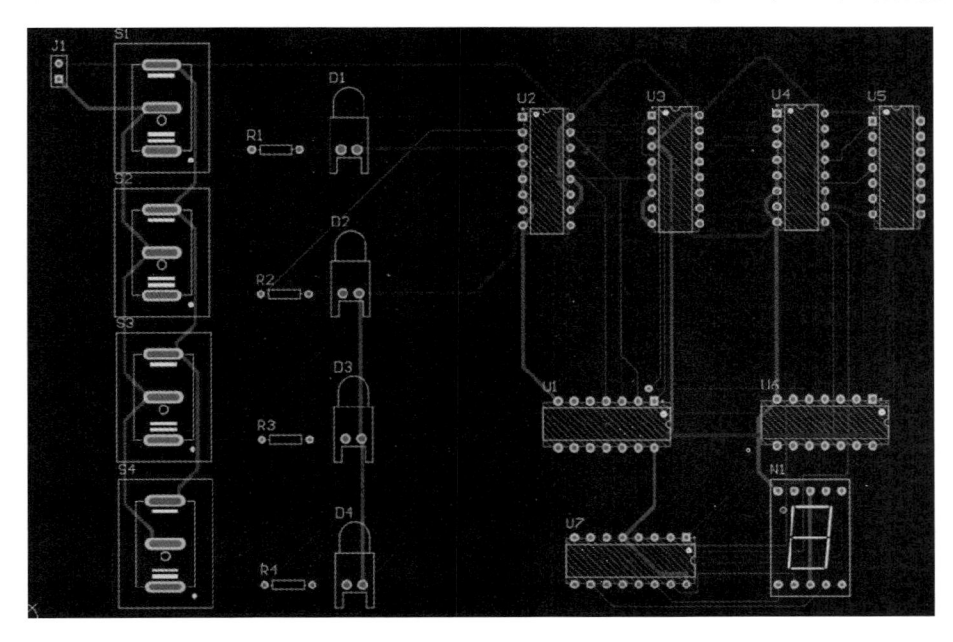

图 2-59　数据选择器实现的 PCB 板图

小结

本章主要介绍了组合逻辑电路的分析与设计、常用中规模组合模块的功能与应用、组合逻辑电路的竞争冒险。

常用的中规模组合逻辑模块有加法器、编码器、译码器、数据选择器、数值比较器等。这些器件极大地方便了组合逻辑电路的设计，并且每个器件都可以进行扩展。

在使用这些逻辑模块时，一般需要根据输入与输出的关系确定其输出端的表达式，所以需要将逻辑表达式进行变换。

在使用这些逻辑模块时，如果逻辑表达式与模块的表达式形式上完全一致，则只需使用逻辑模块即可；但如果逻辑表达式只会用到模块的一部分，则需要将多余的输入端进行处理；但如果逻辑表达式超过了模块能实现的范围，则可进行扩展或者降维。

竞争冒险是组合逻辑电路设计中经常出现的一种现象，如果负载对竞争冒险产生的尖峰脉冲敏感，则需要一些方法来消除。消除竞争冒险的方法有引入选通脉冲、加滤波电容和修改逻辑设计等。

在 2 位二进制数乘法电路设计中，分别使用了译码器和数据选择器两种方式，在使用译码器时，因为有 4 个变量所以要将 74LS138 进行扩展；在使用数据选择器时，将 74LS153 上的两个 2 位数据选择器级联扩展成 3 位，但由于有 4 个变量，因此还需要降维。

习题

1.【组合逻辑电路分析】分析题 1 图所示电路，写出 Y 的最小项表达式，并指出该电路设计是否合理。

数字电路设计与实践

题 1 图

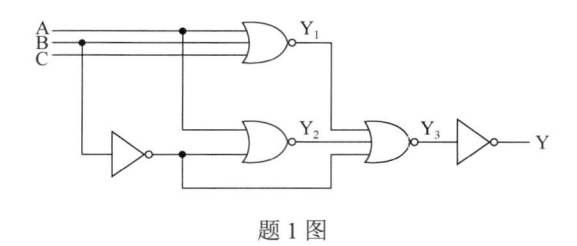

2.【数据选择器】8 选 1 数据选择器 74HC151 组成的电路如题 2 图所示,求出该电路输出 L 的最简与或式。

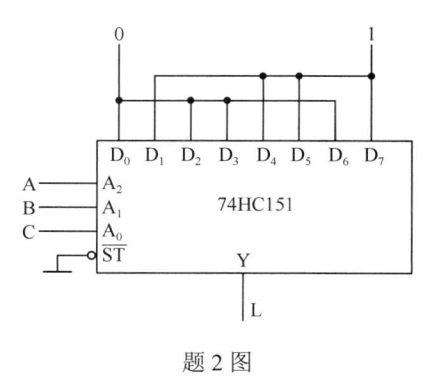

题 2 图

3.【组合逻辑电路设计】逻辑函数的最小项表达式为 $F = \sum m(2,4,8,10,11,12,14)$,完成下列设计:
（1）采用与或非门实现；
（2）采用与非门实现。

4.【组合逻辑电路设计】某学期考试四门课程,数学：7 学分；英语：5 学分；政治：4 学分；体育：2 学分。每个学生总计要获得 10 学分以上才能通过本学期考试。要求写出反映学生是否通过本学期考试的逻辑函数,并用或非门实现,画出逻辑电路。

5.【组合逻辑电路设计】已知 $X = X_2 X_1$ 和 $Y = Y_2 Y_1$ 是两个正整数,写出判断 X>Y 的逻辑表达式,并用最少的门电路实现。能否选择中规模功能器件实现？

6.【全加器电路设计】试用全加器实现一个 2 位二进制数乘法运算电路。

7.【组合逻辑电路设计】一密码锁有三个按键：A、B、C。当三个按键均不按下时,锁打不开也不报警；当只有一个按键按下时,锁打不开且发出报警信号；当有两个按键同时按下时,锁打开也不报警。当三个按键都按下时,锁打开但要报警。请设计此逻辑电路,分别用（1）门电路；（2）3 线—8 线译码器、与非门；（3）双 4 选 1 数据选择器、非门；（4）全加器来实现。

8.【数据选择器】用 8 选 1 数据选择器和与非门实现下面函数：
（1） $F(A,B,C,D) = \sum m(1,2,3,5,6,8,9,12)$
（2） $F(A,B,C,D) = \sum m(1,3,9,11,12,13,14,20,22,23,26,31)$

9.【组合电路逻辑设计】设计逻辑电路实现：两个 2 位二进制数相等时输出为 1,不等时输出 0。

10.【组合逻辑电路设计】设计一个代码转换电路,输入为 4 位循环码,输出为 4 位二进制代码。

11.【组合逻辑电路设计】用与非门设计判奇电路：3 个输入有奇数个 1 时输出 1,否则输出 0。

12. 【组合逻辑电路设计】设计判断 4 位二进制数 $A_3A_2A_1A_0$ 大于十进制数 10 的逻辑电路，当其大于或等于十进制数 10 时输出 1，否则输出 0。

13. 【全减器电路设计】设计 1 位二进制全减器逻辑电路，写出真值表、卡诺图及逻辑表达式，画出逻辑电路。

14. 【组合逻辑电路设计】设计一个判断人类输血和受血是否匹配的电路。人类有四种基本血型：A, B, O, AB。输血和受血的规则为：A 型血可以输给 A 型血和 AB 型血的人，B 型血可以输给 B 型血和 AB 型血的人，O 型血可以输给所有血型的人，AB 型血只能输给 AB 型血的人。

15. 【竞争冒险的判断】判别逻辑函数 Y=AB+AC+BC 是否存在冒险现象。如果存在冒险，是哪种冒险？

实践

1. 【表决器设计】某足球评委会由 1 位教练和 4 位球迷组成，他们对裁判员的判罚进行表决。当满足以下条件时表示同意判罚：4 人或 4 人以上同意；3 人同意，但有 1 人是教练。试设计该表决电路，器件不限。

2. 【电路设计】试设计一个组合逻辑电路，能够对输入的 4 位二进制数进行求反加 1 的运算，器件不限。

第 3 章

七进制计数器电路

3.1 项目内容及要求

设计一个用于检测串行数据"1111"的电路,当第四个"1"出现时输出为"1",并且若下一位还是"1",则继续输出"1"。

3.2 必备理论内容

3.2.1 触发器

在数字电路中,除需要对数字信号进行各种算术运算或逻辑运算外,还需要对原始数据和运算结果进行存储。为了寄存二进制编码信息,数字系统中通常采用触发器作为存储器件。触发器是构成时序逻辑电路的基本逻辑器件,它有两个稳定的状态,即 0 状态和 1 状态。在不同的输入情况下,触发器可以被置成 0 状态或 1 状态;当输入信号消失后,触发器所置成的状态能够保持不变。因此,触发器可以记忆 1 位二值信号。

根据逻辑功能的不同,触发器可以分为 RS 触发器、D 触发器、JK 触发器、T 触发器和 T' 触发器;按照结构形式的不同,又可分为基本 RS 触发器、同步触发器、主从触发器和边沿触发器等。本章主要介绍触发器的逻辑功能和描述方法。

3.2.1.1 基本 RS 触发器

1. 基本 RS 触发器的电路组成和工作原理

基本 RS 触发器的电路如图 3-1 所示,它由两个**或非门**交叉耦合而成。基本 RS 触发器是所有触发器中最简单的一种,同时也是其他各种触发器的基本组成部分。

基本 RS 触发器工作原理分析如下。

图 3-1 中,G_1 和 G_2 是两个或非门,触发器有两个输入端 S_D 和 R_D,Q 和 $\overline{Q}$ 是触发器的两个输出端。当 Q=0、$\overline{Q}$=1 时,称触发器状态为 0;当 Q=1、$\overline{Q}$=0 时,称触发器状态为 1。

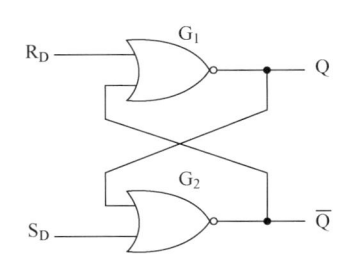

图 3-1 由或非门组成的基本 RS 触发器电路

第 3 章　七进制计数器电路

（1）当 S_D=0、R_D=0 时，触发器具有保持功能。

如果触发器的原状态为 1（Q=1、$\overline{Q}$=0），则门 G_2 的输出 $\overline{Q}$=0。而 $\overline{Q}$=0 和 R_D=0 使门 G_1 的输出 Q=1 且保持不变，同时 Q=1 又使门 G_2 的输出 $\overline{Q}$=0 且保持不变。如果触发器的原状态为 0（Q=0、$\overline{Q}$=1），则门 G_2 的输出 $\overline{Q}$=1，使门 G_1 的输出 Q=0 且保持不变，而 Q=0 与 S_D=0 又使门 G_2 的输出 $\overline{Q}$=1 且保持不变。由此可见，当 S_D=0、R_D=0 时，无论触发器的原状态是 0 还是 1，触发器的状态都将保持原状态不变。

（2）当 S_D=0、R_D=1 时，触发器置 0。

触发器的原状态无论是 0 还是 1，都会由于 R_D=1 而使门 G_1 的输出 Q=0，而 Q=0 和 S_D=0 又使门 G_2 的输出 $\overline{Q}$=1。为此，通常将 R_D 端称为置 0 端或复位端。

（3）当 S_D=1、R_D=0 时，触发器置 1。

由于 S_D=1 使门 G_2 的输出 $\overline{Q}$=0，而 $\overline{Q}$=0 和 R_D=0 又使门 G_1 的输出 Q=1。为此，通常将 S_D 端称为置 1 端或置位端。

（4）当 S_D=1、R_D=1 时，Q 和 $\overline{Q}$ 均为 0。

这既不是定义的 1 状态，也不是定义的 0 状态。这种 $\overline{Q}$ 情况不仅破坏了触发器两个输出端应有的互补特性，而且当输入信号 S_D 和 R_D 同时回到 0 以后，触发器的输出 Q 和 $\overline{Q}$ 均由 0 变为 1，出现了所谓的竞争现象。

假设门 G_1 的延迟时间小于门 G_2 的延迟时间，则触发器最终稳定在 Q=1、$\overline{Q}$=0 的状态；假设门 G_1 的延迟时间大于门 G_2 的延迟时间，则触发器最终稳定在 Q=0、$\overline{Q}$=1 的状态。

由于**或非门**传输延迟时间的不同会产生竞争现象，因此无法断定触发器将回到 1 状态还是 0 状态。通常，正常工作时输入信号应遵守 $S_D R_D$=0 的约束条件，不允许出现输入 S_D 和 R_D 同时等于 1 的情况。

基本 RS 触发器也可以由与非门构成，电路如图 3-2 所示。该电路的输入信号为低电平有效，所以用 $\overline{S}_D$ 表示置 1 输入端，用 $\overline{R}_D$ 表示置 0 输入端。

（1）当 $\overline{S}_D$=1、$\overline{R}_D$=1 时，触发器保持原状态不变；

（2）当 $\overline{S}_D$=0、$\overline{R}_D$=1 时，触发器置 1；

（3）当 $\overline{S}_D$=1、$\overline{R}_D$=0 时，触发器置 0；

（4）当 $\overline{S}_D$=0、$\overline{R}_D$=0 时，出现 Q=$\overline{Q}$=1 状态，而且当 $\overline{S}_D$ 和 $\overline{R}_D$ 同时回到高电平以后，触发器的状态将无法确定。所以，正常工作时应当遵守 $\overline{S}_D + \overline{R}_D$=1 的约束条件，不允许出现输入 $\overline{S}_D$ 和 $\overline{R}_D$ 同时等于 0 的情况。

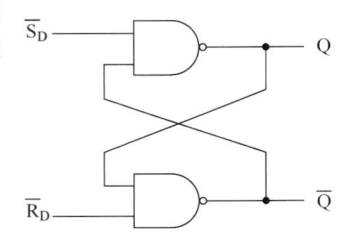

图 3-2　由与非门组成的基本 RS 触发器电路

综上所述，对于基本 RS 触发器来说，输入信号直接加在输出门上，因此输入信号在全部作用时间内都可以直接改变输出端 Q 和 $\overline{Q}$ 的状态，即可以直接置 1 或直接置 0，这是基本 RS 触发器的动作特点。正因为这种动作特点，基本 RS 触发器的输入端通常称为直接置位端和直接复位端（下标"D"表示直接控制），基本 RS 触发器也相应地被称为直接置位、直接复位触发器。

2. 基本 RS 触发器的功能描述

通常，任何一种触发器的逻辑功能都可以用状态转移真值表、状态转移方程、激励表、状态转移图、逻辑符号和时序图等几种方式来描述。

（1）状态转移真值表

状态转移真值表是指用来描述触发器的下一稳定状态（次态）Q^{n+1}、触发器的原稳定状态（原态）Q^n 和输入信号之间功能关系的表格，有时也称为次态真值表或特性表。由**或**非门组成的基本 RS 触发器的状态转移真值表如表 3-1 所示。

表 3-1 基本 RS 触发器的状态转移真值表

S_D	R_D	Q^n	Q^{n+1}
0	0	0	0
0	0	1	1
0	1	0	0
0	1	1	0
1	0	0	1
1	0	1	1
1	1	0	0*
1	1	1	0*

* 当 $S_D=1$、$R_D=1$ 时，$Q^{n+1}=0$、$\overline{Q}^{n+1}=0$。当输入信号 S_D 和 R_D 同时回到 0 以后，触发器输出 Q^{n+1} 的状态不确定。

（2）状态转移方程

触发器的逻辑功能还可以用逻辑表达式来描述。描述触发器功能的逻辑表达式称为状态转移方程，简称状态方程。触发器的状态方程是反映触发器的次态与原态和输入信号之间功能关系的逻辑表达式，所以也称为次态方程。

根据基本 RS 触发器状态转移真值表进行卡诺图化简，如图 3-3 所示。

由卡诺图化简可得基本 RS 触发器的状态方程为

$$\begin{cases} Q^{n+1} = S_D + \overline{R}_D Q^n \\ S_D R_D = 0 \end{cases} \tag{3-1}$$

式中，$S_D R_D=0$ 是约束条件，它表示 S_D 和 R_D 不能同时为 1。

（3）激励表

激励表用来表示触发器由当前状态转移至所要求的下一状态时，对输入信号的要求。激励表可由状态转移真值表或状态方程推出。基本 RS 触发器的激励表如表 3-2 所示。

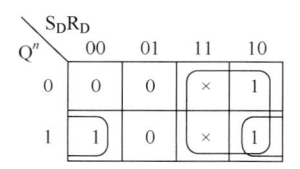

图 3-3 基本 RS 触发器的卡诺图

表 3-2 基本 RS 触发器的激励表

Q^n	Q^{n+1}	S_D	R_D
0	0	0	×
0	1	1	0
1	0	0	1
1	1	×	0

由表 3-2 可知，若触发器的原态为 0，要求次态仍然为 0，则必须使 S_D 为 0，R_D 为 1 或 0 均可；若触发器的原态为 0，要求次态为 1，则必须使 $S_D=1$，$R_D=0$。同样，若要求触发器状态从 1 变为 0，则输入必须是 $S_D=0$，$R_D=1$；若要求触发器保持 1 态不变，则 R_D 必须为 0，S_D 为 0 或 1 均可。

（4）状态转移图

描述触发器的逻辑功能还可以用图形即状态转移图来描述，简称状态图。根据基本 RS 触发器的激励表，可以得到图 3-4 所示的状态转移图。图中，用标有 0 和 1 的两个圆圈分别代表触发器的两个稳定状态，即状态 0 和状态 1，箭头表示在输入信号作用下状态转移的方向，箭头旁边的标注表示触发器状态转移所需要的输入条件。比较状态转移图和激励表可知，二者本质上没有区别，只是表现形式不同。

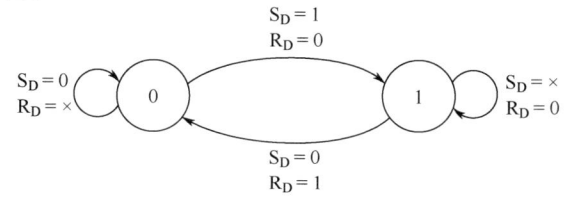

图 3-4 基本 RS 触发器的状态转移图

(5) 逻辑符号

触发器的逻辑功能还可以通过逻辑符号来描述。基本 RS 触发器的逻辑符号如图 3-5 所示。

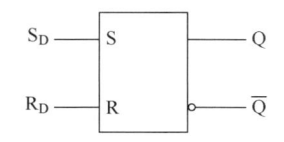

图 3-5 基本 RS 触发器的逻辑符号

(6) 时序图

时序图是指触发器的输出随输入变化的波形,也称波形图。基本 RS 触发器的时序图如图 3-6 所示。

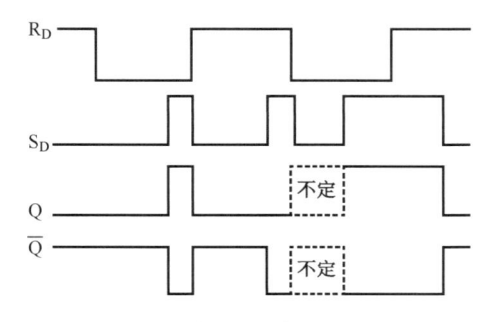

图 3-6 基本 RS 触发器的时序图

(7) 电平触发方式的工作特性

由于在 CP=1 的全部时间内,触发器的输入信号均能通过输入控制电路加到基本 RS 触发器上,因此在 CP=1 的全部时间内,输入信号的变化都将引起触发器输出状态的变化,这就是同步触发器的动作特点。

根据同步触发器的动作特点可知,如果在 CP=1 期间输入信号发生多次变化,则触发器的状态也会发生多次翻转。通常将在一个时钟脉冲周期内,触发器的状态发生两次或两次以上变化的现象称为空翻。

在实际应用中,通常要求触发器的工作规律是每来一个时钟脉冲,触发器只置于一种状态,即使输入信号发生多次改变,触发器的输出状态也不跟着改变。由此可见,同步触发器抗干扰能力不强。

产生空翻现象的根本原因是在 CP=1 期间,输入控制电路是开启的,输入信号可以通过输入控制电路直接控制基本 RS 触发器,从而改变输出端的状态,使触发器失去了抗输入变化的能力。

为了保证在每个时钟脉冲周期内触发器只出现一种确定的状态(或保持原状态不变,或改变一次状态),就必须对输入控制电路进行改进,使输入信号在 CP 作用期间不能直接影响触发器的输出。或者说,改进后的输入控制电路必须使触发器仅在 CP 的上升沿或下降沿对输入信号进行瞬时采样,而在 CP 有效期间使输出与输入隔离。

3.2.1.2 同步触发器

1. 同步 RS 触发器

基本 RS 触发器的状态直接受输入信号控制,根据输入信号便可确定输出状态。但在实际应用中,往往要求触发器的输出状态不直接由 R 端和 S 端的输入信号来决定,而是受时钟脉冲的控

数字电路设计与实践

制,即只有在作为同步信号的时钟脉冲到达时,触发器才按输入信号改变状态;否则,即使输入信号变化了,触发器状态也不改变。通常称该类触发器为同步 RS 触发器或钟控 RS 触发器。

同步 RS 触发器的电路结构和逻辑符号如图 3-7 所示。该电路由两部分组成:由与非门 G_1、G_2 组成的基本 RS 触发器和由与非门 G_3、G_4 组成的输入控制电路。

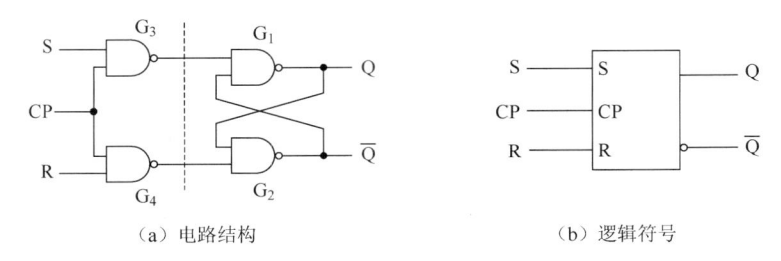

(a) 电路结构　　　　　　(b) 逻辑符号

图 3-7　同步 RS 触发器的电路结构和逻辑符号

当 CP=0 时,G_3、G_4 门输出均为高电平 1,输入信号 R、S 不会影响输出端的状态,故触发器保持原状态不变。

当 CP=1 时,G_3、G_4 门打开,输入信号 R 和 S 通过 G_3、G_4 门反相后加到由 G_1、G_2 门组成的基本 RS 触发器的输入端,使 Q 和 $\overline{Q}$ 的状态跟随输入状态的变化而变化。

同步 RS 触发器的状态转移真值表如表 3-3 所示。

由表 3-3 可知,在 CP=0 时,触发器保持原状态不变,输入信号 R、S 不起作用;只有在 CP=1 时,触发器才受输入信号 R 和 S 的控制,具有基本 RS 触发器的功能,因此称为同步 RS 触发器。

表 3-3　同步 RS 触发器的状态转移真值表

CP	S	R	Q^n	Q^{n+1}
0	×	×	0	0
0	×	×	1	1
1	0	0	0	0
1	0	0	1	1
1	0	1	0	0
1	0	1	1	0
1	1	0	0	1
1	1	0	1	1
1	1	1	0	1*
1	1	1	1	1*

* 当 S=1、R=1 时,Q^{n+1}=1,$\overline{Q}^{n+1}$=1。当输入信号 S 和 R 同时回到 0 以后,触发器输出 Q^{n+1} 的状态不确定。

这种钟控方式称为电平触发方式。其中,R 端是同步 RS 触发器的置 0 端或复位端,S 端是置 1 端或置位端,二者均为高电平有效。由于同步 RS 触发器的置 0 端和置 1 端都不是直接控制端,需要在 CP 同步信号作用下才能起作用,因此在 R 和 S 后面未加下标"D"。同步 RS 触发器的输入信号同样要遵守 RS=0 的约束条件,即 R、S 不能同时等于 1。

根据同步 RS 触发器的状态转移真值表,由卡诺图化简即可得到同步 RS 触发器的状态方程为

$$\begin{cases} Q^{n+1} = S + \overline{R}Q^n \\ RS = 0 \end{cases} \tag{3-2}$$

式中,RS=0 是约束条件,表示 R 和 S 不能同时为 1。

第 3 章　七进制计数器电路

同步 RS 触发器的激励表如表 3-4 所示。由表 3-4 可知，若触发器的原态为 0，要求时钟作用后次态仍然为 0，则必须使 S 为 0，R 为 1 或 0 均可；若触发器的原态为 0，要求次态为 1，则必须使 S=1，R=0。同样，若要求触发器状态从 1 变为 0，则输入必须是 S=0，R=1；若要求触发器保持 1 态不变，则 R 必须为 0，S 为 0 或 1 均可。

根据同步 RS 触发器的激励表，可以得到图 3-8 所示的状态转移图。

表 3-4　同步 RS 触发器的激励表

Q^n	Q^{n+1}	S	R
0	0	0	×
0	1	1	0
1	0	0	1
1	1	×	0

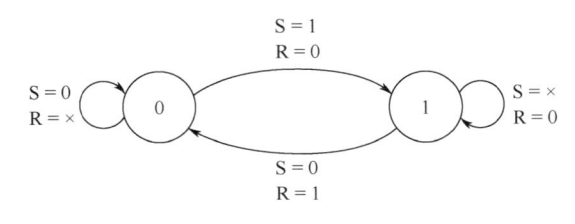

图 3-8　同步 RS 触发器的状态转移图

在图 3-7（b）所示的同步 RS 触发器逻辑符号中。只有当 CP=1 时，输入信号 S 和 R 才起作用。如果 CP=0 为有效信号，则应在 CP 的输入端加画小圆圈。

在实际应用中，有时需要在 CP 到来之前，预先将触发器置成 1 或 0 状态。具有异步置 1 和置 0 功能的同步 RS 触发器，其电路结构和逻辑符号如图 3-9 所示。

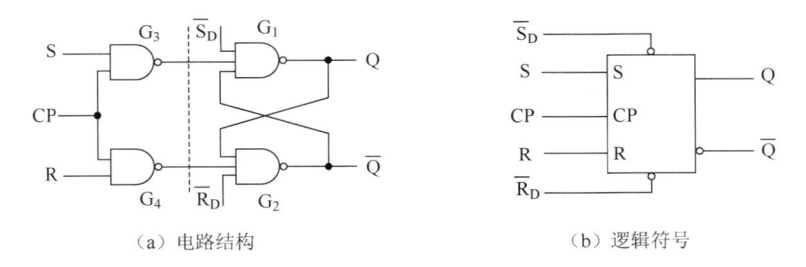

（a）电路结构　　　　　　　　　　　　（b）逻辑符号

图 3-9　具有异步置 1 和置 0 功能的同步 RS 触发器

由图可见，无论 CP 是否有效，只要输入 $\overline{S}_D$=0，触发器将立即被置为 1；只要输入 $\overline{R}_D$=0，触发器将立即被置为 0。由于这种置 1、置 0 操作不需要时钟脉冲的触发，因此 $\overline{S}_D$ 端和 $\overline{R}_D$ 端分别称为异步置 1 输入端和异步置 0 输入端。

2. 同步 JK 触发器

同步 JK 触发器的电路结构和逻辑符号如图 3-10 所示。该电路由两部分组成：与非门 G_1、G_2 组成的基本 RS 触发器和与非门 G_3、G_4 组成的输入控制电路。

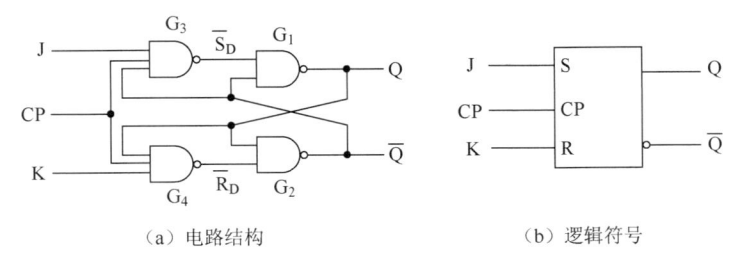

（a）电路结构　　　　　　　　　　　　（b）逻辑符号

图 3-10　同步 JK 触发器的电路结构和逻辑符号

当 CP=0 时，G_3、G_4 门输出均为高电平 1，输入信号 J、K 不会影响输出端的状态，故触发器保持原状态不变。

当 CP=1 时，G_3、G_4 门打开，输入信号 J 和 K 通过 G_3、G_4 门反相后加到由 G_1、G_2 门组成的基本 RS 触发器的输入端，使 Q 和 $\overline{Q}$ 的状态跟随输入状态的变化而变化。

根据基本 RS 触发器的状态方程，可以得到 JK 触发器的状态方程为

$$Q^{n+1}=S_D+\overline{R}_D\ Q^n=J\overline{Q^n}+\overline{K}\ Q^n \tag{3-3}$$

其约束条件 $\overline{S}_D+\overline{R}_D=\overline{J\overline{Q^n}}+\overline{KQ^n}=1$，因此无论 J、K 信号如何变化，基本 RS 触发器的约束条件都始终满足。

同步 JK 触发器的状态转移真值表如表 3-5 所示。

根据同步 JK 触发器的状态转移真值表或状态方程，可以列出同步 JK 触发器的激励表，如表 3-6 所示。根据同步 JK 触发器的激励表，可以画出其状态转移图，如图 3-11 所示。

表 3-5 同步 JK 触发器的状态转移真值表

CP	J	K	Q^n	Q^{n+1}
0	×	×	0	0
0	×	×	1	1
1	0	0	0	0
1	0	0	1	1
1	0	1	0	0
1	0	1	1	0
1	1	0	0	1
1	1	0	1	1
1	1	1	0	1
1	1	1	1	0

表 3-6 同步 JK 触发器的激励表

Q^n	Q^{n+1}	J	K
0	0	0	×
0	1	1	×
1	0	×	1
1	1	×	0

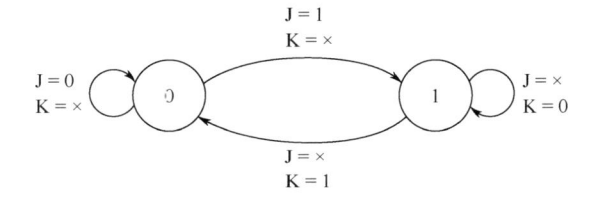

图 3-11 同步 JK 触发器的状态转移图

3. 同步 D 触发器

同步 D 触发器的电路结构和逻辑符号如图 3-12 所示。该电路由两部分组成：与非门 G_1、G_2 组成的基本触发器和与非门 G_3、G_4 组成的输入控制电路。

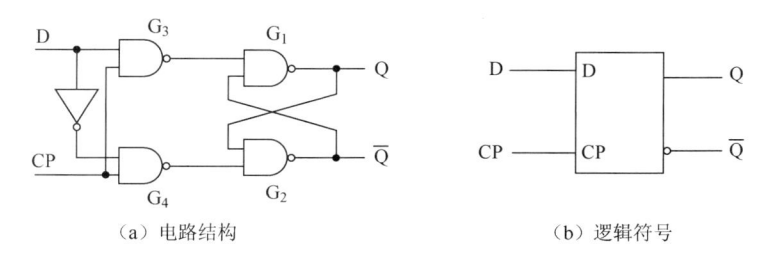

（a）电路结构　　　　　　　　　　（b）逻辑符号

图 3-12 同步 D 触发器的电路结构和逻辑符号

当 CP=0 时，G_3、G_4 门输出均为高电平 1，输入信号 D 不会影响输出端的状态，故触发器保持原状态不变。

当 CP=1 时，G_3、G_4 门打开，输入信号 D 通过 G_3、G_4 门反相后加到由 G_1、G_2 门组成的基本 RS 触发器的输入端，使 Q 和 $\overline{Q}$ 的状态跟随输入状态的变化而变化。

同步 D 触发器的状态转移真值表如表 3-7 所示。

根据状态转移真值表，经过化简可写出同步 D 触发器的状态方程为

$$Q^{n+1}=D \tag{3-4}$$

第3章 七进制计数器电路

根据同步 D 触发器的状态转移真值表或状态方程,可以列出同步 D 触发器的激励表,如表 3-8 所示。

表 3-7 同步 D 触发器的状态转移真值表

CP	D	Q^n	Q^{n+1}
0	×	0	0
0	×	1	1
1	0	0	0
1	0	1	0
1	1	0	1
1	1	1	1

表 3-8 同步 D 触发器的激励表

Q^n	Q^{n+1}	D
0	0	0
0	1	1
1	0	0
1	1	1

根据同步 D 触发器的激励表,可以画出其状态转移图,如图 3-13 所示。

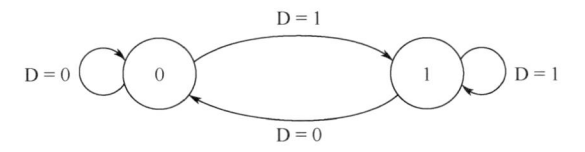

图 3-13 同步 D 触发器的状态转移图

4. T 触发器

在有些应用场合,往往需要这样一种逻辑功能的触发器:当控制信号 T=1 时,每来一个时钟脉冲它的状态就翻转一次;而当 T=0 时,时钟脉冲到达后触发器的状态保持不变。通常将具有这种逻辑功能的触发器称为 T 触发器。

实际上,只要将同步 JK 触发器的两个输入端连在一起作为输入端,就可以构成 T 触发器。正因为如此,在通用数字集成电路中通常没有专门的 T 触发器。

T 触发器的状态方程为

$$Q^{n+1}=T\overline{Q}^n+\overline{T}Q^n \tag{3-5}$$

T 触发器的状态转移真值表如表 3-9 所示。

根据 T 触发器的状态转移真值表或状态方程,可以列出 T 触发器的激励表,如表 3-10 所示。

表 3-9 T 触发器的状态转移真值表

CP	T	Q^n	Q^{n+1}
0	×	0	0
0	×	1	1
1	0	0	0
1	0	1	1
1	1	0	1
1	1	1	0

表 3-10 T 触发器的激励表

Q^n	Q^{n+1}	T
0	0	0
0	1	1
1	0	1
1	1	0

根据 T 触发器的激励表,可以画出其状态转移图,如图 3-14 所示。

T 触发器的逻辑符号如图 3-15 所示。

当 T 触发器的控制信号 T 恒等于 1 时,其状态方程将变为

$$Q^{n+1}=\overline{Q}^n \tag{3-6}$$

即每来一个时钟脉冲,触发器的状态就翻转一次。通常把这种触发器称为 T′ 触发器。其实 T′ 触发器只不过是处于一种特定状态的 T 触发器而已。

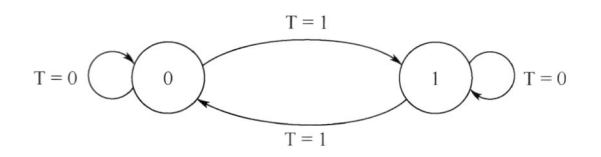

图 3-14　T 触发器的状态转移图 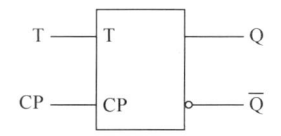　　　　　　　图 3-15　T 触发器的逻辑符号

3.2.1.3　主从触发器

1. 主从 RS 触发器

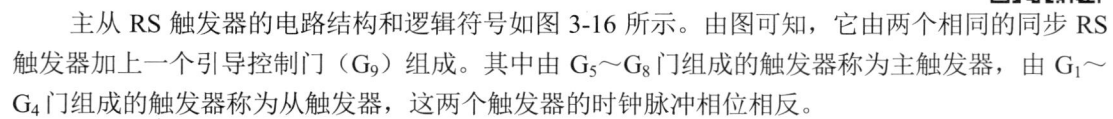

主从 RS 触发器的电路结构和逻辑符号如图 3-16 所示。由图可知，它由两个相同的同步 RS 触发器加上一个引导控制门（G_9）组成。其中由 $G_5 \sim G_8$ 门组成的触发器称为主触发器，由 $G_1 \sim G_4$ 门组成的触发器称为从触发器，这两个触发器的时钟脉冲相位相反。

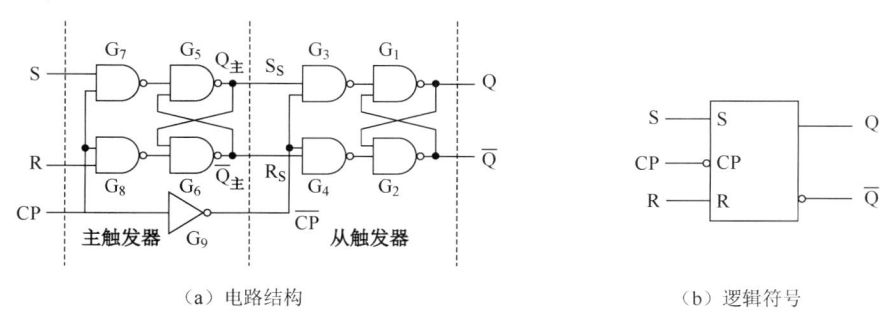

（a）电路结构　　　　　　　　　　　　（b）逻辑符号

图 3-16　主从 RS 触发器的电路结构和逻辑符号

当 CP=0 时，门 G_3、G_4 被打开，门 G_7、G_8 被封锁，从触发器的状态跟随主触发器的状态，即 $Q^n = Q_{主}^n$。

当 CP=1 时，门 G_7、G_8 被打开，门 G_3、G_4 被封锁，主触发器接收输入信号，其状态方程为

$$\begin{cases} Q_{主}^n = S + \overline{R}Q_{主}^n = S + \overline{R}Q^n \\ RS = 0 \end{cases}$$

此时，从触发器保持原来的状态不变。

当 CP 由 1 变为 0 时，由于 CP=0，因此门 G_7、G_8 被封锁，无论输入信号如何改变，主触发器的状态都保持不变。与此同时，门 G_3、G_4 被打开，从触发器跟随主触发器发生状态变化，其状态方程为

$$\begin{cases} Q_{主}^n = S + \overline{R}Q_{主}^n = S + \overline{R}Q^n \\ RS = 0 \end{cases} \tag{3-7}$$

由此可见，主从 RS 触发器的逻辑功能与同步 RS 触发器一致。

由于 CP 返回 0 以后触发器的输出状态才改变，因此输出状态的变化发生在 CP 的下降沿。

主从 RS 触发器的状态转移真值表如表 3-11 所示。表中，"⌐⌐" 表示 CP 的触发方式为下降沿触发；"0/1" 表示 CP 为 0 或 1。

由上述分析可知，主从 RS 触发器具有以下 3 个特点。

（1）由于主从 RS 触发器由两个互补的时钟脉冲分别控制两个同步 RS 触发器，因此无论 CP 是等于 1 还是等于 0，总有一个触发器被开启，另一个触发器被封锁，故输入状态不会直接影响输出 Q 和 $\overline{Q}$ 的状态。

表 3-11 主从 RS 触发器的状态转移真值表

CP	S	R	Q^n	Q^{n+1}
0/1	×	×	×	Q^n
⎍	0	0	0	0
⎍	0	0	1	1
⎍	1	0	0	1
⎍	1	0	1	1
⎍	0	1	0	0
⎍	0	1	1	0
⎍	1	1	0	1*
⎍	1	1	1	1*

* 当 S=1、R=1 时，Q^{n+1}=1、$\overline{Q}^{n+1}$=1。当输入信号 S 和 R 同时回到 0 以后，触发器输出 Q^{n+1} 的状态不确定。

（2）主从触发器的动作分两步进行：第一步，在 CP=1 期间主触发器根据输入信号决定其输出状态，而从触发器不工作；第二步，待 CP 由 1 变为 0 时，从触发器的状态跟随主触发器的状态变化。这就是说，主从触发器输出状态的改变发生在 CP 下降沿。至于触发器在 CP 作用后的新状态，则取决于 CP 到来时输入的信号。

（3）由同步 RS 触发器到主从 RS 触发器的这一演变，克服了 CP=1 期间触发器输出状态可能多次翻转的问题。但由于主触发器本身就是一个同步 RS 触发器，因此在 CP=1 的时间内，输入信号将对主触发器起控制作用。这就是说，在 CP=1 期间，当输入信号发生变化时，CP 下降沿到来时触发器的新状态就不一定是 CP 处在上升沿时输入信号所决定的状态，如图 3-17 所示，而且输入信号仍需遵守约束条件 RS=0。

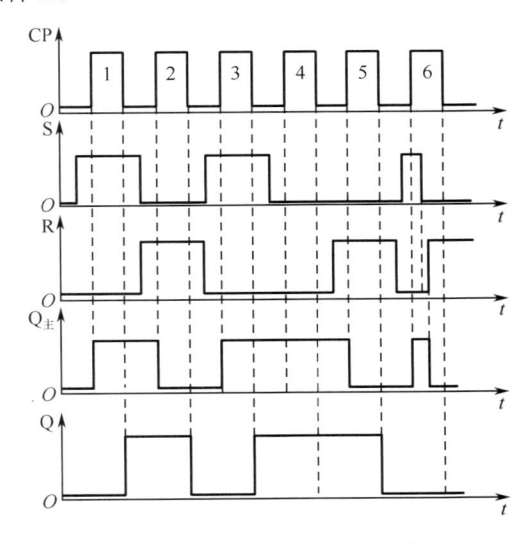

图 3-17 主从 RS 触发器时序图

实际应用中，为了确保系统工作可靠，要求主从触发器在 CP=1 期间输入信号始终不变。

2. **主从 JK 触发器**

RS 触发器在使用时有一个约束条件，即在工作时不允许输入信号 R、S 同时为 1。这一约束条件使 RS 触发器在实际使用时会带来诸多不便。为了方便使用，人们希望即使出现了 S=R=1 的情况，触发器的次态也是确定的，因此需要进一步改进触发器的电路结构。

数字电路设计与实践

如果在主从 RS 触发器的基础上，将两个互补输出端 Q 和 $\overline{Q}$ 通过两根反馈线分别引到 G_8、G_7 门的输入端，如图 3-18（a）所示，就可以满足上述要求。这一对反馈线通常在制造集成电路时已在内部连好。为表示其与主从 RS 触发器在逻辑功能上的区别，将输入端 S 改为 J，将输入端 R 改为 K，并将该电路称为主从结构 JK 触发器（简称主从 JK 触发器）。

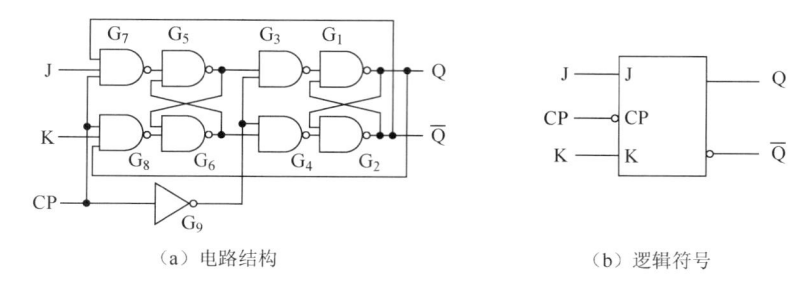

（a）电路结构　　　　　　　　（b）逻辑符号

图 3-18　主从 JK 触发器

由图 3-18（a）可知，与非门 G_5、G_6、G_7、G_8 构成主触发器，它可以看成同步 RS 触发器，$R=KQ^n$，$S=J\overline{Q}^n$，所以在 CP=1 期间主触发器的状态方程为

$$Q_{主}^{n+1} = J\overline{Q}^n + \overline{KQ^n}Q_{主}^n \tag{3-8}$$

由于在主触发器状态发生改变之前，即 CP=0 时，$Q_{主}^n = Q^n$，因此式（3-8）可以改写成

$$Q_{主}^{n+1} = J\overline{Q}^n + \overline{KQ^n}Q^n$$

如果在 CP 由 0 正向跳变至 1 或者在 CP=1 期间，主触发器接收输入信号，发生了状态翻转，即 $Q_{主}^n = \overline{Q}^n$，将此代入式（3-8）可得主触发器的状态方程为

$$Q_{主}^{n+1} = J\overline{Q}^n + \overline{KQ^n}Q^n \tag{3-9}$$

由式（3-9）可见，在 CP=1 期间，一旦主触发器接收了输入信号后状态发生了一次翻转，主触发器的状态就一直保持不变，不再随输入信号 J、K 的变化而变化，这就是主触发器的一次翻转特性。

表 3-12　主从 JK 触发器的状态转移真值表

CP	J	K	Q^n	Q^{n+1}
0/1	×	×	×	Q^n
⎍	0	0	0	0
⎍	0	0	1	1
⎍	1	0	0	1
⎍	1	0	1	1
⎍	0	1	0	0
⎍	0	1	1	0
⎍	1	1	0	1
⎍	1	1	1	0

主从 JK 触发器的逻辑功能与主从 RS 触发器的逻辑功能基本相同，不同之处是主从 JK 触发器没有约束条件，在 J=K=1 时，每输入一个时钟脉冲后，触发器的状态就翻转一次。主从 JK 触发器的状态转移真值表如表 3-12 所示。

由表 3-12 可知，主从 JK 触发器具有保持、置 0、置 1 和翻转等 4 种功能。

在有些主从 JK 触发器集成电路产品中，输入端 J、K 不止一个，如图 3-19 所示，J_1 和 J_2 是与逻辑关系，K_1 和 K_2 也是与逻辑关系。

主从 JK 触发器有以下几点值得注意。

（1）与主从 RS 触发器一样，主从 JK 触发器同样可以防止触发器在 CP 作用期间可能发生多次翻转的现象，即不会出现空翻现象。如图 3-20 所示的时序图中，在 CP=1 期间，尽管 J、K 输入信号发生了多次变化，但主触发器的状态（$Q_{主}$）只发生了一次变化，并在 CP 作用结束时，将这次变化的结果传递到从触发器的输出端（Q）。

（2）虽然主从 JK 触发器能有效地防止空翻现象，但同时出现了新的"一次翻转"现象，即在 CP=1 期间，无论 J、K 变化多少次，只要其变化引起主触发器翻转了一次，在此 CP=1 期间就不再变化了。这时，对应于 CP 下降沿的从触发器状态就既不由 CP 下降沿前的 J、K 状态决定，也不由 CP 上升沿前的 J、K 状态决定，而是由引起主触发器这次变化的 J、K 状态决定。因此，在 CP 下降沿到达时，触发器接收这一时刻主触发器的状态，并发生状态转移。状态转移的结果就有可能与 JK 触发器的状态方程（3-3）描述的转移结果不一致，如图 3-20 中第 2、3 个 CP 下降沿作用时触发器状态转移与状态方程描述的转移结果不一致。

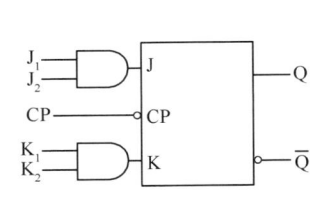

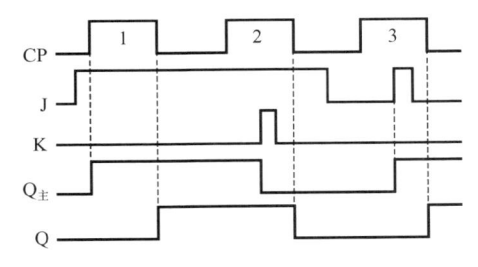

图 3-19 具有多输入端的主从 JK 触发器

图 3-20 主从 JK 触发器时序图

为了使主从 JK 触发器的状态转移与状态方程（3-3）描述的转移一致，就要求在 CP=1 期间输入信号 J、K 不发生变化。这就使主从 JK 触发器的使用受到一定的限制，而且降低了它的抗干扰能力。

3.2.1.4 边沿触发器

1. 维持-阻塞触发器

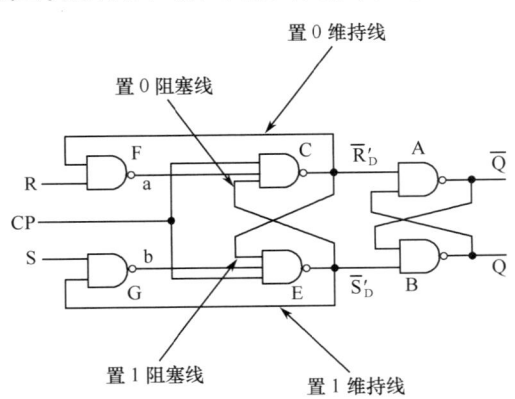

（1）维持-阻塞 RS 触发器

维持-阻塞 RS 触发器的电路结构如图 3-21 所示。该电路在同步 RS 触发器的基础上增加了置 0 维持线、置 1 维持线和置 0 阻塞线、置 1 阻塞线等 4 条连线。增加了上述 4 条连线，使触发器仅在 CP 信号的上升沿才发生状态转移，而在其他时间触发器状态均保持不变。

图 3-21 维持-阻塞 RS 触发器的电路结构

维持线、阻塞线的作用分析如下。

假设 CP=0 时，S=0，R=1。由于 CP=0，使 $\overline{S}'_D=1$，$\overline{R}'_D=1$，触发器状态保持不变。此时，门 F 的输出 a=0，门 G 的输出 b=1。

当 CP 由 0 上跳至 1 时，由于 a=0，门 C 的输出 $\overline{R}'_D=1$，门 E 的输出 $\overline{S}'_D=0$。$\overline{S}'_D=0$ 使得：

① 将触发器置 1，使 Q=1；

② 通过置 0 阻塞线反馈至门 C 的输入端，将 C 封锁。此时，不管 a 如何变化，均使 $\overline{R}'_D = 1$，因此阻塞了将触发器置 0；

③ 通过 1 维持线反馈至门 G 的输入端，使 b=1，这样就使 $\overline{S}'_D = 0$，维持置 1 的功能。

由于置 0 阻塞线和置 1 维持线的作用，使得在 CP=1 期间，触发器状态不会再发生变化。当 CP 由 1 下跳至 0 以及 CP=0 期间，由于 $\overline{S}'_D = 1$，$\overline{R}'_D = 1$，触发器状态也不会发生变化。

假设 CP=0 时，S=1，R=0。此时门 F 的输出 a=1，门 G 的输出 b=0。

当 CP 由 0 上跳至 1 时，由于 b=0，使门 C 的输出 $\overline{R}'_D = 0$。$\overline{R}'_D = 0$ 使得：

① 将触发器置 0，使 Q=0；

② 通过置 1 阻塞线使得 $\overline{S}'_D = 1$，阻塞触发器置 1；

③ 通过置 0 维持线使 a=1，这样就使得 $\overline{R}'_D = 0$，维持置 0 的功能。

由此可见，由于维持-阻塞的作用，使得触发器仅在 CP 由 0 变到 1 的上升沿发生状态转移，而在其他时间状态均保持不变，因此，这是一种上升沿触发的触发器。

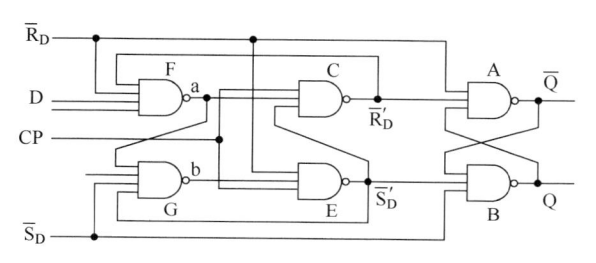

（2）维持-阻塞 D 触发器

维持-阻塞 D 触发器的电路结构如图 3-22 所示，图中 $\overline{S}_D$ 和 $\overline{R}_D$ 分别为直接异步置 1 和置 0 输入端。

图 3-22 维持-阻塞 D 触发器的电路结构

当 $\overline{R}_D = 0$、$\overline{S}_D = 1$ 时，$\overline{R}_D$ 封锁门 F，使 a=1；同时封锁门 E，使 $\overline{S}'_D = 1$。保证触发器可靠置 0。

当 $\overline{R}_D = 1$、$\overline{S}_D = 0$ 时，$\overline{S}_D$ 封锁门 G，使 b=1。当 CP=1 时，使 $\overline{S}'_D = 0$，从而使 $\overline{R}'_D = 1$。保证触发器可靠置 1。

当 $\overline{S}_D = 1$，$\overline{R}_D = 1$ 时，如果 CP=0，则触发器状态保持不变，此时 a=$\overline{D}$，b=D；当 CP 由 0 上跳至 1 时，使 $\overline{S}'_D = \overline{D}$，$\overline{R}'_D = D$，触发器状态发生转移。

$$Q^{n+1} = \overline{S}'_D + \overline{R}'_D Q^n = D \tag{3-10}$$

从而实现 D 触发器的逻辑功能。

上升沿触发 D 触发器的功能表如表 3-13 所示。

上升沿触发 D 触发器的逻辑符号如图 3-23 所示。

表 3-13 上升沿触发 D 触发器的功能表

$\overline{R}_D$	$\overline{S}_D$	CP	D	Q^{n+1}	$\overline{Q}^{n+1}$
0	1	×	×	0	1
1	0	×	×	1	0
1	1	↑	0	0	1
1	1	↑	1	1	0

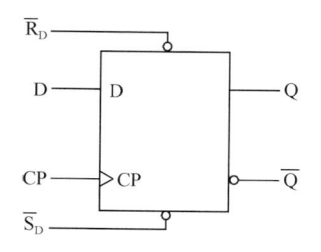

图 3-23 上升沿触发 D 触发器的逻辑符号

图中 CP 端没有小圆圈，表示 CP 上升沿到达时触发器状态发生转移。因此，可将上升沿触

发 D 触发器状态方程表示为

$$Q^{n+1}=[D] \cdot CP \uparrow \quad (3-11)$$

上升沿触发 D 触发器的时序图如图 3-24 所示。

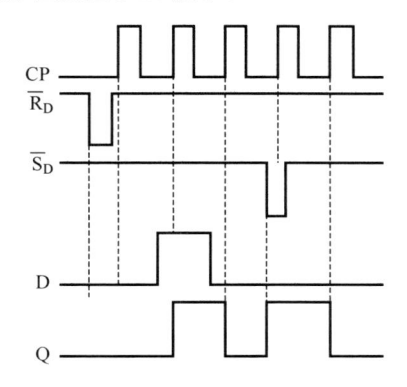

图 3-24 上升沿触发 D 触发器的时序图

2. 下降沿触发的边沿触发器

如图 3-25 所示为下降沿触发的 JK 触发器的电路结构,由门 A、C、D 和 B、E、F 分别构成基本触发器,由门 G 和 H 构成输入控制电路,其中 $\overline{R}_D$、$\overline{S}_D$ 分别为异步置 0 端和置 1 输入端。

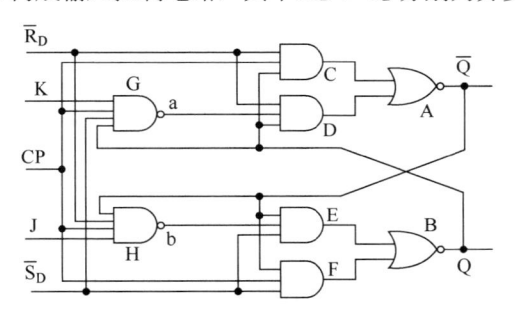

图 3-25 下降沿触发的 JK 触发器的电路结构

下面分析下降沿触发的边沿触发器的基本工作原理。

图 3-25 所示电路中,要实现正确的逻辑功能,必须具备的条件是输入控制门 G 和 H 的平均延迟时间比基本触发器的平均延迟时间要长,这一点可在制造时给予满足。在满足这一条件的前提下,分析其工作情况。

当 $\overline{R}_D=0$、$\overline{S}_D=1$ 时,门 C、D 输出均为 0,$\overline{Q}=1$;由于此时门 H 输出也为 1,因此门 E 输出为 1,使得 Q=0,从而实现置 0 功能。

当 $\overline{R}_D=1$、$\overline{S}_D=0$ 时,门 E、F 输出均为 0,Q=1;由于此时门 G 输出也为 1,因此门 D 输出为 1,使得 $\overline{Q}=0$,从而实现置 1 功能。

当 $\overline{R}_D=1$、$\overline{S}_D=1$ 时,如果 CP=1,则触发器状态保持不变。此时输入控制电路输出为

$$a = \overline{KQ^n}, \quad b = \overline{J\overline{Q}^n} \quad (3-12)$$

当 CP 由 1 下跳至 0 时,因为门 G 和门 H 的平均延迟时间大于基本触发器的平均延迟时间,所以 CP=0 首先封锁了门 C 和门 F,使其输出均为 0,门 A、B、D、E 构成了类似两个与非门组成的基本触发器,b 相当于 $\overline{S}_D$ 信号的作用,a 相当于 $\overline{R}_D$ 信号的作用,故有

$$Q^{n+1} = \overline{b} + aQ^n$$

在基本触发器状态转移完成之前,门 G 和门 H 输出保持不变,因此将式(3-12)代入,得

$$Q^{n+1} = \overline{\overline{J\overline{Q}^n} + \overline{\overline{K}Q^nQ^n}} = J\overline{Q}^n + \overline{K}Q^n \tag{3-13}$$

此后,门 G 和门 H 被 CP=0 封锁,输出均为 1,使得触发器状态维持不变。触发器在完成一次状态转移后,不会再发生多次翻转现象。

但是,如果门 G 和门 H 的平均延迟时间小于基本触发器的平均延迟时间,则在 CP 下跳至 0 后,门 G 和门 H 即被封锁,输出均为 1,使得触发器状态维持不变,就不能实现正确的逻辑功能要求。

由此可见,在稳定的 CP=0 和 CP=1 期间,触发器状态均维持不变,只有在 CP 下降沿(后沿)到达时刻,触发器才发生状态转移。故其是下降沿触发,状态方程为

$$Q^{n+1} = [J\overline{Q}^n + \overline{K}Q^n] \cdot CP\downarrow \tag{3-14}$$

下降沿触发的 JK 触发器功能表如表 3-14 所示。

表 3-14 下降沿触发的 JK 触发器功能表

$\overline{R}_D$	$\overline{S}_D$	CP	J	K	Q^{n+1}	$\overline{Q}^{n+1}$
0	1	×	×	×	0	1
1	0	×	×	×	1	0
1	1	↓	0	0	Q^n	$\overline{Q}^n$
1	1	↓	0	1	0	1
1	1	↓	1	0	1	0
1	1	↓	1	1	$\overline{Q}^n$	Q^n

其逻辑符号如图 3-26 所示,时序图如图 3-27 所示。

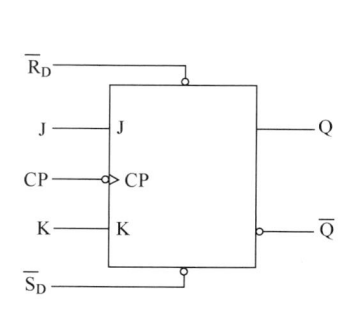

图 3-26 下降沿触发的 JK 触发器逻辑符号

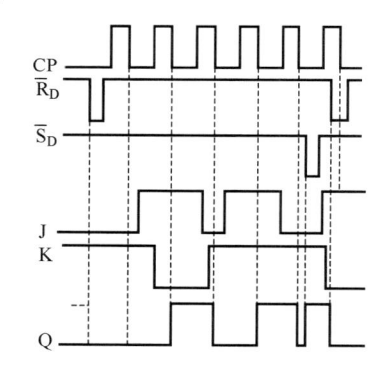

图 3-27 下降沿触发的 JK 触发器时序图

3. CMOS 传输门构成的边沿触发器

图 3-28 所示为利用 CMOS 传输门构成的一种边沿触发器,目前在 CMOS 集成电路中主要采用这种电路结构形式制作边沿触发器。

当 CP=0 时,C=0、$\overline{C}$=1,TG_1 导通、TG_2 截止,D 端的输入信号加到 FF_1,使 $Q_1=\overline{D}$。而且,在 CP=0 期间,Q_1 的状态将一直跟随 D 的状态而变化。同时,由于 TG_3 截止、TG_4 导通,FF_2 保持原来的状态不变。

当 CP 上升沿到达时,C=1、$\overline{C}$=0,TG_1 变为截止、TG_2 变为导通。由于反相器 G_1 输入电容的存储效应,G_1 输入端的电压不会立刻消失,于是 Q_1 在 TG_1 变为截止前的状态被保存了下来。同时,随着 TG_4 变为截止、TG_3 变为导通,Q_1 的状态通过 TG_3 和 G_3、G_4 被送到输出端,使 Q=D

（CP 上升沿到达时 D 的状态）。

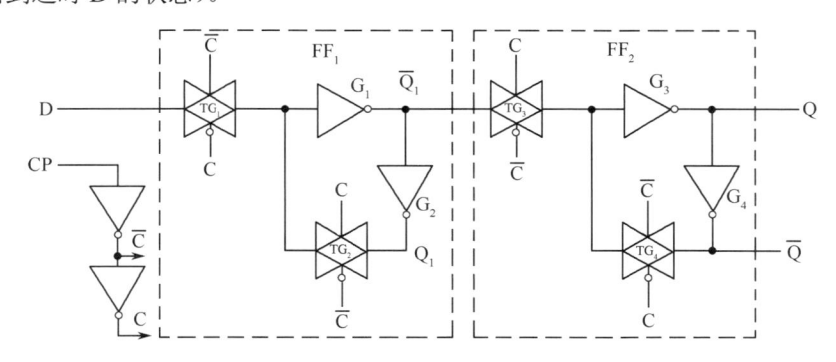

图 3-28 利用 CMOS 传输门构成的边沿触发器

由此可见，这种触发器的动作特点是输出端状态的转移发生在 CP 的上升沿，而且触发器所保存下来的状态仅仅取决于 CP 上升沿到达时的输入状态。由于触发器输出端状态的转移发生在 CP 的上升沿，因此这是一个上升沿触发的边沿触发器。由于触发器的输入信号是以单端 D 给出的，因此其称为 D 触发器，状态转移真值表如表 3-15 所示。

由于 D 触发器只有一个数据输入端 D，因此在使用时要比 RS 触发器和 JK 触发器更加方便。另外，绝大部分 D 触发器的触发翻转只发生在时钟脉冲的上升沿，而其前和其后 D 信号的变化对触发器的状态都没有影响，这就增加了 D 触发器的工作可靠性。因此，D 触发器在实际中应用最为广泛。

表 3-15 边沿 D 触发器的状态转移真值表

CP	D	Q^n	Q^{n+1}
0/1	×	×	Q^n
↑	0	0	0
↑	0	1	0
↑	1	0	1
↑	1	1	1

3.2.2 小规模时序逻辑电路的分析方法

时序逻辑电路的分析就是根据电路输入信号及时钟信号，分析电路状态和输出信号变化的规律，进而确定电路的逻辑功能。时序逻辑电路的分析方法与组合逻辑电路的分析方法类似，即根据给定的时序逻辑电路，分析出电路的逻辑功能。在分析之前，应先判断时序逻辑电路是同步时序逻辑电路还是异步时序逻辑电路，即确定电路的类型；再找出电路的逻辑功能，也就是电路的输入变量、时钟信号发生改变时，其状态变量及输出变量对应的响应规律。时序逻辑电路分析与组合逻辑电路分析也有区别：组合逻辑电路分析主要是根据已知电路，写出输出信号随输入信号变化的逻辑表达式，由真值表概括出电路的逻辑功能；时序逻辑电路分析主要利用状态转移真值表（后面简称状态转移表）、状态方程、状态转移图、时序图等工具。

3.2.2.1 同步时序逻辑电路分析方法

时序逻辑电路的逻辑功能是由其状态和输出信号的变化规律呈现出来的。因此，分析时序逻辑电路需要列出电路状态转移表或画出状态转移图、时序图。下面通过一个例子介绍时序逻辑电路的分析方法和步骤。

【例 3-1】 分析图 3-29 所示的时序逻辑电路。

解 该电路由 3 个 JK 触发器和一个与门组成，同一时钟脉冲（CP）控制各触发器状态的变化。因此，该电路为同步时序逻辑电路。具体功能分析步骤如下。

数字电路设计与实践

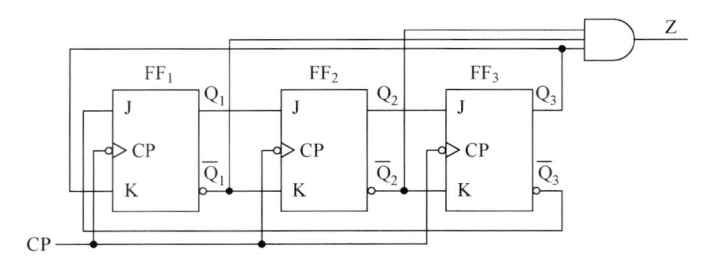

图 3-29 例 3-1 时序逻辑电路

（1）列出各级触发器的驱动方程：

$$J_1=\overline{Q_3^n},\quad K_1=Q_3^n$$
$$J_2=Q_1^n,\quad K_2=\overline{Q_1^n} \tag{3-15}$$
$$J_3=Q_2^n,\quad K_3=\overline{Q_2^n}$$

（2）将驱动方程代入触发器特性方程 $Q^{n+1}=J\overline{Q}+\overline{K}Q^n$，得到状态转移方程：

$$Q_1^{n+1}=J_1\overline{Q_3^n}+\overline{K_1}Q_1^n=\overline{Q_3^n} \tag{3-16}$$

（3）列出电路的输出方程：

$$Z=\overline{Q_3^n}\,\overline{Q_2^n}Q_1^n \tag{3-17}$$

触发器的驱动方程、状态转移方程和输出方程称为逻辑电路的逻辑方程或逻辑方程组。

（4）由状态转移方程和输出方程，列出电路的状态转移表，画出状态转移图和时序图。

将输入变量及存储电路的初始状态的取值（Q^n）代入状态转移方程和输出方程进行计算，求出存储电路在 CP 作用下的次态（Q^{n+1}）和输出值。将得到的次态 Q^{n+1} 作为新的初态 Q^n，与此时的输入变量一起再代入状态转移方程和输出方程进行计算，得到存储电路在 CP 作用下新的次态。如此往复，将计算结果列成真值表的形式，就得到状态转移表。由状态转移表，可以画出电路在输入及 CP 作用下输出及状态之间的转移关系，直观地显示出时序逻辑电路的状态转移情况。

由于该电路无输入，所以状态转移表只有现态 Q^n、次态 Q^{n+1} 和输出 Z。从初始状态出发（没有特殊说明，初始状态默认为 000），由式（3-16）计算得出状态转移表，如表 3-16 所示。

表 3-16 例 3-1 状态转移表

时钟脉冲数	Q_3^n	Q_2^n	Q_1^n	Q_3^{n+1}	Q_2^{n+1}	Q_1^{n+1}	Z
1	0	0	0	0	0	1	0
2	0	0	1	0	1	1	0
3	0	1	1	1	1	1	0
4	1	1	1	1	1	0	0
5	1	1	0	1	0	0	0
6	1	0	0	0	0	0	1
无效状态	0	1	0	1	0	1	0
	1	0	1	0	1	0	0

在表 3-16 中，有 6 个状态反复循环，这 6 个状态为有效状态。而采用 3 个触发器有 $2^3=8$ 个状态。除这 6 个有效状态外，还有另外 2 个状态（010，101）为无效状态或称为偏离状态。无效状态能在 CP 作用下自动转入有效循环状态的特性，称逻辑电路具有自启动特性；不能进入有效循环状态的称逻辑电路不具备自启动特性。

第3章 七进制计数器电路

为了了解电路的全部工作状态转移情况,必须将无效状态代入各触发器的状态转移方程(3-16)和输出方程(3-17)进行计算,得到完整的状态转移表。

根据状态转移表可以画出电路的状态转移图,如图 3-30 所示。在状态转移图中,圆圈内标明电路的各个状态,箭头指示状态的转移方向。箭头旁边标注状态转移前输入变量和输出变量的值,将输入变量值写在斜线上方,输出变量值写在斜线下方。由于本例中没有输入变量,因此斜线上方没有标注。

根据状态转移表和状态转移图,可以画出在一系列 CP 作用下的时序图,如图 3-31 所示。从时序图可以看出,在 CP 作用下,电路的状态和输出波形随时间变化。时序图用于在数字电路的计算机模拟和实验测试中检查电路的逻辑功能。

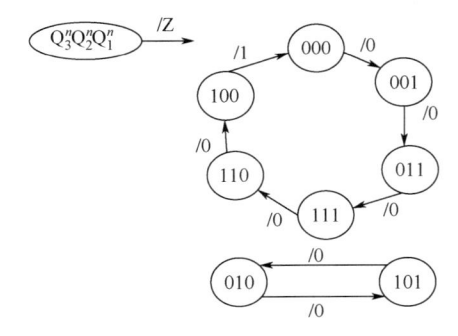

图 3-30 例 3-1 状态转移图

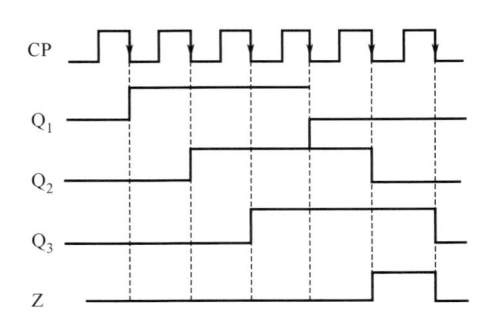

图 3-31 例 3-1 时序图

(5)分析该逻辑电路功能:该电路由 3 个 JK 触发器构成,有 6 个有效的循环状态、2 个无效状态。2 个无效状态在 CP 作用下不能回到有效状态,即不具备自启动功能。因此,该电路是一个不具备自启动特性的六进制计数器(或 6 分频器)。

由上面的分析可知,同步时序逻辑电路分析一般步骤如下。

(1)分析电路的组成,写出驱动方程(各个触发器输入信号的逻辑表达式)。

(2)把得到的驱动方程代入相应触发器的状态转移方程,即可得到各触发器次态输出的逻辑表达式。

(3)根据电路结构写出输出方程,即时序逻辑电路各个输出信号的逻辑表达式。

(4)列出状态转移表,画状态转移图及时序图(波形图)。

(5)总结时序逻辑电路的逻辑功能。

时序逻辑电路分析步骤框图如图 3-32 所示。

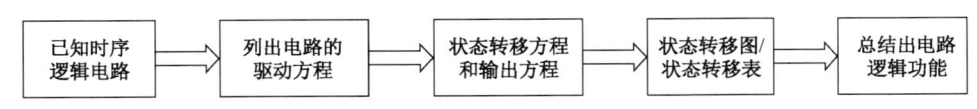

图 3-32 时序逻辑电路分析步骤框图

3.2.2.2 异步时序逻辑电路分析方法

在异步时序逻辑电路中,构成各触发器的时钟脉冲不是同一时钟脉冲,各级触发器状态转移不是在同一 CP 作用下同时发生转移的。异步时序逻辑电路的分析过程与同步时序逻辑电路的分析过程基本相同,只是在分析异步时序逻辑电路时,需要注意分析各触发器的时钟脉冲,在表示异步时序逻辑电路状态方程时,应加入时钟脉冲输入方程。可见,分析异步时序逻辑电路要比分析同步时序逻辑电路复杂。

数字电路设计与实践

【例 3-2】 分析图 3-33 所示异步时序逻辑电路的逻辑功能。

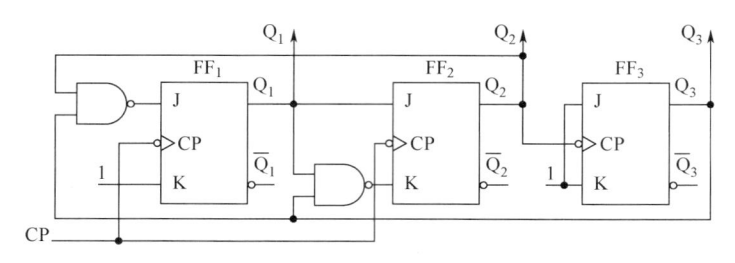

图 3-33　例 3-2 异步时序逻辑电路

解　该电路由 3 个 JK 触发器和 2 个与非门组成，触发器 FF_1 与触发器 FF_2 的时钟信号都是 CP，即 $CP_1=CP_2=CP$，下降沿触发。触发器 FF_3 的时钟信号是触发器 FF_2 的输出 Q_2，当 Q_2 由 1 向 0 跳变时刻，触发 FF_3，使触发器 FF_3 的状态 Q_3 发生转移。因此，触发器状态转移异步完成。具体分析过程如下。

（1）写出各触发器驱动方程：

$$J_1=\overline{Q_3^n Q_2^n}, \quad K_1=1$$
$$J_2=Q_1^n, \quad K_2=\overline{Q_3^n Q_2^n} \tag{3-18}$$
$$J_3=K_3=1$$

（2）将驱动方程代入触发器特性方程，同时标出它们各自的时钟方程。触发器逻辑符号 CP 端有圆圈表示下降沿触发，没圆圈表示上升沿触发，图 3-33 中为下降沿触发。

$$Q_1^{n+1}=\left(J_1\overline{Q_1^n}+\overline{K_1}Q_1^n\right)\cdot CP_1\downarrow = \overline{Q_3^n Q_2^n}\cdot\overline{Q_1^n}\cdot CP\downarrow$$
$$Q_2^{n+1}=\left(J_2\overline{Q_2^n}+\overline{K_2}Q_2^n\right)\cdot CP_2\downarrow = \left(\overline{Q_2^n}Q_1^n+Q_3^n Q_2^n Q_1^n\right)\cdot CP\downarrow \tag{3-19}$$
$$Q_3^{n+1}=\left(J_3\overline{Q_3^n}+\overline{K_3}Q_3^n\right)\cdot CP_3\downarrow = \overline{Q_3^n}\cdot Q_2^n\downarrow$$

（3）由状态方程推出电路的状态转移表，如表 3-17 所示。

表 3-17　例 3-2 状态转移表

CP	Q_3^n	Q_2^n	Q_1^n	Q_3^{n+1}	Q_2^{n+1}	Q_1^{n+1}	CP_3	CP_2	CP_1
1	0	0	0	0	0	1	0		
2	0	0	1	0	1	0			
3	0	1	0	1	0	1			
4	1	0	1	1	1	0			
5	1	1	0	0	0	0			
无效状态	0	1	1	1	0	0			
	1	0	0	1	0	1	0		
	1	1	1	1	1	0	1		

注意： 在推导状态转移表时应注意异步时序逻辑电路的特点，各级触发器只有在它的 CP 端有下降沿输入信号时，才可能改变状态。

（4）由状态转移表画出逻辑电路的状态转移图和时序图，分别如图 3-34 和图 3-35 所示。

（5）由上述分析可得，图 3-33 所示的异步时序逻辑电路是可自启动的异步五进制计数器。

第 3 章 七进制计数器电路

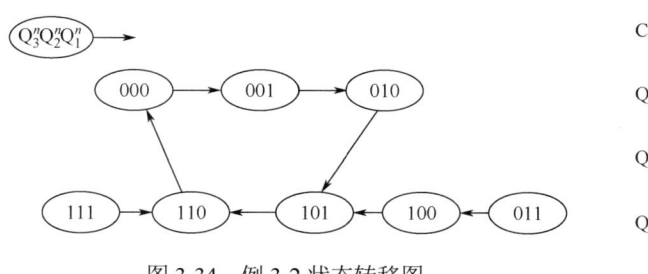

图 3-34 例 3-2 状态转移图

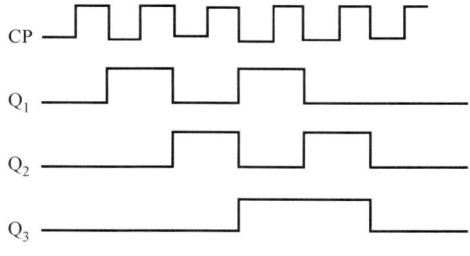

图 3-35 例 3-2 时序图

3.2.3 小规模时序逻辑电路的设计方法

3.2.3.1 同步时序逻辑电路设计方法

同步时序逻辑电路的设计有时也称为同步时序逻辑电路的综合，它是时序逻辑电路分析的逆过程，即根据特定的逻辑要求，采用最少的逻辑资源，设计出能实现其逻辑功能的时序逻辑电路。设计思路是：先根据实际需要画出状态转移图，由状态转移图逆推出状态转移表；再由状态转移表推导出驱动方程和输出方程，依据这些方程就可以设计出符合要求的实际电路。下面举例说明同步时序逻辑电路设计方法。

【例 3-3】 设计一个 7 分频器电路。

解 （1）根据题意，7 分频器也可看成模 7 计数器，输入 7 个时钟脉冲，输出 1 个高电平。因此，分频器有 7 个状态，画出原始状态转移图，如图 3-36 所示。

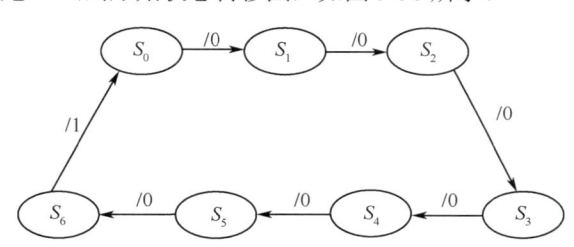

图 3-36 例 3-3 原始状态转移图

（2）由于原始状态转移图中无重复状态，已经是最简，因此无须化简。

（3）由状态数 M 与编码位数 n 之间的关系 $2^{n-1}<M \leq 2^n$，取状态编码位数 $n=3$。

若采用自然二进制编码，则 7 个状态分别为：$S_0=000$，$S_1=001$，$S_2=010$，$S_3=011$，$S_4=100$，$S_5=101$，$S_6=110$，由编码后的状态得到状态转移表，如表 3-18 所示。

表 3-18 例 3-3 状态转移表

Q_2^n	Q_1^n	Q_0^n	Q_2^{n+1}	Q_1^{n+1}	Q_0^{n+1}	Z
0	0	0	0	0	1	0
0	0	1	0	1	0	0
0	1	0	0	1	1	0
0	1	1	1	0	0	0
1	0	0	1	0	1	0
1	0	1	1	1	0	0
1	1	0	0	0	0	1

103

（4）根据状态转移表，可以作出次态的卡诺图和输出函数的卡诺图，如图 3-37 所示。

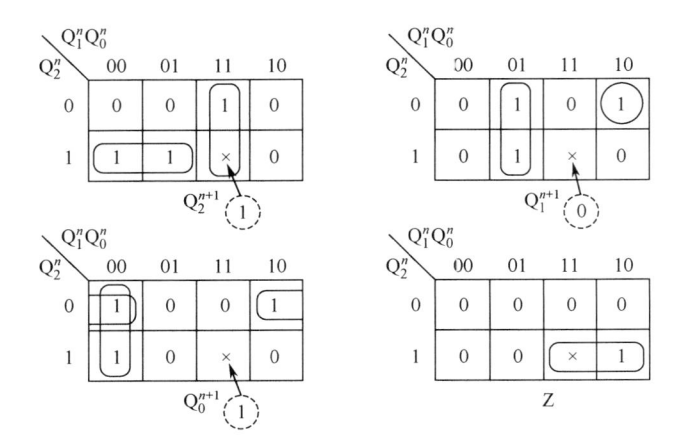

图 3-37　例 3-3 卡诺图

在状态转移表中 111 状态（无效状态）未出现，卡诺图相应方格以任意项处理。对卡诺图化简，可以得到各触发器的状态转移方程及输出方程。

状态转移方程为

$$Q_2^{n+1} = Q_1^n Q_0^n + \overline{Q_1^n} \, \overline{Q_2^n}$$
$$Q_1^{n+1} = \overline{Q_2^n} \, \overline{Q_0^n} Q_1^n + Q_0^n \overline{Q_1^n} \tag{3-20}$$
$$Q_0^{n+1} = \overline{Q_1^n} \, \overline{Q_0^n} + \overline{Q_2^n} \, \overline{Q_0^n}$$

输出方程为

$$Z = Q_2^n Q_1^n \tag{3-21}$$

确定状态转移方程后，需要检查电路是否具有自启动特性。如果电路不能自启动，一旦进入无效状态，电路就进入死循环，如果出现这种情况，一般需要修改设计。修改方法是，打断无效状态的循环，使其某一无效状态在时钟作用下转移到有效状态中去。因为在原设计时，无效状态是作为任意项处理的，没有确定的转移方向。本例中只有一个无效状态 111，将无效状态 111 代入状态转移方程，下一状态为 100。因此，一旦分频器受到干扰进入无效状态，在时钟信号的作用下，分频器将从无效状态进入循环体，具有自启动性能。如果本例中无效状态 111 不能回到有效循环体，则存在堵塞。可将 111 转移方向指向有效循环体内的任意状态，如 101 状态，则将 Q_2^{n+1} 卡诺图中的 111 格变为 1，Q_1^{n+1} 卡诺图中的 111 格变为 0 格，Q_0^{n+1} 卡诺图中的 111 格变为 1 格，如图 3-37 中虚线所示。Q_2^{n+1}、Q_1^{n+1} 的化简不变，$Q_0^{n+1} = \overline{Q_1^n} \, \overline{Q_0^n} + \overline{Q_2^n} \, \overline{Q_0^n} + Q_2^n Q_1^n \overline{Q_0^n}$。

若采用 JK 触发器，由状态转移方程 $Q^{n+1} = J\overline{Q^n} + \overline{K}Q^n$ 可得

$$J_2 = Q_1^n Q_0^n, \quad K_2 = Q_1^n \overline{Q_0^n}$$
$$J_1 = Q_0^n, \quad K_1 = \overline{\overline{Q_2^n} \, \overline{Q_0^n}} \tag{3-22}$$
$$J_0 = \overline{Q_2^n Q_1^n}, \quad K_0 = 1$$

（5）由式（3-21）及式（3-22）可画出具有自启动特性的 7 分频器电路，如图 3-38 所示。
由上述设计步骤可以归纳出时序逻辑电路的设计过程，如图 3-39 所示。
同步时序逻辑电路设计的一般步骤如下。

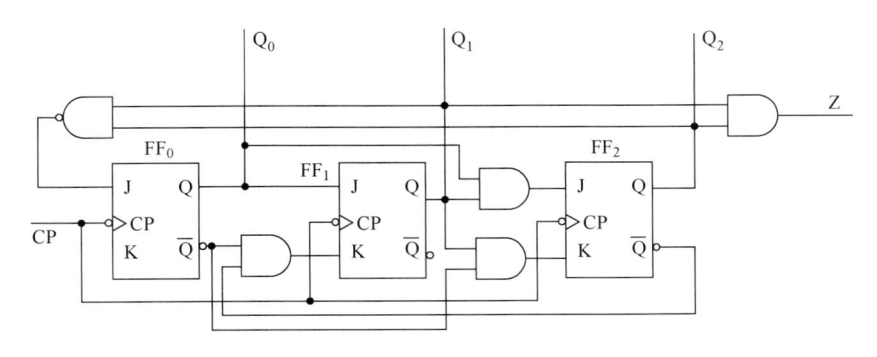

图 3-38　例 3-3 的逻辑电路

（1）建立原始状态转移图和原始状态转移表。

将对时序逻辑电路的一般文字描述变成电路的输入、输出及状态关系的说明，进而形成原始状态转移图和原始状态转移表。因此，原始状态转移图和原始状态转移表分别用图形和表格形式将设计要求描述出来，它是时序逻辑电路设计的关键一步，是后继设计步骤的依据。创建时，要分清有多少种信息状态需要记忆，根据输入的条件和输出的要求确定各状态之间的关系，进而得到原始状态转移图和原始状态转移表。

（2）原始状态化简。

在构成的原始状态转移图和原始状态转移表中，可能存在可以合并的多余状态，而状态个数的多少直接影响时序逻辑电路所需触发器的数目。若不消除这些多余状态，势必增加电路成本及复杂性。因此，必须消除多余状态，求得最简状态转移表。状态合并或状态化简是建立在状态等价概念基础上的，状态等价是指在原始状态转移图中两个或两个以上状态，在输入相同的条件下，不仅两个状态对应输出相同，两个状态的转移效果也完全相同。S_1 和 S_2 是等价的，记作 (S_1, S_2)。凡是等价状态都可以合并。

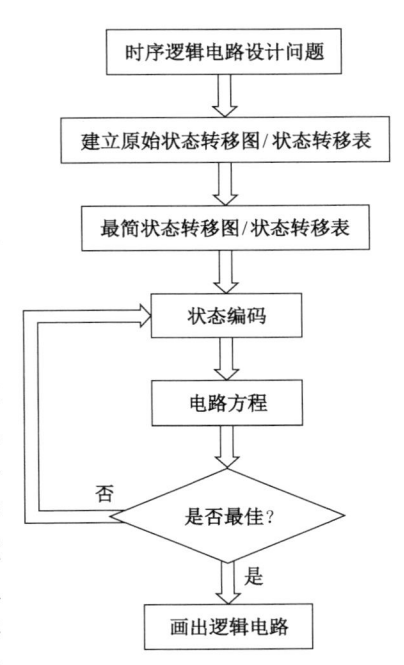

图 3-39　时序逻辑电路设计过程图

（3）状态编码。

对化简后的状态转移表进行状态赋值，称为状态编码或状态分配。把状态转移表中用文字符号标注的每个状态用二进制代码表示，得到简化的二进制状态转移表。编码的方案将影响电路的复杂程度。编码方案不同，设计出的电路结构也就不同。适当的编码方案，可以使设计结构更简单。状态编码一般遵循一定的规律，如采用自然二进制编码等。编码方案确定后，根据简化的状态转移图画出采用编码形式表示的状态转移图及状态转移表。

（4）选择触发器类型。

时序逻辑电路的状态是用触发器状态的不同组合来表示的。在选定触发器的类型后，需要确定触发器的个数及各触发器的激励输入。因为 n 个触发器有 2^n 种状态组合，为了获得时序逻辑电路所需的 M 个状态，必取 $2^{n-1} < M \leq 2^n$。根据最简状态转移表中状态的个数，选定触发器类型及数量，列出激励表，并求出激励函数和输出函数的逻辑表达式。

（5）画出逻辑电路，检查自启动能力。

一般来说，同步时序逻辑电路设计按上面 5 个步骤进行。但是，对于某些特殊的同步时序逻辑电路，由于状态数量和状态编码方案都已给定，因此，上述设计步骤中的状态化简和状态编码就可以忽略，即可从第（1）步直接跳到第（4）步。

【例3-4】 设计一个二进制序列信号检测电路。当串行输入序列中连续输入3个或3个以上的1时，检测电路输出为1，其他情况输出为0。

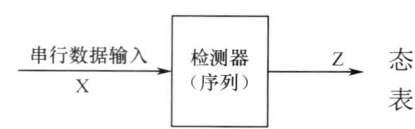

解 时序逻辑电路设计要先分析题目功能要求，再设置状态，画出状态转移图及逻辑电路等。本例中串行输入数据用 X 表示，输出变量用 Z 表示，如图3-40所示。

S_0：检测器初始状态，即没有接收到1，输入 X=0 时的状态，此时输出为0。

图 3-40　例 3-4 示意图

S_1：X 输入一个 1 以后检测器的状态，此时输出为0。

S_2：X 连续输入两个 1 以后检测器的状态，此时输出为0。

S_3：X 连续输入三个或三个以上 1 以后检测器的状态，此时输出为1。

根据题意可作出原始状态转移图及原始状态转移表，分别如图3-41（a）及表3-19所示。从表 3-19 可以看出，S_2 与 S_3 输出相同、下一状态也相同，为等价状态，因此可以将这两个状态合并成一个状态，合并之后的最简状态转移图如图3-41（b）所示。

（a）原始状态转移图　　　　（b）最简状态转移图

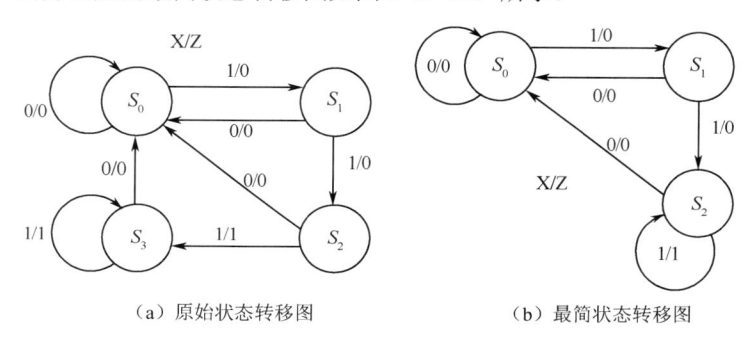

图 3-41　例 3-4 原始状态转移图及最简状态转移图

由于最简状态转移图中只有 3 个状态，因此，应取触发器的位数为 2。2 位二进制数共有 4 种组合，即 00，01，10，11。那么用哪些代码表示这 3 种状态呢？要遵循代码分配原则：当两个以上状态具有相同的下一状态时，它们的代码尽可能安排为相邻代码。相邻代码是指两个代码中，只有一个变量取值不同，其余变量均相同。如果取触发器 Q_1Q_0 的状态 00，01，11 分别代表 S_0，S_1，S_2，则可以作出状态分配后的状态转移表，如表3-20所示。

表 3-19　原始状态转移表

$S(t)$	次态 $N(t)$		输出 Z	
现态	X=0	X=1	X=0	X=1
S_0	S_0	S_1	0	0
S_1	S_0	S_2	0	0
S_2	S_0	S_3	0	1
S_3	S_0	S_3	0	1

表 3-20　状态分配后的状态转移表

X	Q_1^n	Q_0^n	Q_1^{n+1}	Q_0^{n+1}
0	0	0	0	0
0	0	1	0	0
0	1	0	×	×
0	1	1	0	0
1	0	0	0	1
1	0	1	1	1
1	1	0	×	×
1	1	1	1	1

第 3 章 七进制计数器电路

为了选择触发器和确定触发器的激励输入，由状态转移表出发，通过卡诺图化简（见图 3-42），求出状态转移方程和输出方程，然后由状态转移方程确定触发器的激励输入。

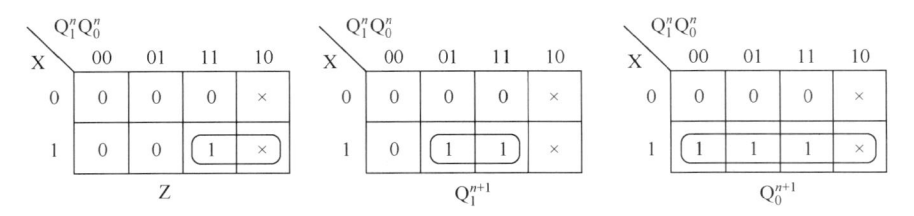

图 3-42 例 3-4 次态及输出卡诺图

经化简后，得到电路的状态方程及输出方程为

$$\begin{cases} Q_1^{n+1} = XQ_0^n \\ Q_0^{n+1} = X \end{cases} \quad (3\text{-}23)$$

$$Z = X Q_1^n$$

若采用 JK 触发器，根据状态转移方程 $Q^{n+1}=J\overline{Q}^n+\overline{K}Q^n$，可以得出 $J_1=XQ_0^n$，$K_1=XQ_0^n$，$J_0=X$，$K_0=\overline{X}$，逻辑电路如图 3-43 所示。

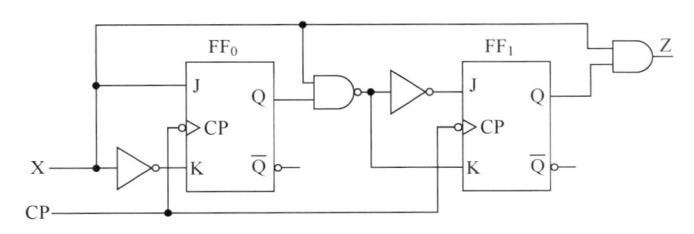

图 3-43 例 3-4 采用 JK 触发器的逻辑电路

若采用 D 触发器，由状态转移方程 $Q^{n+1}=D$，则 $D_1=XQ_0^n$，$D_0=X$，逻辑电路如图 3-44 所示。

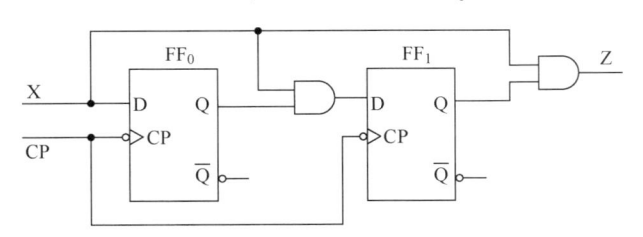

图 3-44 例 3-4 采用 D 触发器的逻辑电路

在时序逻辑电路设计中，对原始状态的化简初学者感觉比较困难，上例中没有将所有可能出现的原始状态均列出，而采用比较简单的方式表示原始状态。对于原始状态较多的时序逻辑电路设计，可采用隐含表法进行原始状态化简，通过对隐含表中所有状态的比较，可以确定它们是否等效，从而达到简化状态的目的。下面通过例题介绍这种方法。

【例 3-5】 已知原始状态转移表如表 3-21 所示，试写出它的最简状态转移表。

解 本例给出在状态变量 X 分别取 0 和 1 时次态及输出的状态转移表，有 7 种现态。可采用隐含表法进行化简，一般分三步进行。

（1）作隐含表，寻找等价状态对，如图 3-45 所示。

隐含表是一个直角三角形网格，横向和纵向格数相同，即等于原始状态转移表中的状态数减

数字电路设计与实践

1，纵向去头（即去掉 A），横向去尾（即去掉 G）。隐含表中的方格用状态名称来标注，即横向从左至右按原始状态转移表中的状态顺序依次标上第一个状态至倒数第二个状态的状态名称。纵向自上至下依次标上第二个状态至最后一个状态的状态名称。图 3-45（a）就是原始状态转移表 3-21 所对应的隐含表。表中每个方格代表一个状态对，如左上角的方格代表状态对 AB，右下角的方格代表状态对 FG。通过对隐含表中所有状态对的比较，确定它们是否等效。比较结果用简明的方式填入相应的方格内，而比较的次序无关紧要，但不应遗漏。

表 3-21 例 3-5 原始状态转移表

现态 $S(t)$	次态 $N(t)$		输出 $Z(t)$	
	X=0	X=1	X=0	X=1
A	C	B	0	1
B	F	A	0	1
C	D	G	0	0
D	D	E	1	0
E	C	E	0	1
F	D	G	0	0
G	C	D	1	0

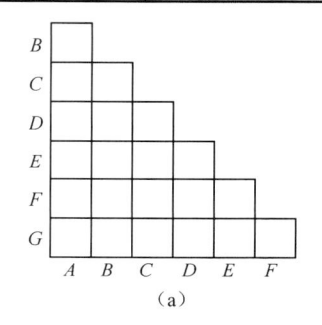

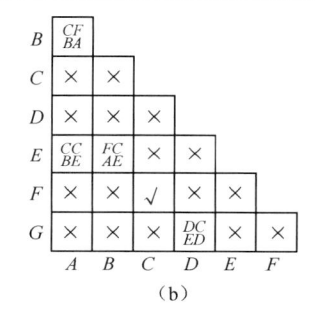

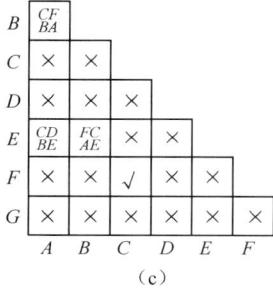

图 3-45 例 3-5 隐含表

对照例 3-5 的原始状态转移表，首先作出图 3-45（b）。两个状态进行比较时有 3 种情况：①原始状态转移表中，两个状态的输出不相同，即这两个状态不是等价状态，不能合并，则在对应的方格中填"×"。例如，$A-C$、$A-D$、$A-F$、$A-G$、$B-C$、$B-D$、$B-F$、$B-G$、$C-D$、$C-E$、$C-G$、$D-E$、$D-F$、$E-F$、$E-G$、$F-G$ 方格在图 3-45（b）中均填"×"。②在原始状态转移表中，比较任意两个状态，如果在任何输入条件下输出都相同，所对应的次态也相同，或者为原状态对，即这两个状态等价，可以合并，则在对应的方格中填"√"。例如，$C-F$ 方格在图 3-45（b）中填"√"。③在原始状态转移表中，若两个状态在任何输入条件下输出都相同，但相应的次态在有些输入条件下不相同，则将这些次态对填入相应的方格。例如，$A-B$、$A-E$、$B-E$、$D-G$ 方格中填入相应的两对次态对。填入各次态对的方格，如 $\boxed{\begin{array}{c}CF\\BA\end{array}}$ 中，表示 C、F 和 B、A 两对状态是状态 A 和 B 等价的隐含条件。现在进一步对图 3-45（b）中那些尚未确定是否等效的状态进行判别，即判断含有隐含条件的状态对是否满足等价条件。如果该状态对中的隐含条件有一个不满足等价条件，该状态对不是等价状态对，不能合并，则在图 3-45（b）中相应的方格内改填"×"。这样逐次逐格判断，直到将所有不等价的状态对都排除为止。图 3-45（b）中 $D-G$ 方格内的隐

第 3 章 七进制计数器电路

含条件为 $\boxed{\begin{array}{c}DC\\ED\end{array}}$，由于状态 D 和 C 不等价，因此状态 D 和 G 不等价，则该方格内改填"×"，如图 3-45（c）所示。图 3-45（c）称为最简隐含表。由最简隐含表可以看出，凡是方格中记有"×"的状态对均为非等价状态对。记有"√"的状态对为等价状态对。又由于 A、B 两状态的隐含条件 $\boxed{\begin{array}{c}CF\\BA\end{array}}$，$A$、$E$ 两状态的隐含条件 $\boxed{\begin{array}{c}CC\\BE\end{array}}$，$B$、$E$ 两状态的隐含条件 $\boxed{\begin{array}{c}FC\\AE\end{array}}$ 均满足等价条件，因此 AB、AE、BE 3 个状态对均为等价状态。这样，就寻找出了原始状态转移表中所有的等价状态对，它们是 (C,F)、(A,B)、(A,E)、(B,E)。

（2）根据等价状态的性质找出最大等价类。若已知等价状态对 (S_1,S_2) 和 (S_2,S_3)，则状态对 (S_1,S_3) 也为等价状态对，这种性质称为等价关系的传递性。若干相互等价的状态组成一个等价状态类，简称等价类。例如，由 (S_1,S_2)、(S_2,S_3) 可以写出等价类 (S_1,S_2,S_3)。最大等价类就是不被任何别的等价类所包含的等价类。在原始状态转移表中，等价状态对为 (C,F)、(A,B)、(A,E)、(B,E)。根据等价关系的传递性，等价状态对 (A,B)、(A,E)、(B,E) 组成等价类 (A,B,E)。(C,F) 也是等价类。由于 (A,B,E) 和 (C,F) 互不包含在对方的等价类中，因此 (A,B,E) 和 (C,F) 都是最大等价类。状态 D 和 G 不与任何其他状态等价，因此，它们本身也是一个最大等价类。本例原始状态转移表中的全部最大等价类为 (A,B,E)、(C,F)、(D)、(G)。寻找最大等价类也可采用作图法。如图 3-46 所示，将原始状态转移表中所有状态以"点"的形式均匀地标在圆周上，然后将各等价状态对用直线相连。若干顶点之间两两均有连线的组成最大多边形，此最大多边形的各顶点所代表的状态就组成一个最大等价类。从图 3-46 看出，A、B、E 各顶点两两之间均有连线相连。因此，(A,B,E) 组成一个最大等价类，(C,F) 也组成一个最大等价类。

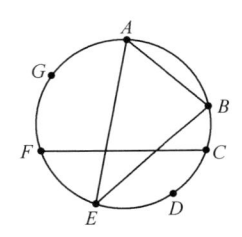

图 3-46 作图法确定最大等价类

选取最大等价类组成等价类集，等价类集同时具备最小、闭合和覆盖 3 个条件，简称具有"最小闭覆盖"的等价类集。覆盖是指等价类集（包括最大等价类）中包含原始状态转移表中的全部状态；闭合是指一个等价类（包括最大等价类）集合中，任一等价类的所有隐含条件都包含在该等价类集合中；最小是指满足覆盖和闭合的等价类集合中所含等价类的种类数最少。在本例中，由 (A,B,E)、(C,F)、(D)、(G) 组成具有"最小闭覆盖"性质的等价类集。

（3）作出最简状态转移表。

将各等价类集中的状态合并，在本例中令 $(A,B,E)=S_0$、$(C,F)=S_1$、$(D)=S_2$、$(G)=S_3$，对照原始状态转移表可以写出最简状态转移表，如表 3-22 所示。

表 3-22 例 3-5 最简状态转移表

现态 $S(t)$	次态 $N(t)$		输出 $Z(t)$	
	X=0	X=1	X=0	X=1
S_0	S_1	S_0	0	1
S_1	S_2	S_3	0	0
S_2	S_2	S_0	1	0
S_3	S_1	S_2	1	0

3.2.3.2 异步时序逻辑电路设计方法

异步时序逻辑电路的设计方法与同步时序逻辑电路的设计方法相似，不同之处

数字电路设计与实践

是异步时序逻辑电路的各个触发器状态转移不是同时进行的,所以需要考虑各个触发器时钟信号的选定。

下面通过一个具体例子介绍异步时序逻辑电路的设计过程。

【例 3-6】 设计具有自启动功能的异步十进制减法计数器。

解 由题意可知,电路有 10 个有效状态,触发器的个数 n 要满足 $2^{n-1}<10\leq 2^n$,因此需要 4 个触发器,状态变量有 Q_3^n,Q_2^n,Q_1^n,Q_0^n 共 4 个。状态转移表如表 3-23 所示。

表 3-23 例 3-6 状态转移表

序号	Q_3^n	Q_2^n	Q_1^n	Q_0^n	Q_3^{n+1}	Q_2^{n+1}	Q_1^{n+1}	Q_0^{n+1}	十进制数	借位输出 B
0	0	0	0	0	1	0	0	1	0	1
1	1	0	0	1	1	0	0	0	9	0
2	1	0	0	0	0	1	1	1	8	0
3	0	1	1	1	0	1	1	0	7	0
4	0	1	1	0	0	1	0	1	6	0
5	0	1	0	1	0	1	0	0	5	0
6	0	1	0	0	0	0	1	1	4	0
7	0	0	1	1	0	0	1	0	3	0
8	0	0	1	0	0	0	0	1	2	0
9	0	0	0	1	0	0	0	0	1	0

由状态转移表可以画出状态转移图,如图 3-47 所示。接下来的工作就是选择触发器类型和各个触发器的时钟信号。为了方便选择各个触发器的时钟信号,可以画出电路的时序图,如图 3-48 所示。

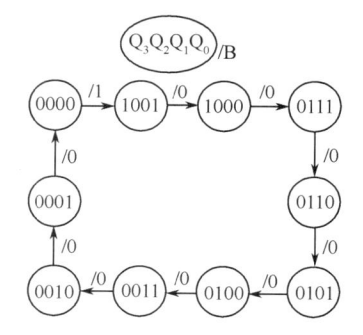

图 3-47 例 3-6 状态转移图

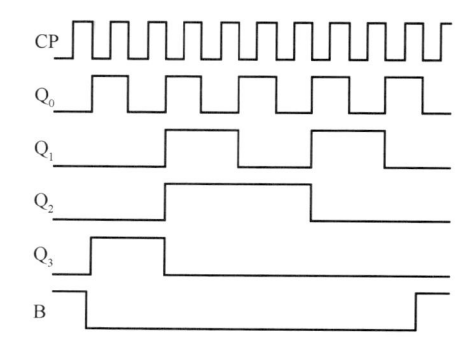

图 3-48 例 3-6 时序图

异步时序逻辑电路选择触发器时钟信号的原则是:

(1)触发器的状态需要翻转的时候,必须有时钟信号输入;

(2)触发器的状态不需要翻转的时候,多余的时钟信号越少越好。

第 K 级触发器的时钟信号可以从计数脉冲以及第 1 级至第 $K-1$ 级触发器的输出信号中选取。根据上述两个原则及电路的时序图,选定第一个触发器的时钟信号为 CP,即计数器输入时钟脉冲 $CP_0=CP$;第二个触发器在序号 2→3、4→5、6→7、8→9 时刻发生跳变,要求此刻有时钟脉冲下降沿到来,这时第一个触发器的输出 $\overline{Q}_0$ 有下降沿到来(Q_0 有上升沿产生),CP 也有下降沿到来,所以第二个触发器 Q_1 的时钟信号可以是 CP 也可以是第一个触发器输出 $\overline{Q}_0$(上升沿时用 Q_0),由时钟选取原则可知,选择 $\overline{Q}_0$ 作为第二个触发器的触发脉冲,$CP_1=\overline{Q}_0$;第三个触发器 Q_2 在序号 2→3、6→7 时刻发生状态翻转,因此在这两个时刻要有触发脉冲到来。这时第二个触发器输出 $\overline{Q}_1$

第3章 七进制计数器电路

有下降沿到来,第一个触发器的输出 $\overline{Q}_0$ 有下降沿到来,CP 也有下降沿到来。根据时钟选择原则,可以在 CP、$\overline{Q}_0$ 及 $\overline{Q}_1$ 中选择,此处选择 $\overline{Q}_1$ 作为第三个触发器的触发脉冲,$CP_2=\overline{Q}_1$;第四个触发器在序号 0→1、2→3 两个时刻发生状态转移,在这两个时刻,第二个触发器及第三个触发器输出没有产生下降沿,而第一个触发器的输出 $\overline{Q}_0$ 在这两个时刻有下降沿产生,CP 也有下降沿产生,根据时钟脉冲选择原则,选择第一个触发器的输出 $\overline{Q}_0$ 作为第四个触发器的触发脉冲,$CP_3=\overline{Q}_0$。

根据各触发器的时钟信号,化简状态转移表,求出各级触发器在各自被触发时刻的状态转移情况,将不被触发的转移状态作为任意态处理。例如,触发器 1 的输出 $\overline{Q}_0$(或 Q_0)下降(或上升)沿作为触发器 2 和触发器 4 的触发信号,在序号 0、2、4、6、8 这些时刻受计数脉冲触发后,$\overline{Q}_0$ 产生下降沿(Q_0 产生上升沿)触发信号。因此,在这些时刻可以作出触发器 2 和触发器 4 的状态转移,而在其余时刻,$\overline{Q}_0$ 不会产生下降沿,触发器 2 和触发器 4 不被触发,其状态转移可以作任意态处理。依次类推,于是得到简化的状态转移表,如表 3-24 所示。

表 3-24 简化的状态转移表

序号	Q_3^n	Q_2^n	Q_1^n	Q_0^n	Q_3^{n+1}	Q_2^{n+1}	Q_1^{n+1}	Q_0^{n+1}	十进制数	借位输出 B
0	0	0	0	0	1	×	0	1	0	1
1	1	0	0	1	×	×	×	0	9	0
2	1	0	0	0	0	1	1	1	8	0
3	0	1	1	1	×	×	×	0	7	0
4	0	1	1	0	0	×	0	1	6	0
5	0	1	0	1	×	×	×	0	5	0
6	0	1	0	0	0	0	1	1	4	0
7	0	0	1	1	×	×	×	0	3	0
8	0	0	1	0	0	0	0	1	2	0
9	0	0	0	1	×	×	×	0	1	0

画出电路的次态及输出卡诺图,如图 3-49 所示。其中,$Q_3^n Q_2^n Q_1^n Q_0^n$ 等于 1010~1111 这 6 个状态为无效状态。

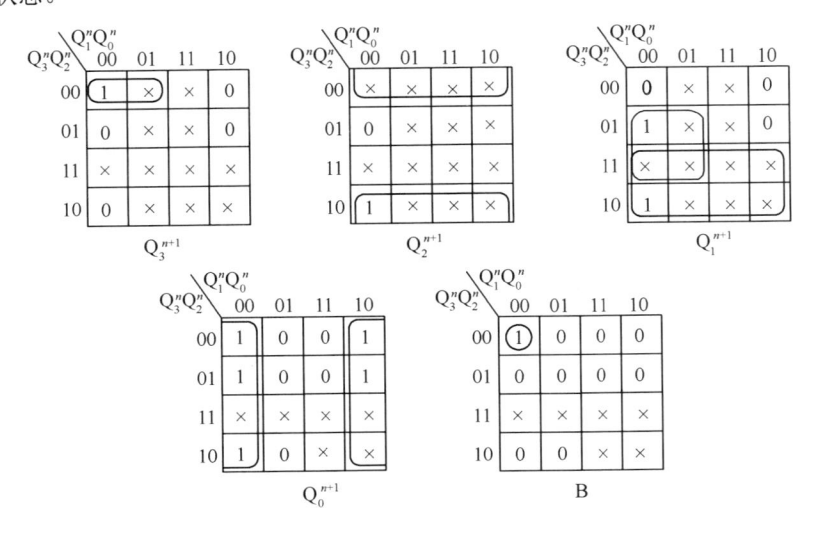

图 3-49 例 3-6 卡诺图

将卡诺图进行化简,可以得到电路的状态方程及输出方程:

$$\begin{cases} Q_3^{n+1} = \overline{Q}_3^n \overline{Q}_2^n \overline{Q}_1^n \cdot CP_3 \\ Q_2^{n+1} = \overline{Q}_2^n \cdot CP_2 \\ Q_1^{n+1} = \left(\overline{Q}_3^n \overline{Q}_2^n \overline{Q}_1^n\right) \cdot CP_1 \\ Q_0^{n+1} = \overline{Q}_0^n \cdot CP_0 \end{cases} \quad (3\text{-}24)$$

$$\begin{cases} Q_3^{n+1} = \left(\overline{Q}_2^n \overline{Q}_1^n \overline{Q}_3^n + 0 \cdot \overline{Q}_3^n\right) \cdot Q_0^n \downarrow \\ Q_2^{n+1} = \left(1 \cdot \overline{Q}_2^n + 0 \cdot Q_2^n\right) \cdot \overline{Q}_1^n \downarrow \\ Q_1^{n+1} = \left[\left(\overline{Q}_3^n + \overline{Q}_2^n\right)\overline{Q}_1^n + Q_3^n \cdot Q_1^n\right] \cdot \overline{Q}_0^n \downarrow \\ \qquad = \left(\overline{\overline{Q}_3^n \overline{Q}_2^n} \overline{Q}_1^n + Q_3^n \cdot Q_1^n\right) \cdot \overline{Q}_0^n \downarrow \\ Q_0^{n+1} = \left(1 \cdot \overline{Q}_0^n + 0 \cdot Q_0^n\right) \cdot CP \downarrow \end{cases} \quad (3\text{-}25)$$

$B = \overline{Q}_3^n \cdot \overline{Q}_2^n \cdot \overline{Q}_1^n \cdot \overline{Q}_0^n$

若采用 JK 触发器，由式（3-25）得到电路的驱动方程为

$$\begin{cases} J_3 = \overline{Q}_2^n \overline{Q}_1^n, K_3 = 1 \\ J_2 = K_2 = 1 \\ J_1 = \overline{\overline{Q}_3^n \overline{Q}_2^n}, K_1 = \overline{Q}_3^n \\ J_0 = K_0 = 1 \end{cases} \quad (3\text{-}26)$$

由驱动方程和输出方程，可以画出逻辑电路，如图 3-50 所示。

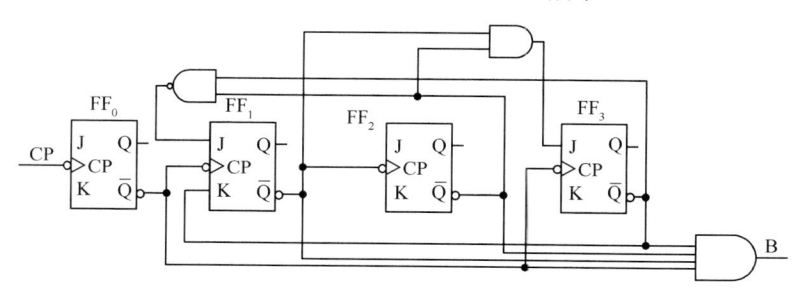

图 3-50 例 3-6 异步十进制减法计数器的逻辑电路

将 1010～1111 这 6 个状态代入状态方程求得它们的次态，结果表明电路可以自启动。电路的状态转移图如图 3-51 所示。

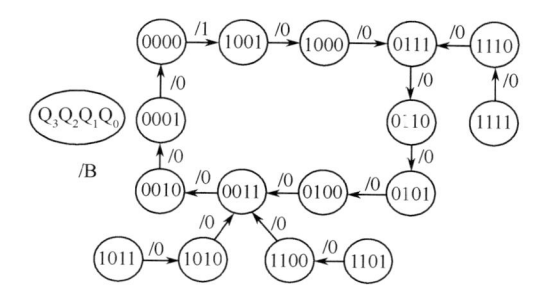

图 3-51 例 3-6 状态转移图

3.3 电路设计及仿真

3.3.1 设计过程

串行数据检测电路设计要求：要求检测"1111"，当最后一个"1"出现后，输出高电平，X 为输入，Y 为输出。

图 3-52 所示为状态转移图，其中图 3-52（a）是 5 状态的状态转移图，可以看出 110 状态和 010 状态为等价状态，所以可以得出 4 状态的状态转移图，如图 3-52（b）所示。4 个状态需要 2 个触发器来存储。设 Q_1、Q_0 代表存储状态的触发器的输出。由图 3-52（b）可以得到状态转移表，如表 3-25 所示。

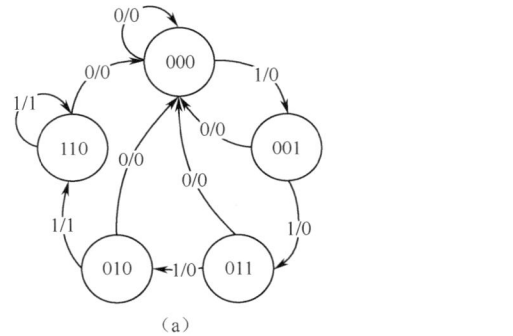

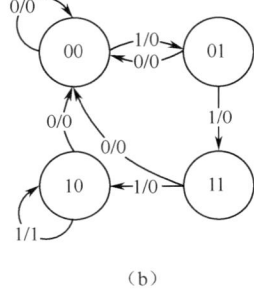

图 3-52 状态转移图

表 3-25 状态转移表

X	Q_1^n	Q_0^n	Y	Q_1^{n+1}	Q_0^{n+1}
0	0	0	0	0	0
0	0	1	0	0	0
0	1	0	0	0	0
0	1	1	0	0	0
1	0	0	0	0	1
1	0	1	0	1	1
1	1	0	1	1	0
1	1	1	0	1	0

由表 3-25 可以得到

$$Y = XQ_1^n \overline{Q_0^n} \Rightarrow Y = XQ_1\overline{Q_0}$$
$$Q_1^{n+1} = XQ_0^n + XQ_1^n \Rightarrow D_1 = XQ_0 + XQ_1$$
$$Q_0^{n+1} = X\overline{Q_1^n} \Rightarrow D_0 = X\overline{Q_1}$$

3.3.2 Multisim 电路图

电路图如图 3-53 所示，D_1、D_0 分别为两个触发器的输入，RESET 为复位信号，接到触发器的异步清零端，即 RESET 为低电平时，触发器清零，CLK 为时钟信号。

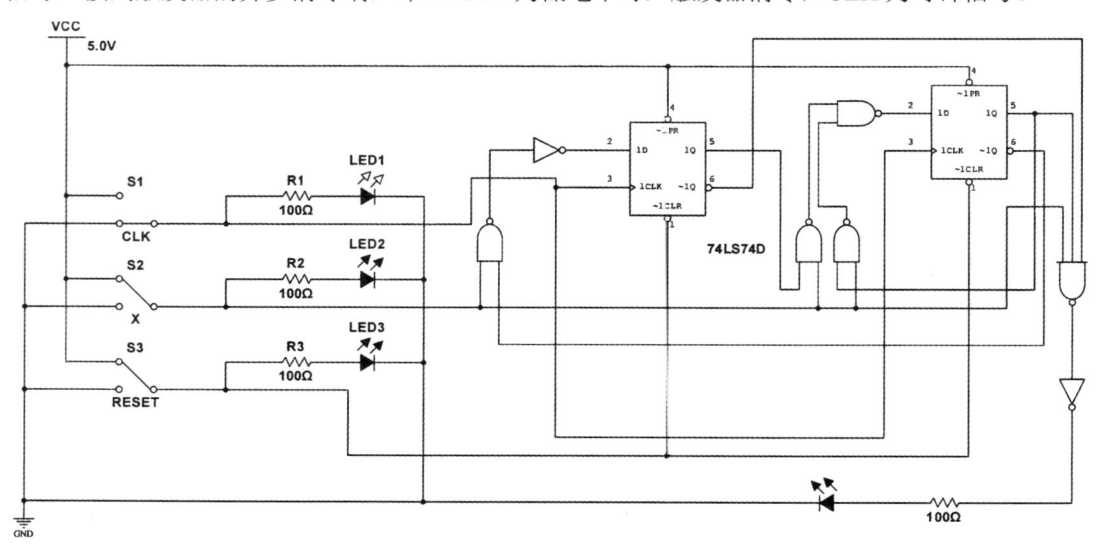

图 3-53　电路图

3.3.3 PCB 原理图及 PCB 板图

环境为 Altium Designer 20，PCB 为双面板。PCB 原理图如图 3-54 所示，PCB 板图如图 3-55 所示。

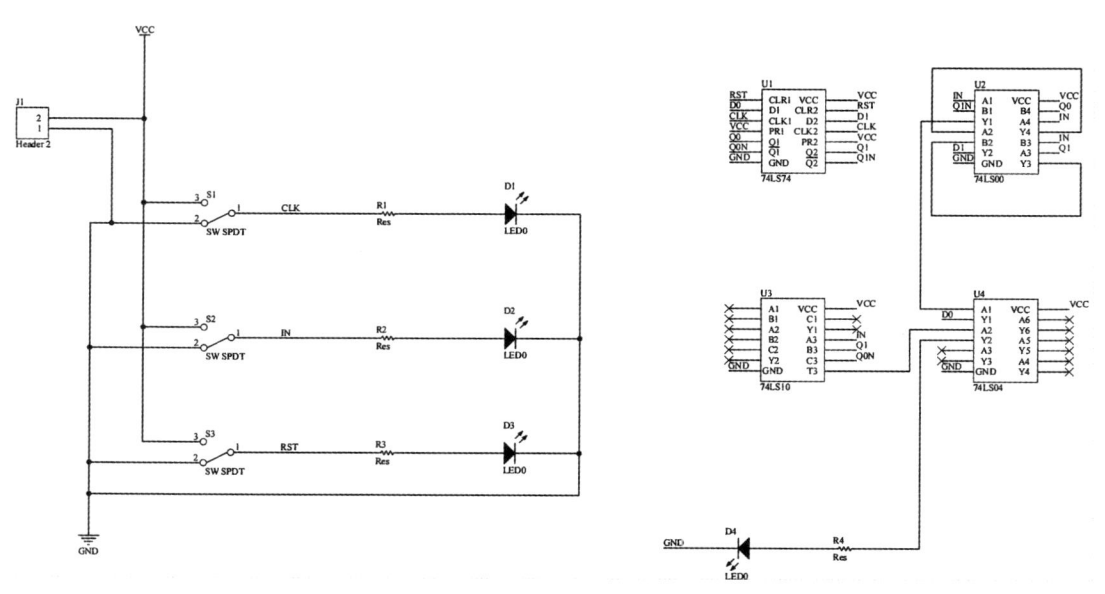

图 3-54　PCB 原理图

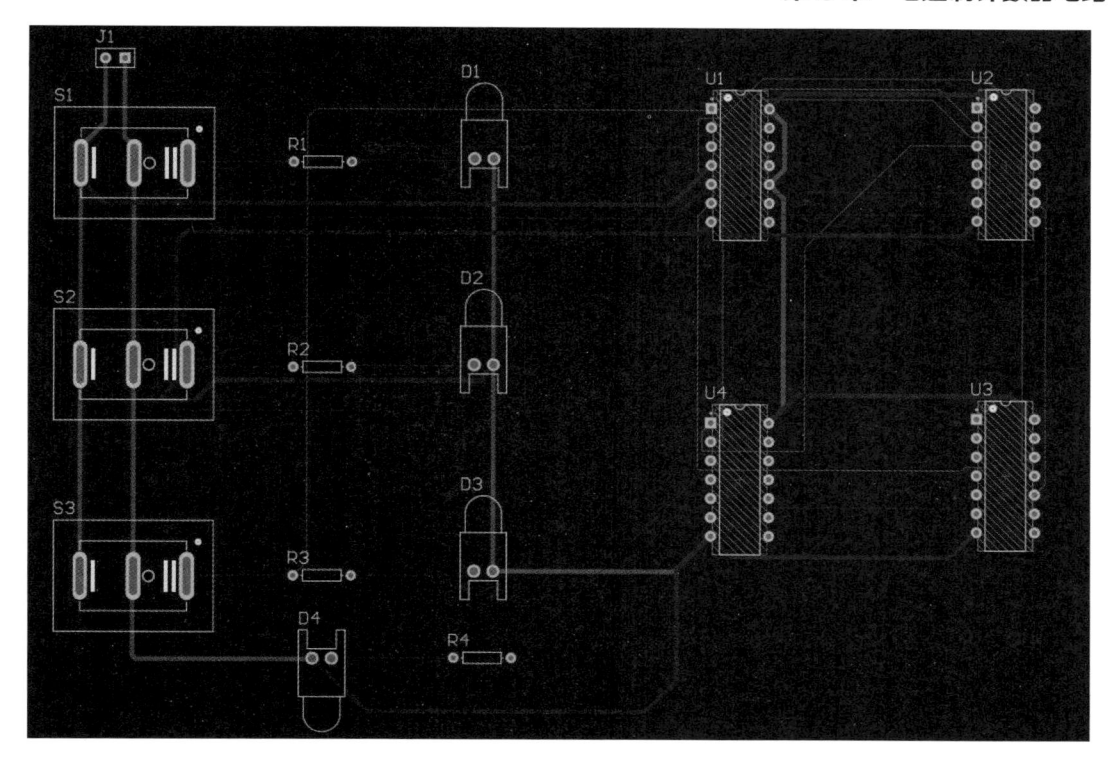

图 3-55　PCB 板图

小结

本章主要介绍了各种类型的触发器、时序逻辑电路的分析和设计方法。

触发器的主要作用是保存 1 位二进制信息。根据功能触发器可以分为 RS 触发器、JK 触发器、T 触发器、D 触发器等，它们有着不同的逻辑功能，应根据具体情况选择。根据其电路结构可以分为基本 RS 触发器、同步 RS 触发器、主从 RS 触发器和边沿触发器。不同触发器的结构也有着不同的触发方式，分别有电平触发、脉冲触发、边沿触发等。

同一种逻辑功能的触发器可以用不同的电路结构来实现，同一种电路结构的触发器也可以实现不同的逻辑功能。

时序逻辑电路分为同步时序逻辑电路和异步时序逻辑电路，同步时序逻辑电路拥有统一的时钟，异步时序逻辑电路的时钟并不统一。由于异步时序逻辑电路存在竞争冒险的问题，因此同步时序逻辑电路应用更加广泛。

时序逻辑电路与组合逻辑电路的区别在于：时序逻辑电路的输出不仅取决于当前时刻的输入，也与过去的输入有关，因此时序逻辑电路相较于组合逻辑电路，多出了一条从组合逻辑电路到存储电路再回到组合逻辑电路的反馈线。

在描述时序逻辑电路时，常使用状态转移方程、驱动方程、输出方程、状态转移表、状态转移图和时序图等。在分析时，一般要写出电路的状态转移方程、驱动方程、输出方程。在设计时，首先根据要求画出状态转移图，根据状态转移图写出状态转移表，化简得到状态转移方程与输出方程，然后根据所选触发器类型将状态转移方程转换为驱动方程，最后完成电路连接。

在本章的串行数据检测电路项目中，利用 D 触发器实现了检测串行数据"1111"。注意到本项目存在等价状态，所以可以将 5 状态转移到 4 状态，从而减少了一个触发器，使电路更加简单。

习题

1.【触发器分析】题 1 图（a）所示的电路是锁存器，试画出在如题 1 图（b）所示输入 R_D、S_D 的波形作用下，Q 端输出波形。

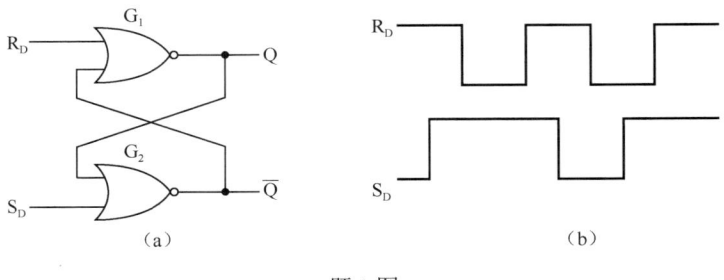

题 1 图

2.【触发器分析】试分析题 2 图所示电路的逻辑功能，列出状态转移表。假定触发器的初始状态为 Q=0。

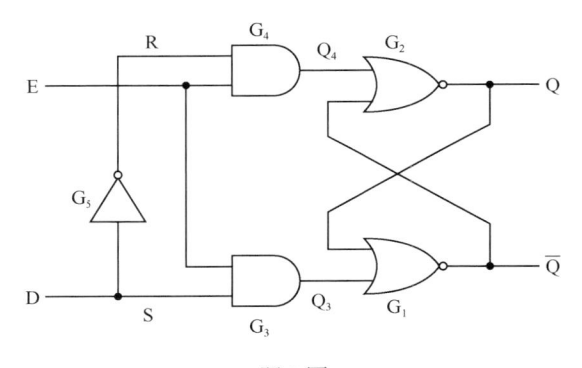

题 2 图

3.【触发器分析】在题 3 图（a）所示电路中，若 CP、S、R 的波形如题 3 图（b）所示，试画出 Q 和 Q′端与之对应的波形。假定触发器的初始状态为 Q=0。

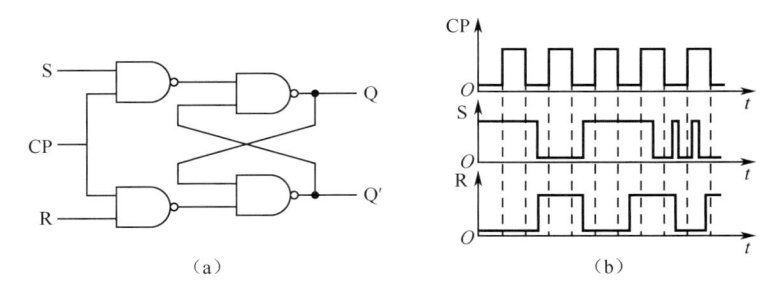

题 3 图

4.【触发器分析】若题 4 图（a）所示电路的初始状态为 Q=1，E、S、R 端的输入信号如题 4 图（b）所示，试画出相应 Q 端的波形。

第 3 章 七进制计数器电路

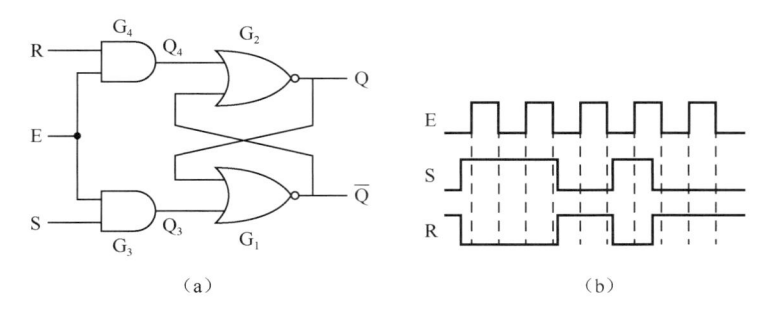

（a） （b）

题 4 图

5.【T 触发器】电路如题 5 图（a）所示，画出在如题 5 图（b）所示 CP 作用下 Q 端波形。设触发器的初始状态为 0。

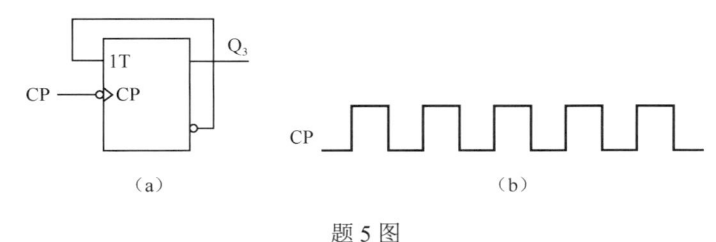

（a） （b）

题 5 图

6.【RS 触发器】已知题 6 图（a）电路的输入波形如题 6 图（b）所示，试画出 Q 端对应的电压波形。设触发器初始状态为 Q=0。

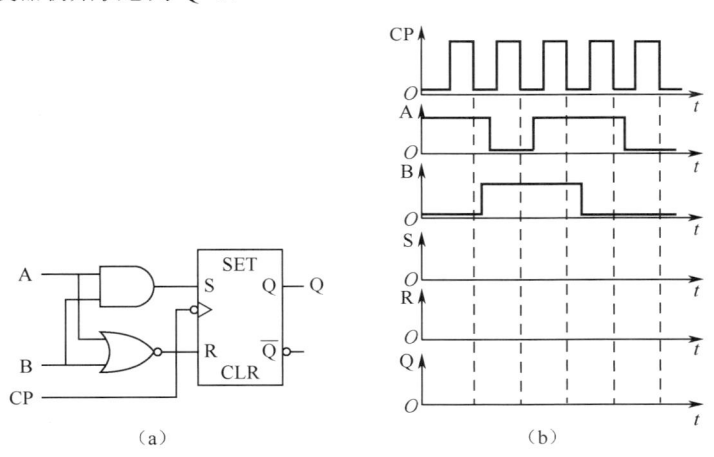

（a） （b）

题 6 图

7.【触发器特点】归纳 RS 锁存器、门控锁存器、主从触发器和边沿触发器翻转的特点。

8.【主从触发器】已知主从 JK 触发器 J、K 的波形如图题 8 所示，画出输出 Q 的波形（设初始状态为 0）。

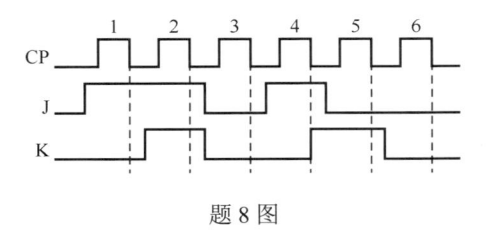

题 8 图

数字电路设计与实践

9. 【主从触发器】在题 9 图 (a) 所示主从 JK 触发器电路中，CP 和 A 的波形如题 9 图 (b) 所示，试画出 Q 端对应的输出波形，设初始状态为 0。其中，R 为异步清零端口。

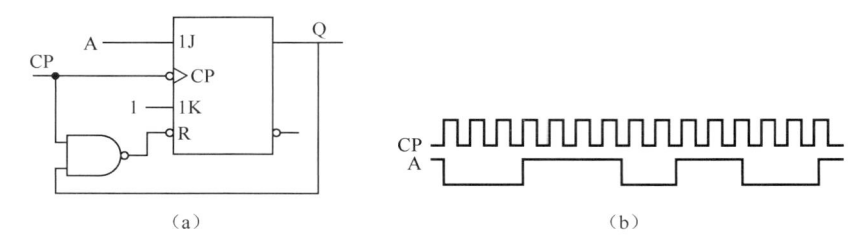

（a）

（b）

题 9 图

10. 【D 触发器】由 D 触发器构成的电路以及各信号的波形如题 10 图所示，试画出输出端 Q_0 和 Q_1 的波形。其中，R 为异步清零端口，S 为异步置数端口。

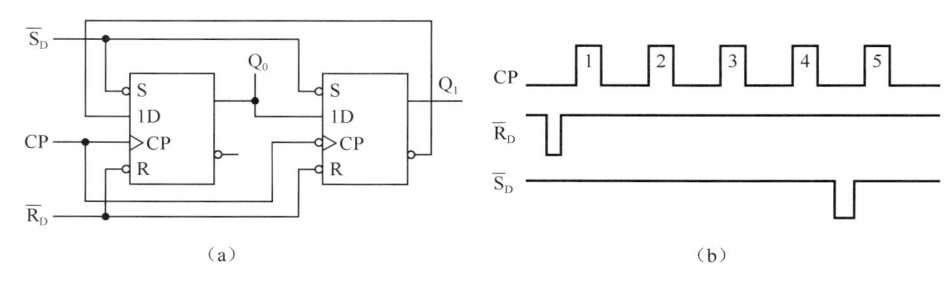

（a）

（b）

题 10 图

11. 【D 触发器】逻辑电路和输入信号波形如题 11 图所示，R 为异步清零端，画出各触发器 Q 端的波形。设触发器的初始状态均为 0。其中，R 为异步清零端口。

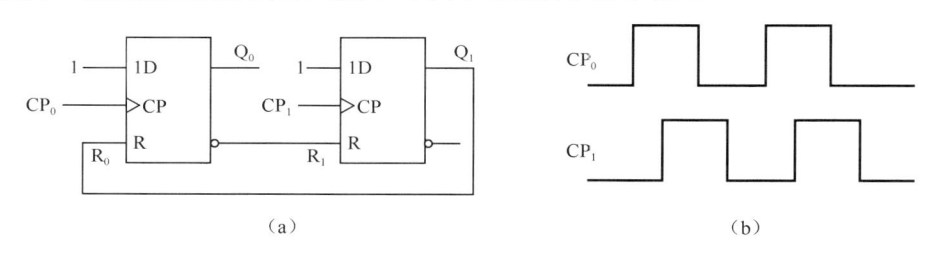

（a）

（b）

题 11 图

12. 【触发器设计】试用 D 触发器构成 RS 触发器。

13. 【触发器设计】用 RS 触发器构成 JK 触发器，用两种方法设计。

14. 【时序逻辑电路】分析题 14 图中所示时序逻辑电路的逻辑功能。写出电路的驱动方程和状态方程，说明电路能否自启动。

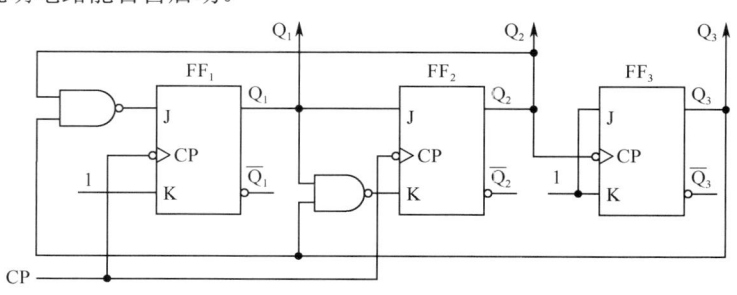

题 14 图

15. 【时序逻辑设计】用 D 触发器及少量门电路，设计如题 15 图所示状态转移图功能的同步时序逻辑电路。要求列出状态转移表、状态转移方程、驱动方程。

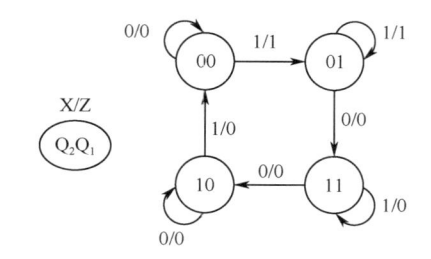

题 15 图

16. 【时序逻辑分析】分析题 16 图所示的逻辑电路，写出状态转移方程、状态转移表和状态转移图。其中，R 为异步清零端口。

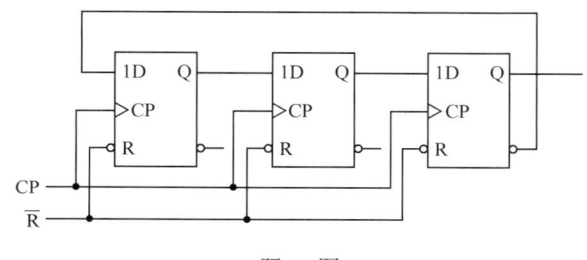

题 16 图

17. 【状态转移图】时序逻辑电路的状态转移图如题 17 图所示，若该电路的初态为 00，若输入序列 X=010110（左位先入），写出电路的输出序列 Z。

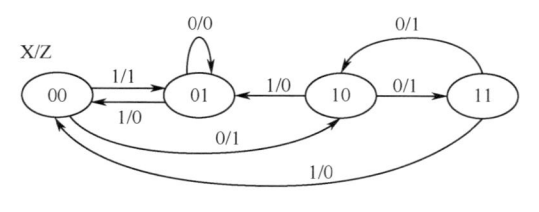

题 17 图

18. 【状态转移图】化简题 18 图所示的状态转移图。

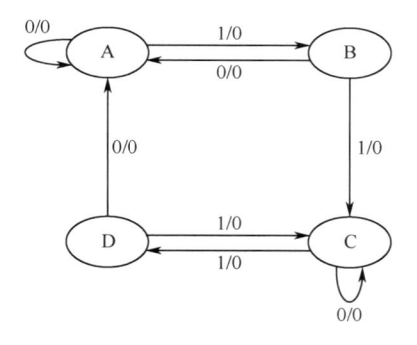

题 18 图

19. 【时序逻辑电路设计】设计 1110 序列检测器。

20. 【时序逻辑电路设计】用 D 触发器和门电路设计一个同步时序逻辑电路,状态转移图如题 20 图所示。

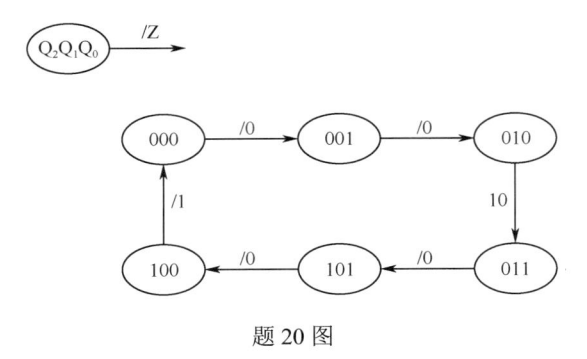

题 20 图

21. 【时序逻辑电路设计】用 D 触发器和门电路设计一个序列信号发生器电路,周期性输出"0010110111"的序列。

22. 【时序逻辑电路分析】分析题 22 图所示时序逻辑电路的逻辑功能。要求分别给出驱动方程、状态转移方程、输出方程,并列出状态转移表。

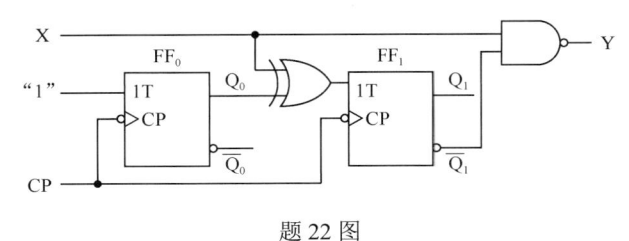

题 22 图

23. 【时序逻辑电路分析】用 JK 触发器及少量门电路,设计如题 23 图所示状态转移图功能的同步时序逻辑电路。要求列出状态转移表、状态转移方程、驱动方程,并画出逻辑电路。

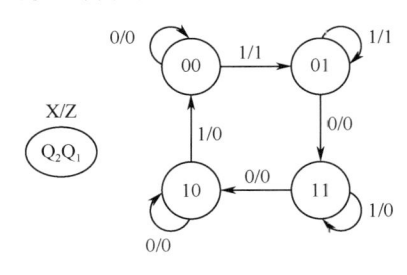

题 23 图

实践

1. 【时序逻辑电路设计】智力竞赛抢答计时器的设计。

要求:至少 8 人抢答;主持人具有开始、复位功能;有答题倒计时(如 20s)。

2. 【时序逻辑电路设计】简易密码锁电路设计。

要求:实现在允许设置密码期间,设置初始密码并存储,在其他时间密码不能更改;密码匹配锁打开(可以用指示灯亮表示),不匹配锁打不开并报警。

第4章 交通信号灯倒计时控制电路

4.1 项目内容及要求

某十字路口的交通信号灯分南北向和东西向，红灯持续33s，绿灯持续30s，黄灯持续3s，设计一个交通信号灯电路让南北向和东西向的红绿灯不产生冲突。

4.2 必备理论内容

4.2.1 中规模时序逻辑电路——计数器

4.2.1.1 计数器

计数器是数字电路中一类重要的时序逻辑电路，也是在集成电路中运用广泛的时序逻辑电路。它的基本功能是统计输入脉冲的个数，从而实现计数、分频、定时、产生节拍脉冲和数字运算等。计数器所能统计的脉冲个数的最大值称为模（用N表示）。按不同分类方法，计数器有如下几类方式。

（1）根据计数脉冲引入方式的不同，计数器分为以下两类。

① 同步计数器：各级触发器的时钟由同一个外部时钟提供，触发器在外部时钟的边沿到来时翻转。

② 异步计数器：一部分触发器的时钟由另外的触发器提供，前级触发器的延迟会导致整个电路响应速度的降低。

（2）根据逻辑功能的不同，计数器分为以下几类。

① 加法计数器：每次翻转计数值加一，计满后从初始状态重新开始。

② 减法计数器：每次翻转计数值减一，减至最小值后从初始状态重新开始。

③ 可逆计数器：在使能端的控制下可以进行加/减选择的计数器。

（3）根据计数模值的不同，计数器分为以下几类。

① 二进制计数器：计数器的模值N和触发器个数K之间的关系是$N=2^K$。

② 十进制计数器：计数器的模为10，由于用二进制数表示十进制数的BCD码有不同形式，因此会有不同的十进制计数器，通常采用8421码表示十进制数。

③ 任意进制计数器：计数器有一个最大模值，但是具体的计数模值可以在这个范围内通过使能端设定。

4.2.1.2 同步计数器

同步计数器将计数脉冲同时送入各级触发器，计数脉冲与时钟脉冲相同。在时钟的作用下各触发器的状态同时发生转移。因此，同步计数器工作速度较快，但是它需要较多的门电路，电路结构复杂。

1. 二进制同步加法计数器

图 4-1 所示为一个用 JK 触发器构成的二进制模 16 同步加法计数器。

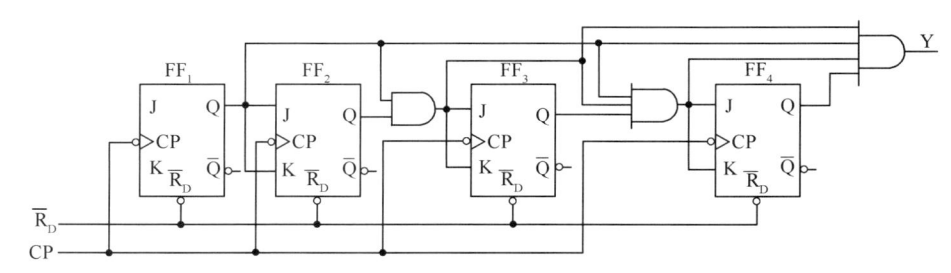

图 4-1 二进制模 16 同步加法计数器

由图 4-1 可知，该计数器由 4 个 JK 触发器组成。CP 是时钟信号，下降沿触发。$\overline{R}_D$ 端是置 0 端，在 $\overline{R}_D=0$ 时，不管电路是什么状态，整个电路输出为 0，这一特性用于对电路初始化。

由图 4-1 可以写出各级触发器的驱动方程和输出方程。

驱动方程为

$$\begin{cases} J_1 = K_1 = 1 \\ J_2 = K_2 = Q_1^n \\ J_3 = K_3 = Q_1^n Q_2^n \\ J_4 = K_4 = Q_1^n Q_2^n Q_3^n \end{cases} \quad (4\text{-}1)$$

输出方程为

$$Y = Q_1^n Q_2^n Q_3^n Q_4^n \quad (4\text{-}2)$$

由 $Q^{n+1} = J\overline{Q}^n + \overline{K}Q^n$ 得到各级触发器的状态转移方程为

$$\begin{cases} Q_1^{n+1} = \overline{Q_1^n} \\ Q_2^{n+1} = Q_1^n \overline{Q_2^n} + \overline{Q_1^n} Q_2^n \\ Q_3^{n+1} = Q_1^n Q_2^n \overline{Q_3^n} + \overline{Q_1^n Q_2^n} Q_3^n \\ Q_4^{n+1} = Q_1^n Q_2^n Q_3^n \overline{Q_4^n} + \overline{Q_1^n Q_2^n Q_3^n} Q_4^n \end{cases} \quad (4\text{-}3)$$

由式（4-2）和式（4-3）可以列出状态转移表和状态转移图，分别如表 4-1 和图 4-2 所示。

表 4-1 4 位二进制同步加法计数器状态转移表

CP 序号	现态 $S(t)$				次态 $N(t)$				输出
	Q_4^n	Q_3^n	Q_2^n	Q_1^n	Q_4^{n+1}	Q_3^{n+1}	Q_2^{n+1}	Q_1^{n+1}	Y
0	0	0	0	0	0	0	0	1	0
1	0	0	0	1	0	0	1	0	0
2	0	0	1	0	0	0	1	1	0
3	0	0	1	1	0	1	0	0	0

续表

CP 序号	现态 S(t)				次态 N(t)				输出
	Q_4^n	Q_3^n	Q_2^n	Q_1^n	Q_4^{n+1}	Q_3^{n+1}	Q_2^{n+1}	Q_1^{n+1}	Y
4	0	1	0	0	0	1	0	1	0
5	0	1	0	1	0	1	1	0	0
6	0	1	1	0	0	1	1	1	0
7	0	1	1	1	1	0	0	0	0
8	1	0	0	0	1	0	0	1	0
9	1	0	0	1	1	0	1	0	0
10	1	0	1	0	1	0	1	1	0
11	1	0	1	1	1	1	0	0	0
12	1	1	0	0	1	1	0	1	0
13	1	1	0	1	1	1	1	0	0
14	1	1	1	0	1	1	1	1	0
15	1	1	1	1	0	0	0	0	1

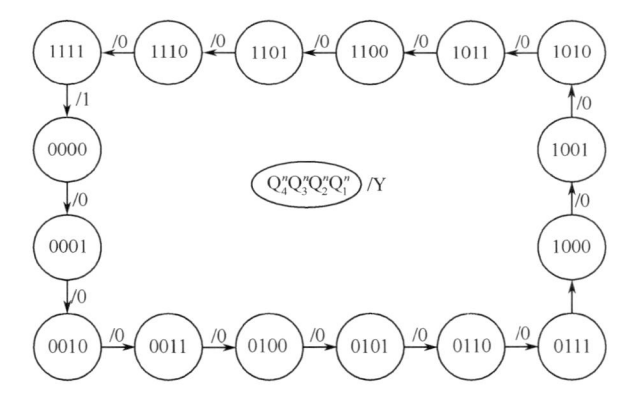

图 4-2 4 位二进制同步加法计数器的状态转移图

由表 4-1 可见，假设计数脉冲输入之前，清零信号 $\overline{R}_D$，使各级触发器均为 0 状态，如序号"0"所示，那么在第 1 个计数脉冲下降沿作用后，计数器状态转移到 0001 状态，表示已输入了 1 个计数脉冲。在第 2 个计数脉冲到来之前，计数器稳定于状态 0001，如序号"1"所示。在第 2 个计数脉冲下降沿作用后，计数器状态由 0001 转移到 0010，表示已输入了 2 个计数脉冲。在序号"15"时，计数器稳定状态为 1111，表示已输入了 15 个计数脉冲。当第 16 个计数脉冲输入后，计数器由 1111 转移到 0000，回到初始全 0 状态。由此完成一次状态转移的循环，输出端输出一个脉冲，Y=1。以后每输入 16 个计数脉冲，计数器状态循环一次。因此，这种计数器通常也称为模 16 计数器，或称为 4 位二进制计数器。很明显，计数器从 0000 开始计数，它的不同状态可以表示已经输入的计数脉冲的个数，具有加法计数的功能，Y 为计数器的进位输出信号。状态转移图如图 4-2 所示，时序图如图 4-3 所示。

由电路的时序图可以看出，若计数输入脉冲的频率为 f_0，则 Q_1^n、Q_2^n、Q_3^n、Q_4^n 端输出脉冲的频率依次为 $f_0/2$、$f_0/4$、$f_0/8$、$f_0/16$。针对计数器的这种分频功能，也将它称为分频器，并应用于一些需要降低工作频率的场合。一般来说，一个模 2^N 计数器，它的输出信号的频率就是 CP 的 $1/2^N$，N 是对应二进制码的位数。

数字电路设计与实践

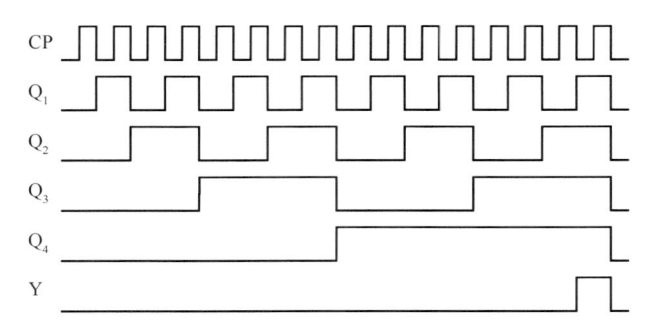

图 4-3　图 4-1 电路的时序图

2. 二-十进制同步加法计数器

虽然二进制计数器运算方便，但人们对二进制不如十进制熟悉，其也不便于译码器输出，因此常使用二-十进制计数器。图 4-4 所示为一个带有自启动功能的二-十进制同步加法计数器，实现的功能是计数 0～9 的十个 8421 码。需要指出的是，由于模 $N=10$，$2^3<10<2^4$，因此需要 4 个触发器才能完成计数。因为 4 个触发器最大的模为 16，所以有 6 个二进制码未进入正常的计数周期，这 6 个二进制码称为偏离状态。在设计电路时应使"非正常"的偏离状态进入"正常"的计数周期，使整个电路实现自启动功能。

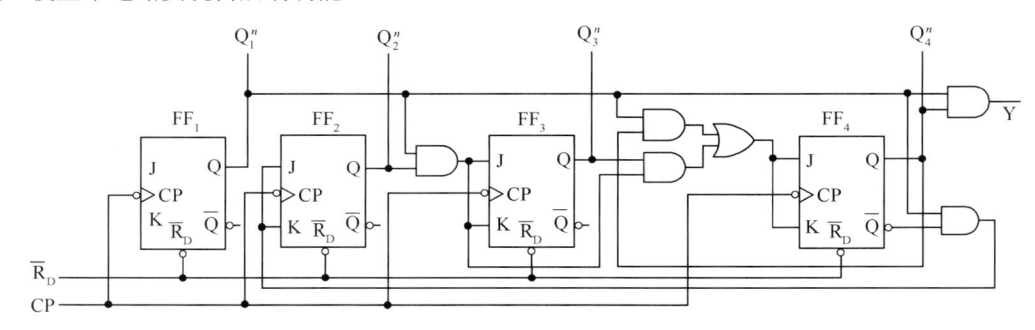

图 4-4　二-十进制同步加法计数器

对图 4-4 电路的分析如下。

驱动方程为

$$\begin{cases} J_1 = K_1 = 1 \\ J_2 = K_2 = Q_1^n \overline{Q_4^n} \\ J_3 = K_3 = Q_1^n Q_2^n \\ J_4 = K_4 = Q_1^n Q_2^n Q_3^n + Q_1^n Q_4^n \end{cases} \tag{4-4}$$

输出方程为

$$Y = Q_1^n Q_4^n \tag{4-5}$$

状态转移方程为

$$\begin{cases} Q_1^{n+1} = \overline{Q_1^n} \\ Q_2^{n+1} = Q_1^n \overline{Q_2^n}\, \overline{Q_4^n} + \overline{Q_1^n}\, \overline{Q_4^n} Q_2^n \\ Q_3^{n+1} = Q_1^n Q_2^n \overline{Q_3^n} + \overline{Q_1^n Q_2^n} Q_3^n \\ Q_4^{n+1} = (Q_1^n Q_2^n Q_3^n + Q_1^n Q_4^n)\overline{Q_4^n} + (\overline{Q_1^n Q_2^n Q_3^n} + \overline{Q_1^n Q_4^n})Q_4^n \end{cases} \tag{4-6}$$

列出状态转移表和状态转移图，分别如表 4-2 和图 4-5 所示。

第 4 章 交通信号灯倒计时控制电路

表 4-2 二-十进制同步加法计数器状态转移表

电路状态	CP序号	现态 $S(t)$				次态 $N(t)$				等效十进制数	输出 Y
		Q_4^n	Q_3^n	Q_2^n	Q_1^n	Q_4^{n+1}	Q_3^{n+1}	Q_2^{n+1}	Q_1^{n+1}		
有效状态	0	0	0	0	0	0	0	0	1	0	0
	1	0	0	0	1	0	0	1	0	1	0
	2	0	0	1	0	0	0	1	1	2	0
	3	0	0	1	1	0	1	0	0	3	0
	4	0	1	0	0	0	1	0	1	4	0
	5	0	1	0	1	0	1	1	0	5	0
	6	0	1	1	0	0	1	1	1	6	0
	7	0	1	1	1	1	0	0	0	7	0
	8	1	0	0	0	1	0	0	1	8	0
	9	1	0	0	1	0	0	0	0	9	1
偏离状态	0	1	0	1	0	1	0	1	1	10	0
	1	1	0	1	1	0	1	1	0	11	1
	0	1	1	0	0	1	1	0	1	12	0
	1	1	1	0	1	0	1	0	0	13	1
	0	1	1	1	0	1	1	1	1	14	0
	1	1	1	1	1	0	0	1	0	15	1

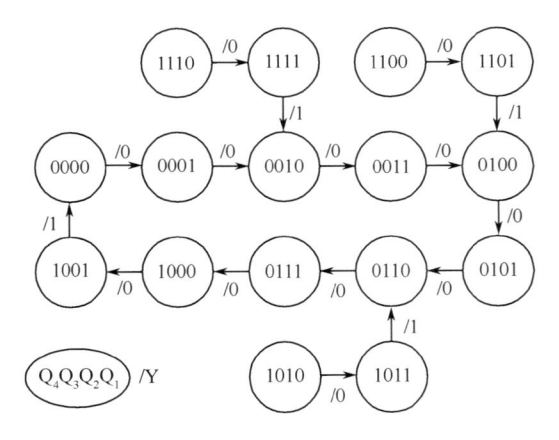

图 4-5 二-十进制同步加法计数器状态转移图

在计数器正常工作时,6 个偏离状态(1010,1011,1100,1101,1110,1111)是不会出现的,若计数器受到某种干扰,错误地进入偏离状态,计数器有可能不正常工作。因此,需要考察偏离状态在计数脉冲作用后是否能回到有效循环体内。将这些偏离状态作为当前状态(原状态)代入式(4-5),可以得到表 4-2 所示偏离状态转移表。例如,电路由于干扰进入 1100 状态,则经过一个计数脉冲作用,下一状态为 1101,1101 仍为偏离状态,再经过一个计数脉冲作用,进入 0100,0100 是有效状态,计数器已正常循环工作。画出计数器时序图,如图 4-6 所示。

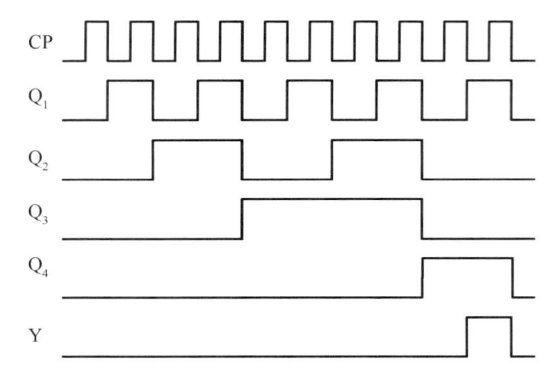

图 4-6 二-十进制同步加法计数器时序图

3. 二进制同步减法计数器

对二进制模 16 同步加法计数器各级触发器输出端进行改进，就可以设计出同步减法计数器，如图 4-7 所示，对其进行分析如下。

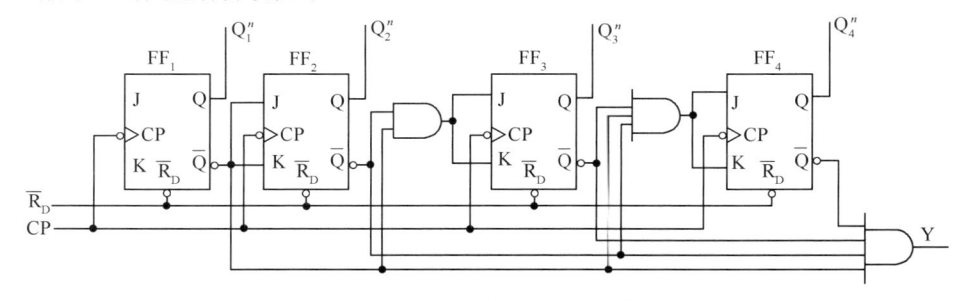

图 4-7 二-十进制同步减法计数器

驱动方程为

$$\begin{cases} J_1 = K_1 = 1 \\ J_2 = K_2 = \overline{Q_1^n} \\ J_3 = K_3 = \overline{Q_1^n} \cdot \overline{Q_2^n} \\ J_4 = K_4 = \overline{Q_1^n} \cdot \overline{Q_2^n} \cdot \overline{Q_3^n} \end{cases} \quad (4\text{-}7)$$

输出方程为

$$Y = \overline{Q_1^n} \cdot \overline{Q_2^n} \cdot \overline{Q_3^n} \cdot \overline{Q_4^n} \quad (4\text{-}8)$$

状态转移方程为

$$\begin{cases} Q_1^{n+1} = \overline{Q_1^n} \\ Q_2^{n+1} = \overline{Q_1^n}\,\overline{Q_2^n} + Q_1^n Q_2^n \\ Q_3^{n+1} = \overline{Q_1^n}\,\overline{Q_2^n}\,\overline{Q_3^n} + \overline{\overline{Q_1^n}\,\overline{Q_2^n}}\,Q_3^n \\ Q_4^{n+1} = \overline{Q_1^n}\,\overline{Q_2^n}\,\overline{Q_3^n}\,\overline{Q_4^n} + \overline{\overline{Q_1^n}\,\overline{Q_2^n}\,\overline{Q_3^n}}\,Q_4^n \end{cases} \quad (4\text{-}9)$$

状态转移表和状态转移图分别如表 4-3 和图 4-8 所示。

表 4-3 二进制模 16 同步减法计数器状态转移表

CP 序号	现态 $S(t)$				次态 $N(t)$				输出
	Q_4^n	Q_3^n	Q_2^n	Q_1^n	Q_4^{n+1}	Q_3^{n+1}	Q_2^{n+1}	Q_1^{n+1}	Y
0	1	1	1	1	1	1	1	0	0

第 4 章　交通信号灯倒计时控制电路

续表

CP 序号	现态 $S(t)$				次态 $N(t)$				输出
	Q_4^n	Q_3^n	Q_2^n	Q_1^n	Q_4^{n+1}	Q_3^{n+1}	Q_2^{n+1}	Q_1^{n+1}	Y
1	1	1	1	0	1	1	0	1	0
2	1	1	0	1	1	1	0	0	0
3	1	1	0	0	1	0	1	1	0
4	1	0	1	1	1	0	1	0	0
5	1	0	1	0	1	0	0	1	0
6	1	0	0	1	1	0	0	0	0
7	1	0	0	0	0	1	1	1	0
8	0	1	1	1	0	1	1	0	0
9	0	1	1	0	0	1	0	1	0
10	0	1	0	1	0	1	0	0	0
11	0	1	0	0	0	0	1	1	0
12	0	0	1	1	0	0	1	0	0
13	0	0	1	0	0	0	0	1	0
14	0	0	0	1	0	0	0	0	0
15	0	0	0	0	1	1	1	1	1

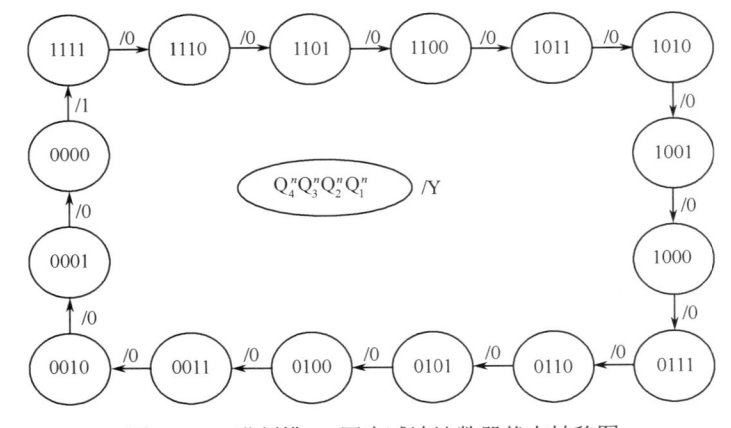

图 4-8　二进制模 16 同步减法计数器状态转移图

二进制模 16 同步减法计数器时序图如图 4-9 所示。

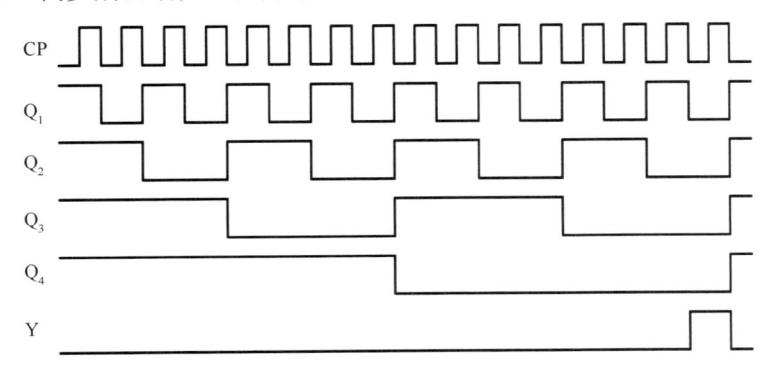

图 4-9　二进制模 16 同步减法计数器时序图

数字电路设计与实践

可以看出,二进制减法计数器编码的排列顺序是其对应序号转换成二进制数的补码。因此,这种计数器也称为补码计数器。

4.2.1.3 异步计数器

异步计数器不同于同步计数器。构成异步计数器的各级触发器的时钟脉冲不一定都是计数输入脉冲,即一部分是输入计数脉冲,另一部分是其他触发器的输出信号。各级触发器的状态转移不是在同一时钟作用下同时发生转移的。因此,在分析异步计数器时,必须注意各级触发器的时钟信号。

与同步计数器相比,异步计数器的结构简单,输入计数脉冲不需要同时加到各个触发器的时钟输入端,这也使信号源的负载比较小。各触发器是依次翻转的,因此异步计数器的速度比同步计数器慢,随着位数的增加,延时也大大增加。由于时钟输入端可接入的信号选择范围比较广,因此设计方法多,设计过程相对烦琐。

【例 4-1】 分析图 4-10 所示二进制异步计数器电路。

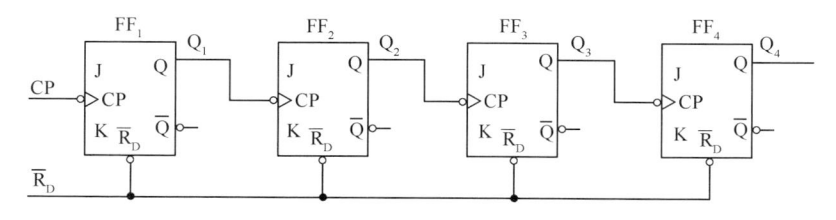

图 4-10 二进制异步计数器电路

解 该电路由 4 级 JK 触发器构成,触发器 1 的时钟是输入计数脉冲 CP,触发器 2 的时钟是 Q_1^n,触发器 3 的时钟是 Q_2^n,触发器 4 的时钟是 Q_3^n。分析过程如下:

驱动方程为

$$J_1=K_1=J_2=K_2=J_3=K_3=J_4=K_4=1$$

时钟方程为

$$\begin{cases} CP_1=CP \\ CP_2=Q_1^n \\ CP_3=Q_2^n \\ CP_4=Q_3^n \end{cases} \quad (4\text{-}10)$$

状态转移方程为

$$\begin{cases} Q_1^{n+1}=\overline{Q_1^n}\cdot CP\downarrow \\ Q_2^{n+1}=\overline{Q_2^n}\cdot Q_1^n\downarrow \\ Q_3^{n+1}=\overline{Q_3^n}\cdot Q_2^n\downarrow \\ Q_4^{n+1}=\overline{Q_4^n}\cdot Q_3^n\downarrow \end{cases} \quad (4\text{-}11)$$

式中,箭头↓代表下降沿触发。

由式(4-11)可以作出状态转移表,如表 4-4 所示。

表 4-4 二进制模 16 异步加法计数器状态转移表

CP	Q_4^n	Q_3^n	Q_2^n	Q_1^n	Q_4^{n+1}	Q_3^{n+1}	Q_2^{n+1}	Q_1^{n+1}	CP_4	CP_3	CP_2	CP_1
0	0	0	0	0	0	0	0	1	0	0	⎍	⎍
1	0	0	0	1	0	0	1	0	0	⎍	⎍	⎍

续表

CP	Q_4^n	Q_3^n	Q_2^n	Q_1^n	Q_4^{n+1}	Q_3^{n+1}	Q_2^{n+1}	Q_1^{n+1}	CP$_4$	CP$_3$	CP$_2$	CP$_1$
2	0	0	1	0	0	0	1	1	0	1	⎍	⎍
3	0	0	1	1	0	1	0	0	⎍	⎍	⎍	⎍
4	0	1	0	0	0	1	0	1	1	0		⎍
5	0	1	0	1	0	1	1	0			⎍	⎍
6	0	1	1	0	0	1	1	1	1	1		⎍
7	0	1	1	1	1	0	0	0	⎍	⎍	⎍	⎍
8	1	0	0	0	1	0	0	1	0	0		⎍
9	1	0	0	1	1	0	1	0			⎍	⎍
10	1	0	1	0	1	0	1	1	0	1		⎍
11	1	0	1	1	1	1	0	0	⎍	⎍	⎍	⎍
12	1	1	0	0	1	1	0	1				⎍
13	1	1	0	1	1	1	1	0			⎍	⎍
14	1	1	1	0	1	1	1	1				⎍
15	1	1	1	1	0	0	0	0	⎍	⎍	⎍	⎍

从表 4-4 可以看出，触发器的状态转移必须有时钟下降沿到来。例如，当状态处于 $Q_4Q_3Q_2Q_1=0111$ 时，在下一计数脉冲输入后，第一级触发器的状态 Q_1 由 1 变为 0，产生下降沿，触发第二级触发器，使第二级触发器 Q_2 由 1 变为 0，Q_2 产生下降沿，触发第 3 级触发器，使第三级触发器 Q_3 由 1 变为 0，Q_3 产生下降沿，触发第四级触发器，使第 4 级触发器由 0 变为 1。这样，触发器的状态由 0111 变成 1000。其余情况分析类似。当触发器的状态为 1111 时，在计数脉冲的作用下，各级触发器状态依次由 1 变为 0，完成一次循环。状态转移图与二进制模 16 同步加法计数器相同。

二进制模 16 异步加法计数器时序图如图 4-11 所示。

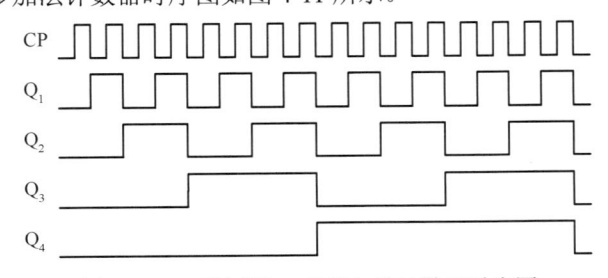

图 4-11 二进制模 16 异步加法计数器时序图

【例 4-2】 分析图 4-12 所示电路。

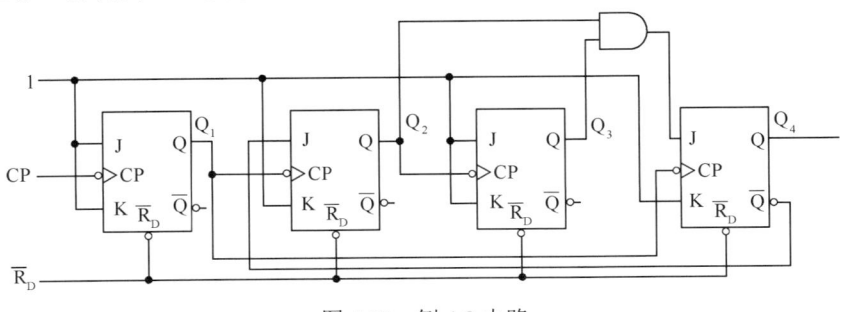

图 4-12 例 4-2 电路

数字电路设计与实践

解 图 4-12 所示为异步计数器电路，由 4 级 JK 触发器构成。
驱动方程为

$$\begin{cases} J_1 = K_1 = 1 \\ J_2 = \overline{Q}_4^n, \quad K_2 = 1 \\ J_3 = K_3 = 1 \\ J_4 = Q_2^n Q_3^n, \quad K_4 = 1 \end{cases} \quad (4\text{-}12)$$

时钟方程为

$$\begin{cases} CP_1 = CP \\ CP_2 = Q_1^n \\ CP_3 = Q_2^n \\ CP_4 = Q_1^n \end{cases} \quad (4\text{-}13)$$

状态转移方程为

$$\begin{cases} Q_1^{n+1} = \overline{Q}_1^n \cdot CP\downarrow \\ Q_2^{n+1} = \overline{Q}_4^n \overline{Q}_2^n \cdot Q_1^n\downarrow \\ Q_3^{n+1} = \overline{Q}_3^n \cdot Q_2^n\downarrow \\ Q_4^{n+1} = Q_2^n Q_3^n \overline{Q}_4^n \cdot \overline{Q}_1^n\downarrow \end{cases} \quad (4\text{-}14)$$

由式（4-14）可以得出状态转移表，如表 4-5 所示，状态转移图如图 4-13 所示，时序图如图 4-14 所示。假设当前状态 $Q_4^n Q_3^n Q_2^n Q_1^n$ =0111，在计数脉冲作用下，$Q_1^{n+1} = \overline{Q}_1^n$，$Q_1^n$ 由 1 变为 0，产生一个下降沿触发 Q_2，使 Q_2^n 由 1 变成 0，产生下降沿，使得 $Q_3^{n+1} = \overline{Q}_3^n$ =0。由于有 Q_1 下降沿，所以 $Q_4^{n+1} = Q_2^n Q_3^n \overline{Q}_4^n \cdot Q_1^n \downarrow$ =1，因此，计数器状态从 0111 转换到 1000。表 4-5 还列出了偏离状态的转移情况。

表 4-5 十进制 8421 码异步加法计数器状态转移表

CP	Q_4^n	Q_3^n	Q_2^n	Q_1^n	Q_4^{n+1}	Q_3^{n+1}	Q_2^{n+1}	Q_1^{n+1}	CP_4	CP_3	CP_2	CP_1
0	0	0	0	0	0	0	0	1	⊓	0	⊓	⊓
1	0	0	0	1	0	0	1	0	⊓	⊓	⊓	⊓
2	0	0	1	0	0	0	1	1	⊓	1	⊓	⊓
3	0	0	1	1	0	1	0	0	⊓	⊓	⊓	⊓
4	0	1	0	0	0	1	0	1	⊓	0	⊓	⊓
5	0	1	0	1	0	1	1	0	⊓	⊓	⊓	⊓
6	0	1	1	0	0	1	1	1	⊓	1	⊓	⊓
7	0	1	1	1	1	0	0	0	⊓	⊓	⊓	⊓
8	1	0	0	0	1	0	0	1	⊓	0	⊓	⊓
9	1	0	0	1	0	0	0	0	⊓	⊓	⊓	⊓
0	1	0	1	0	1	0	1	1	⊓	1	⊓	⊓
1	1	0	1	1	0	1	0	0	⊓	⊓	⊓	⊓
0	1	1	0	0	1	1	0	1	⊓	0	⊓	⊓
1	1	1	0	1	0	1	1	0	⊓	⊓	⊓	⊓
0	1	1	1	0	1	1	1	1	⊓	1	⊓	⊓
1	1	1	1	1	0	0	0	0	⊓	⊓	⊓	⊓

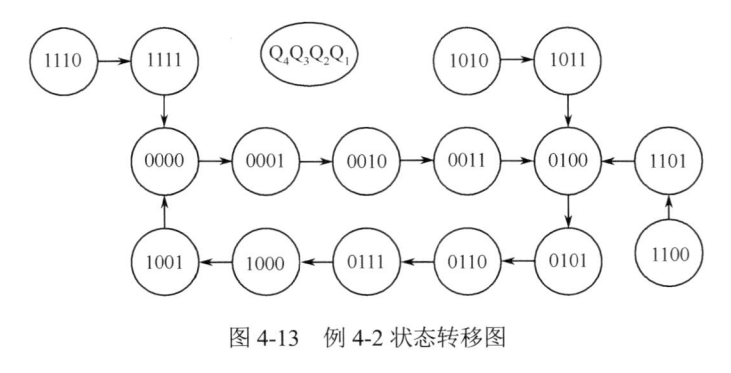

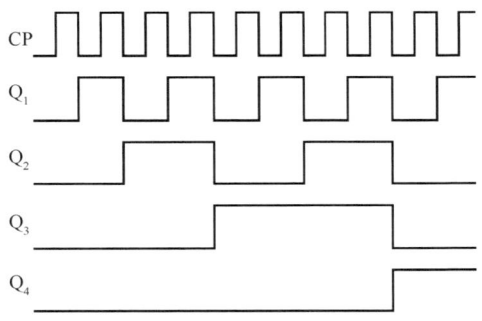

第 4 章 交通信号灯倒计时控制电路

图 4-13 例 4-2 状态转移图

图 4-14 例 4-2 时序图

图 4-12 电路是一个十进制 8421 码异步加法计数器。10 个有效序列产生循环，偏离状态能自动转移到循环体内，所以该电路是一个具有自启动特性的模 10 异步计数器。

可以看出，异步计数器的分析与同步计数器的分析方法、步骤都相同。由于异步计数器各级触发器的时钟不同，在描述各级触发器状态转移方程时，最好将时钟信号标出。对于同步计数器，由于时钟信号都是计数输入脉冲，因此可以不用标时钟信号。

4.2.1.4 集成计数器的功能分析及应用

在实际中经常使用中规模的集成计数器。集成计数器分同步和异步两种，同步计数器的优点是速度快、功能多；异步计数器的优点是进制可调。由于集成计数器是出厂时已经定型的产品，编码不能改动且计数顺序通常是自然顺序，因此，在使用时需要设计电路接入计数器的清零端或置数端使其正常工作。

中规模集成计数器的型号很多，表 4-6 所示为常见的一些型号，并对常用的几款型号进行了分析。

表 4-6 常见的中规模集成计数器

种类	型号	进制	清除方式	预置方式	可逆计数	时钟触发方式
同步计数器	74LS160	BCD（10）	低电平异步清零	低电平同步预置	无	⎍
	74LS161	4 位二进制（16）	低电平异步清零	低电平同步预置	无	⎍
	74LS162	BCD（10）	低电平同步清零	低电平同步预置	无	⎍
	74LS163	4 位二进制（16）	低电平同步清零	低电平同步预置	无	⎍
	74LS190	BCD（10）	无清零端	低电平异步预置	加/减	⎍

续表

种类	型号	进制	清除方式	预置方式	可逆计数	时钟触发方式
同步计数器	74LS191	4位二进制（16）	无清零端	低电平异步预置	加/减	↑
	74LS192	BCD（10）	高电平异步清零	低电平异步预置	双时钟	↑ ↑
	74LS193	4位二进制（16）	高电平异步清零	低电平异步预置	双时钟	↑ ↑
异步计数器	74LS196	2/5/10	低电平异步清零	低电平异步预置	无	↓
	74LS290	2/5/10	高电平异步清零	高电平异步预置	无	↓
	74LS293	2/8/16	高电平异步清零	高电平异步预置	无	↓

1. 集成同步计数器

集成同步计数器种类繁多，功能各异，主要功能如下。

（1）实现可逆计数。实现可逆计数的方法有两种：加减控制方式和双时钟方式。加减控制方式需要引入一个控制信号，通常称作 U/$\overline{D}$，当 U/$\overline{D}$=1 时，进行加法计数；当 U/$\overline{D}$=0 时，进行减法计数。另一种方式是双时钟方式，这样的计数器有两个时钟信号输入端 CP_+ 和 CP_-。当接入 CP_+ 时实现加法计数，另一时钟端 CP_- 置 0（或者置 1）；当接入 CP_- 时实现减法计数，另一时钟端 CP_+ 置 0（或者置 1）。

（2）预置功能。计数器的预置端一般用 LD 表示，不同计数器的预置方式会有所不同，可分为同步预置和异步预置两种。同步预置是指接入有效的预置信号之后，计数器不是立即将预置信号传送到输出端，而是等下一个有效的时钟边沿到达时才将预置信号传送到输出端，实现预置功能。同步是指与时钟同步。异步预置是指不论何时接入有效的预置信号，计数器都立即进行预置，每个触发器的输出就是预置值。

（3）清除功能。清除功能也称复位功能（或清零功能），是指将计数器的状态恢复成全零状态。清零功能的实现方式也分同步清零和异步清零两种，同步清零需要等待下一个有效的时钟边沿，而异步清零不受时钟的控制。

（4）进位功能。大部分同步计数器具有进位/借位功能，当加法计数器到达最大计数状态时，进位输出端会产生进位输出；当减法计数器到达最小计数状态时，借位输出端会产生借位输出。进位/借位输出的宽度都等于一个周期，相关的信息可以在芯片手册中查到。

2. 集成同步二进制计数器 74LS161

在实际生产的计数器芯片中，除具有计数功能电路外，还附加了一些控制电路，以增加电路的功能和使用的灵活性。图 4-15 所示为中规模集成的 4 位同步二进制计数器 74LS161 的引脚及逻辑符号。

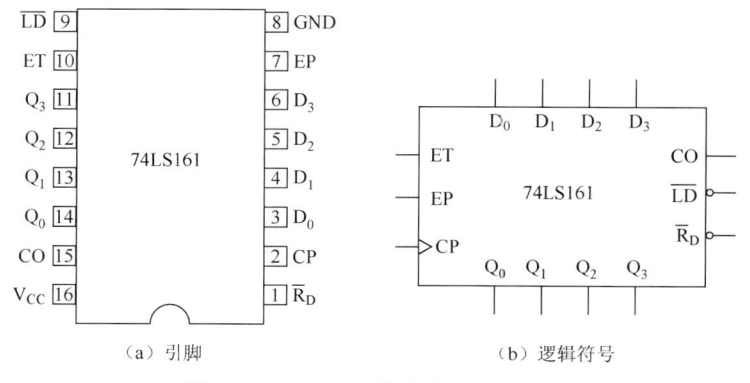

图 4-15 74LS161 的引脚及逻辑符号

第 4 章　交通信号灯倒计时控制电路

74LS161 的内部结构逻辑图如图 4-16 所示。该电路除具有二进制加法计数功能外，还具有预置数、保持和异步置零等附加功能。图中，$\overline{LD}$ 为预置数控制端，D_3、D_2、D_1、D_0 为数据输入端，CO 为进位输出端，$\overline{R_D}$ 为异步置零（复位）端，EP 和 ET 为工作状态控制端，其功能表如表 4-7 所示。

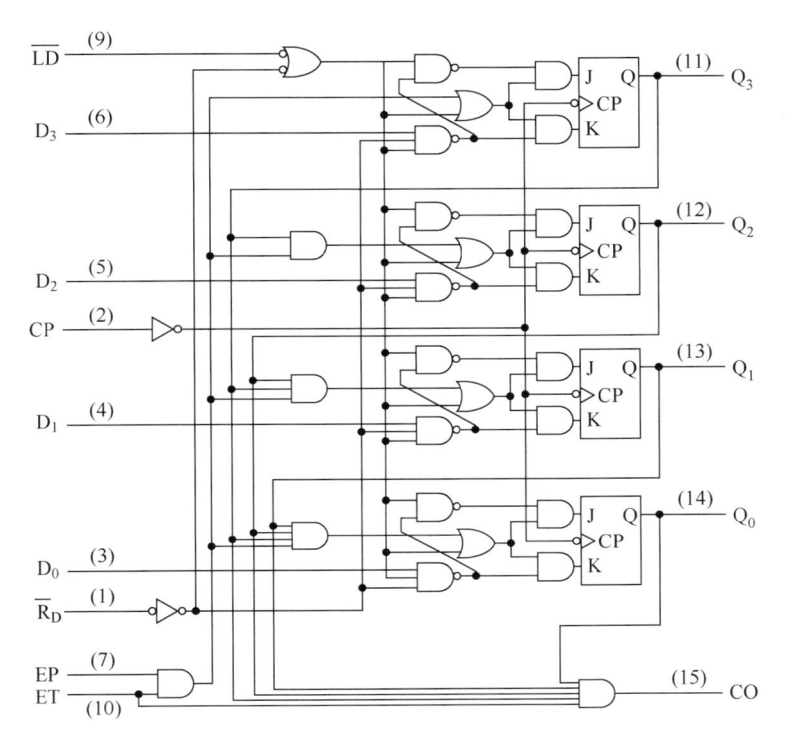

图 4-16　74LS161 的内部结构逻辑图

表 4-7　74LS161 功能表

清零	预置	使能		时钟	预置数据				输出			
$\overline{R_D}$	$\overline{LD}$	EP	ET	CP	D_3	D_2	D_1	D_0	Q_3^n	Q_2^n	Q_1^n	Q_0^n
0	×	×	×	×	×	×	×	×	0	0	0	0
1	0	×	×	⊿	D	C	B	A	D	C	B	A
1	1	0	×	×	×	×	×	×	保持			
1	1	×	0	×	×	×	×	×	保持			
1	1	1	1	⊿	×	×	×	×	计数			

3. 集成十进制计数器 74LS160

图 4-17 所示为中规模集成十进制计数器 74LS160 的引脚、逻辑符号及内部结构逻辑图。该电路具有十进制加法计数、预置数、保持和异步清零等功能。图中，$\overline{LD}$ 为预置数控制端，D_3、D_2、D_1、D_0 为预置数据输入端，CO 为进位输出端，$\overline{R_D}$ 为异步清零（复位）端，EP 和 ET 为工作状态控制端，其功能表同表 4-7。

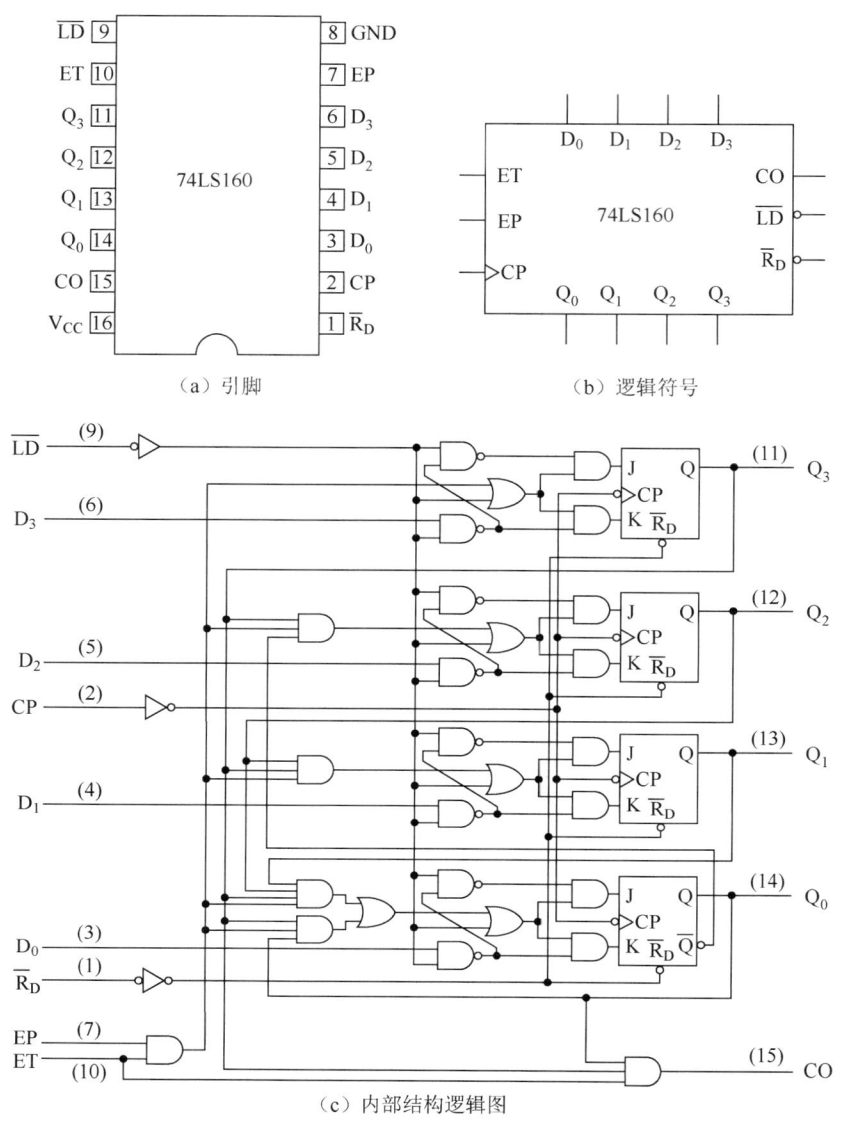

图 4-17 74LS160 引脚、逻辑符号及内部结构逻辑图

4.2.1.5 利用常用集成计数器组成任意模值计数器

常用的计数器芯片有十进制、十六进制、七进制、十四进制和十二进制等几种。需要其他进制的计数器时，只能利用常用集成计数器的一些附加控制端，扩展其功能组成任意模值计数器。若已有的计数器模值为 N，需要设计得到的计数器模值为 M，则有 $N<M$ 和 $N>M$ 两种情况。下面给出这两种情况分别采用异步置零功能和同步置数功能构成的计数器例子。

1. $N>M$ 计数器设计

采用 N 进制集成计数器实现 M 模值计数器时，设法使之跳越 $N-M$ 个状态，就可以实现 M 进制的计数器。若利用异步清除功能进行置零复位，当 N 进制计数器从全 0 状态 S_0 开始计数并接收了 M 个脉冲后，电路进入 S_M 状态。如果将 S_M 状态译码产生一个置零信号加到计数器的异步清零端，则计数器将立刻返回 S_0 状态。这样计数器就可以跳越 $N-M$ 个状态从而实现 M 进制，或称为分频器。由于是异步置零，电路一进入 S_M 状态后立刻被置成 S_0 状态，因此 S_M 状态仅在极短的瞬

第 4 章 交通信号灯倒计时控制电路

间出现，在稳定的状态循环中不包含 S_M 状态。

若采用同步置数功能实现 M 进制计数器，则需要给 N 进制的计数器重复置入某个数值而跳越 N-M 个状态，从而实现模值为 M 的计数器。置数操作可以在电路的任何状态下进行。对于同步计数器，它的置数端 $\overline{LD}$=0 的信号应从 S_i 状态译出，等到下一个时钟信号到来时，才将要置入的数据置入计数器中。稳定状态包含 S_i 状态。若是异步置数计数器，只要 $\overline{LD}$=0 的信号出现，就立即将数据置入计数器中，不受时钟信号的控制，因此 $\overline{LD}$=0 的信号应从 S_{i+1} 状态译出。S_{i+1} 状态只在极短的瞬间出现，稳定状态不包含 S_{i+1} 状态。

【**例 4-3**】 试利用同步十进制计数器 74LS160 设计同步六进制计数器。74LS160 的内部结构逻辑图如图 4-17（c）所示，它的功能表与 74LS161 的功能表相同。

解 因为 74LS160 兼有异步置零和同步预置数功能，所以置零法和置数法均可采用。图 4-18 所示电路是采用异步置零法接成的六进制计数器。当计数器计到 $Q_3^n Q_2^n Q_1^n Q_0^n$=0110（即 S_M）状态时，与非门 G 输出低电平信号，$\overline{R_D}$=0，将计算器置 0，回到 0000 状态。电路的状态转移图如图 4-19 所示。

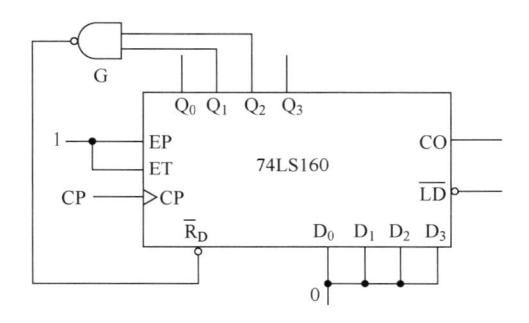

图 4-18 由 74LS160 组成的模 6 计数器

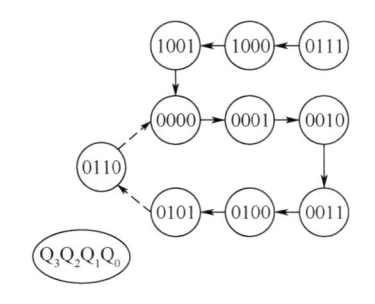

图 4-19 例 4-3 状态转移图

由于置 0 信号随着计数器被置 0 而立即消失，因此置 0 信号持续时间极短，而触发器的复位速度有快有慢，则可能动作慢的触发器还未来得及复位，置 0 信号已经消失，导致电路误动作。因此，这种接法的电路可靠性不高。

为了克服这个缺点，通常采用图 4-20 所示的改进电路。图中的与非门 G_1 起译码器的作用，当电路置入 0110 状态时，它输出低电平信号。与非门 G_2 和 G_3 组成基本 RS 触发器，以 $\overline{Q}$ 端输出的低电平作为计数器的置 0 信号。

若计数器从 0000 状态开始计数，则第六个计数脉冲上升沿到达时，计数器进入 0110 状态，G_1 输出低电平，将基本 RS 触发器置 1，$\overline{Q}$ 端的低电平立刻将计数器清零。这时虽然 G_1 输出的低电平信号随之消失了，但基本 RS 触发器的状态仍保持不变，因而计数器的清零信号得以维持。

数字电路设计与实践

直到计数脉冲回到低电平以后，基本 RS 触发器被置零，$\overline{Q}$ 端的低电平信号才消失。可见，加到计数器 $\overline{R_D}$ 端的清零信号宽度与计数脉冲高电平持续时间相等。同时，进位输出脉冲由 RS 触发器的 Q 端引出。这个脉冲的宽度与计数脉冲高电平宽度相等。在有的计数器产品中，将 G_1、G_2、G_3 组成的附加电路直接制作在计数器芯片上，这样在使用时就不用外接附加电路了。

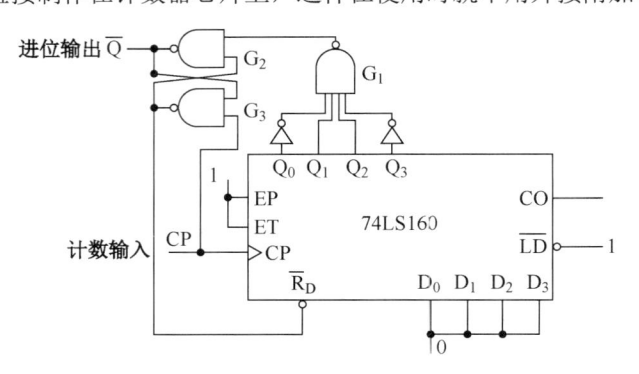

图 4-20 改进电路

【例 4-4】 应用 4 位二进制同步计数器 74LS161 实现模 8 计数器。74LS161 的内部结构逻辑图如图 4-16 所示，功能表如表 4-7 所示。

解 采用置数法设计模 8 计数器。采用置数法时可以从计数循环中的任何一个状态置入适当的数值而跳越 N–M 个状态，得到 M 进制计数器。图 4-21（a）的接法是用 $Q_3Q_2Q_1Q_0$=0111 状态译码产生 $\overline{LD}$=0 信号，下个时钟信号到达时置入 0000 状态，从而跳过 1000～1111 这 8 个状态，得到八进制计数器。图 4-21（b）的接法是用进位输出作为置入信号，置入数据 1000，这样，计数器跳过 0000～0111 这 8 个状态，从而实现模 8 计数器。

若采用图 4-21（b）电路的方案，则可以从 CO 端得到进位输出信号。在这种接法下，用进位信号产生 $\overline{LD}$=0 信号，下个时钟信号到来时置入 1000，每个计数循环都会在 CO 端给出一个进位脉冲。

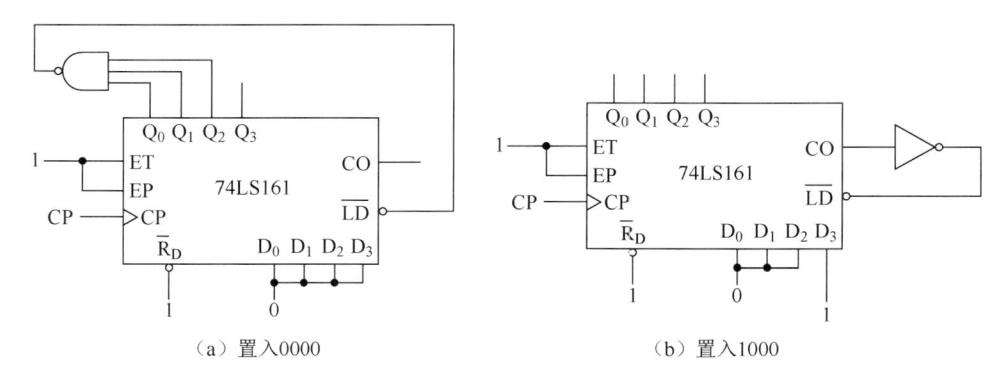

（a）置入0000　　　　　　　　　　（b）置入1000

图 4-21　用置数法将 74LS161 接成八进制计数器

由于 74LS161 的预置数采用同步方式，即 $\overline{LD}$=0 以后，还要等下个时钟信号到来时才置入数据，而这时 $\overline{LD}$=0 的信号已稳定建立，因此不存在异步清零法中因清零信号持续时间过短而可靠性不高的问题。

2. N<M 计数器设计

当 M>N 时，一片计数器将无法完成计数任务。因此，需要多片计数器级联来构成 M 进制计数器。各片之间（或称各级之间）的连接方式可分为串行进位方式、并行进位方式、整体置零方

第4章 交通信号灯倒计时控制电路

式和整体置数方式。例如，一片74LS161可构成二进制至十六进制之间的任意进制计数器，利用两片则可构成二进制至二百五十六进制之间的任意进制计数器，实际中应根据需要灵活选用计数器芯片。下面仅以两级之间的连接为例说明这4种连接方式的原理。

（1）若M可以分解为两个小于N的因数相乘，即$M=N_1×N_2$，则可采用串行进位方式或并行进位方式将一个N_1进制计数器和一个N_2进制计数器连接起来，构成M进制计数器。串行进位方式中，以低位片的进位输出信号作为高位片的时钟输入信号。在并行进位方式中，以低位片的进位输出信号作为高位片的工作状态控制信号（计数器的使能信号），两片的时钟输入端同时接计数输入信号。

（2）如果M不能分解为两个小于N的因数相乘，即$M≠N_1×N_2$，并行进位方式和串行进位方式就无法实现，必须采取整体置零方式或整体置数方式构成M进制计数器。整体置零方式就是先将两片N进制计数器按最简单的方式接成一个大于M进制的计数器（如$N×N$进制），再在计数器计为M状态时，译出异步置零信号$\overline{R_D}=0$，将两片N进制计数器同时置零。这种方式的基本原理和$M<N$时置零法是一样的。

整体置数方式的原理与$M<N$时置数法类似。先将两片N进制计数器用最简单的连接方式接成一个大于M进制的计数器（如$N×N$进制），再在选定的某一状态下译出$\overline{LD}=0$信号，将两个N进制的计数器同时置入适当的数据，跳越多余的状态，获得M进制计数器，条件是要求已有的N进制计数器本身必须具有预置数功能。

【例4-5】 分析图4-22所示由74LS161连接而成电路的逻辑功能。

解 由图4-22可知，74LS161（1）计数器的EP、ET均接高电平，一直工作在计数状态，其进位输出CO接入74LS161（2）的EP、ET端作为工作控制信号。当74LS161（1）计数计满16个二进制码时，CO输出1。在下一个时钟脉冲的上升沿到来时触发后74LS161（2）进入计数状态，同时74LS161（1）再次从0000开始计数，当计入48个脉冲时，74LS161（1）芯片的状态是0000，74LS161（2）的状态是0011。此时输出通过与非门控制两片芯片的置数端$\overline{LD}$，产生反馈信号使整体置数。由于预置数端全部是低电平，因此整个系统的计数状态再次从0000开始，构成模49计数器。

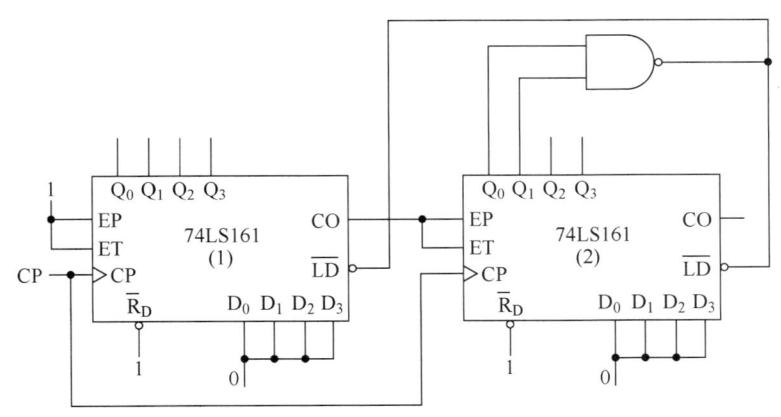

图4-22 例4-5逻辑电路

【例4-6】 试用两片74LS160构成二十九进制计数器。

解 29不能分解成两个整数之积，因此必须用整体置零或整体置数法构成模29计数器。将两片十进制计数器74LS160按照图4-23所示方法连接，即用置零法实现二十九进制计数器。

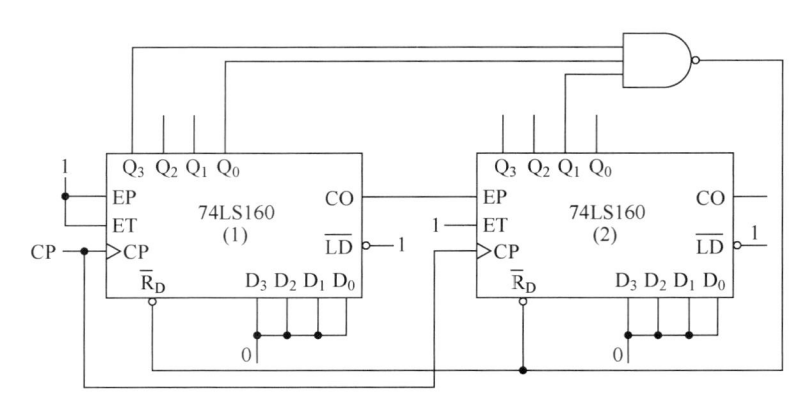

图 4-23 例 4-6 逻辑电路（置零法）

第一片的 EP、ET 接高电平，所以第一片一直工作在计数状态。以第一片的进位输出 CO 作为第二片的 EP 输入。当第一片计到 1001 时进位输出变为 1，在下一个时钟脉冲到来时使第二片进入计数状态，计入 1，而第一片又从 0000 开始计数。当计入 29 个时钟脉冲，即第一片的 $Q_3Q_2Q_1Q_0$=1001，第二片的 $Q_3Q_2Q_1Q_0$=0010 时，输出通过与非门反馈给两片 740LS160 的 $\overline{R_D}$ 一个清零信号，从而使电路回到 0000 状态；$\overline{R_D}$ 信号也随之消失，电路重新从 0000 状态开始计数，这样就实现了二十九进制计数的功能。

清零法可靠性差，需要另加触发器才能得到所需的清零及进位输出信号，所以常采用置数法以克服清零法的缺点，如图 4-24 所示。先将两片 74LS160 接成百进制计数器，再由电路 28 状态译码产生 $\overline{LD}$ =0 信号同时加到两片 74LS160 上，在下个计数脉冲（第 29 个输入脉冲）到达时，将 0000 同时置入两片 74LS160 中，从而得到二十九进制计数器。

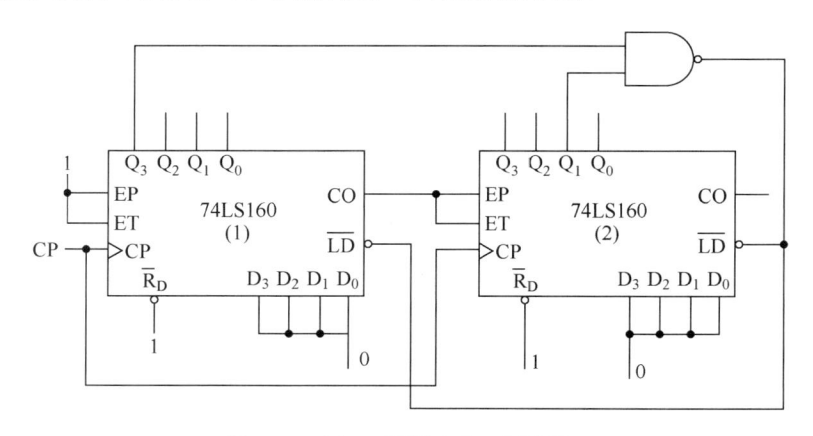

图 4-24 例 4-6 逻辑电路（置数法）

4.2.2 中规模时序逻辑电路的分析方法

中规模时序逻辑电路的分析步骤如下。

（1）从给定的逻辑图中写出每个触发器的驱动方程，即触发器输入信号的逻辑表达式。

（2）将驱动方程代入相应触发器的特性方程，求得各触发器的次态方程，也就是时序逻辑电路的状态方程。

第 4 章　交通信号灯倒计时控制电路

（3）根据状态方程和输出方程，列出该时序逻辑电路的状态转移表，画出状态转移图或时序图。

（4）根据电路的状态转移表或状态转移图说明给定时序逻辑电路的逻辑功能。

4.2.3　中规模时序逻辑电路的设计方法

中规模时序逻辑电路的设计方法如下。

（1）进行逻辑抽象，得出原始的状态转移图。

① 确定输入变量和输出变量及电路的状态数；

② 定义输入变量、输出变量和电路的状态；

③ 画出状态转移图或列出状态转移表。

（2）状态化简。

（3）状态分配。

（4）确定触发器的类型，并求出电路的状态方程、驱动方程和输出方程。

（5）画出相应的逻辑电路。

（6）判断所设计的电路能否自启动。

4.3　电路设计及仿真

4.3.1　设计过程

交通信号灯设计要求：南北方向和东西方向均为红灯持续 33 秒，绿灯持续 30 秒，黄灯持续 3 秒。

由于采用十进制倒计时，因此选用 74LS190 作为倒计时的计数器，十位和个位各用一片。将两片 74LS190 级联，采用同步接法，两片计数器的时钟信号相同，当个位计数器产生借位信号时，十位计数器的计数值减一。

一共有三种灯，即三个状态。先使用 74LS161 作为状态计数器，十位计数器的借位信号作为状态计数器的时钟，但由于 74LS190 的借位信号是低电平有效，因此需要加一个非门，当十位计数器产生借位信号时，状态计数器计数值加一。再将状态计数器的计数值连接到译码器的输入，译码器的输出作为亮灯信号。状态计数器使用同步置数的方式清零，当处于第三个状态，且十位计数器产生借位时，状态计数器置为 0。

74LS190 为异步低电平置数，个位计数器和十位计数器的置数初值由当前状态产生，而置数信号由十位 74LS190 的计数最小值信号和复位信号共同产生。

东西方向的顺序是绿、红、黄，南北方向的顺序与之对应是红、绿、黄。

东西方向的倒计时计数器的置数值与状态计数器的计数值的真值表如表 4-8 所示，$1Q_1$、$1Q_0$ 为东西状态计数器的低两位输出，2D～2A 为东西十位计数器的置数初值，1D～1A 为东西个位计数器的置数初值。

表 4-8 东西方向真值表

$1Q_1$	$1Q_0$	2D	2C	2B	2A	1D	1C	1B	1A
0	0	0	0	1	1	0	0	0	0
0	1	0	0	0	0	0	0	1	1
1	0	0	0	1	1	0	0	1	1
1	1	×	×	×	×	×	×	×	×

由表 4-8 可得

$$2D = 2C = 1D = 1C = 0$$
$$2B = 2A = \overline{1Q_0}$$
$$1B = 1A = 1Q_0 \oplus 1Q_1$$

南北方向的倒计时计数器的置数值与状态计数器的计数值的真值表如表 4-9 所示，$2Q_1$、$2Q_0$ 为南北方向状态计数器的低两位输出，4D～4A 为南北十位计数器的置数初值，3D～3A 为南北方向个位计数器的置数初值。

表 4-9 南北方向真值表

$2Q_1$	$2Q_0$	4D	4C	4B	4A	3D	3C	3B	3A
0	0	0	0	1	1	0	0	1	1
0	1	0	0	1	1	0	0	0	0
1	0	0	0	0	0	0	0	1	1
1	1	×	×	×	×	×	×	×	×

由表 4-9 可得

$$4D = 4C = 3D = 3C = 0$$
$$4B = 4A = \overline{2Q_1}$$
$$3B = 3A = \overline{2Q_0}$$

由于 74LS190 的计数最小值信号为高电平有效，整个电路为低电平复位，所以东西和南北的状态计数器的置数信号 $\overline{\text{LOAD}} = \overline{S_1 \cdot \overline{\text{MIN}}}$。

4.3.2 Multisim 电路图

电路图如图 4-25（a）所示，$\overline{\text{CETN}}$ 为计数低电平使能输入端，$U/\overline{D}$ 为上下计数据选择器选择端，高电平向上计数，低电平向下计数，图 4-25（b）所示为东西方向绿灯、南北方向红灯的情况。

4.3.3 PCB 原理图及 PCB 板图

环境为 Altium Designer 20，PCB 为双面板。PCB 原理图如图 4-26 所示，PCB 板图如图 4-27 所示。

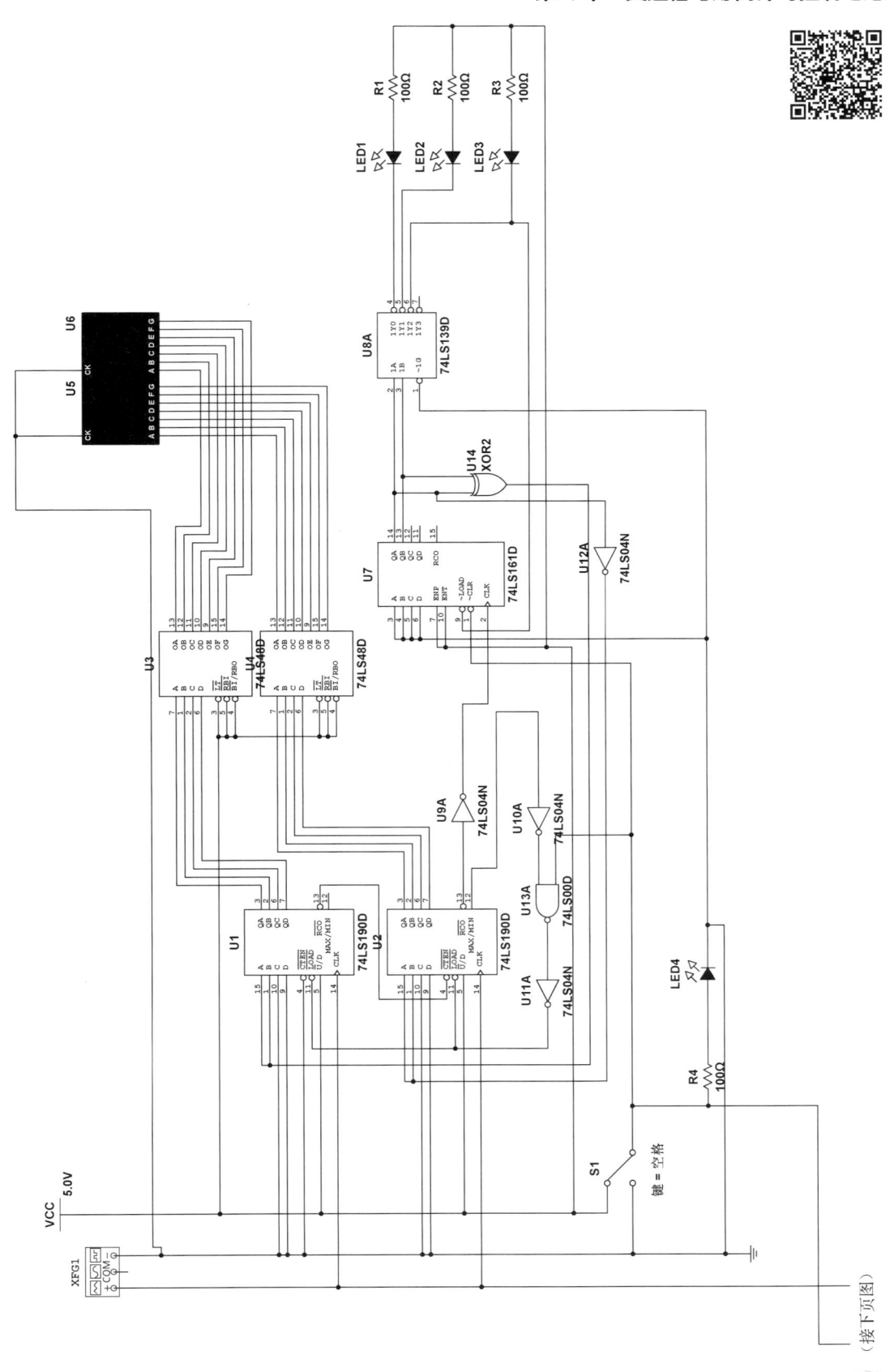

第4章　交通信号灯倒计时控制电路

数字电路设计与实践

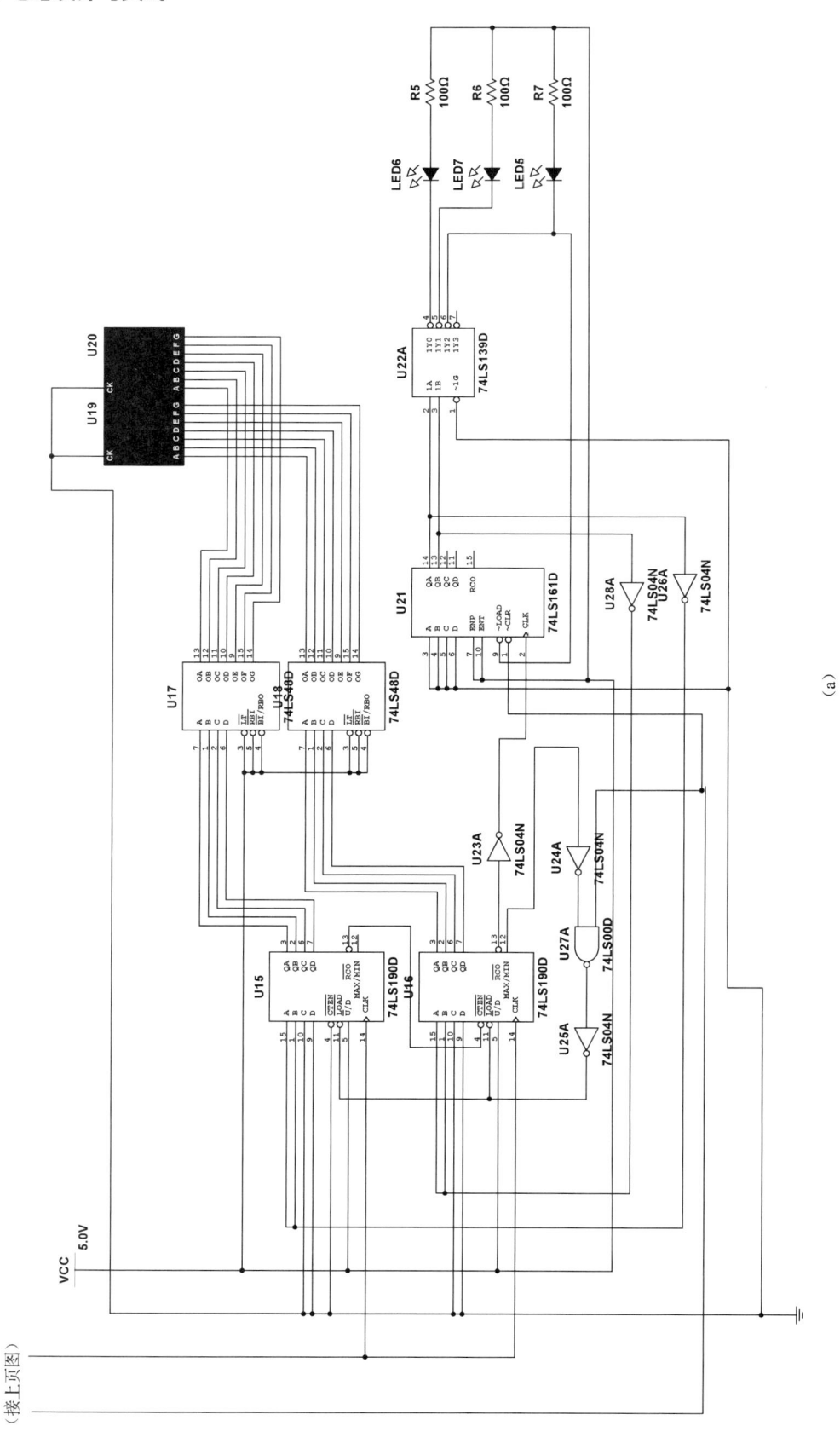

图 4-25 电路图及仿真结果

(a)

(接上页图)

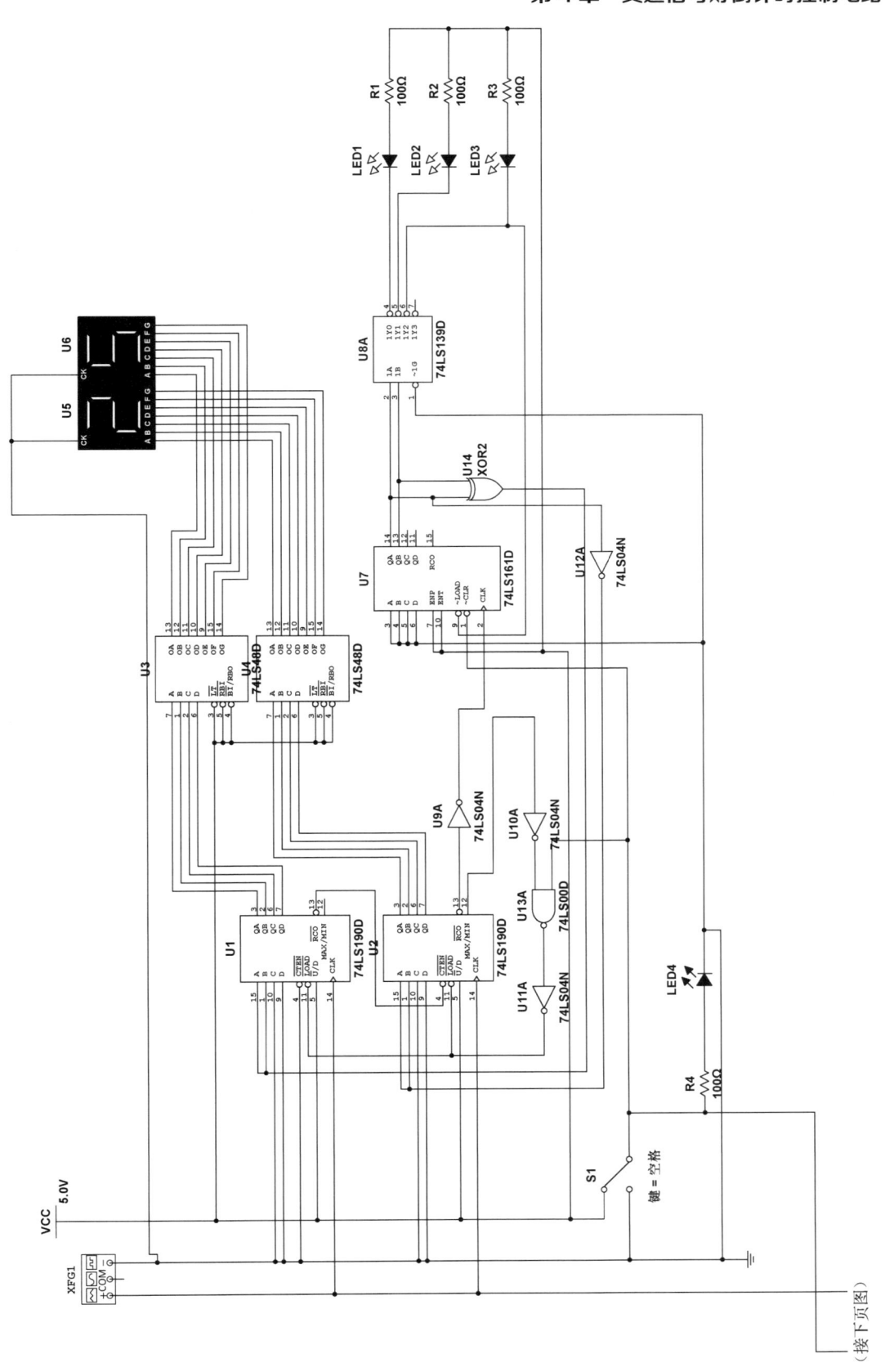

第4章 交通信号灯倒计时控制电路

数字电路设计与实践

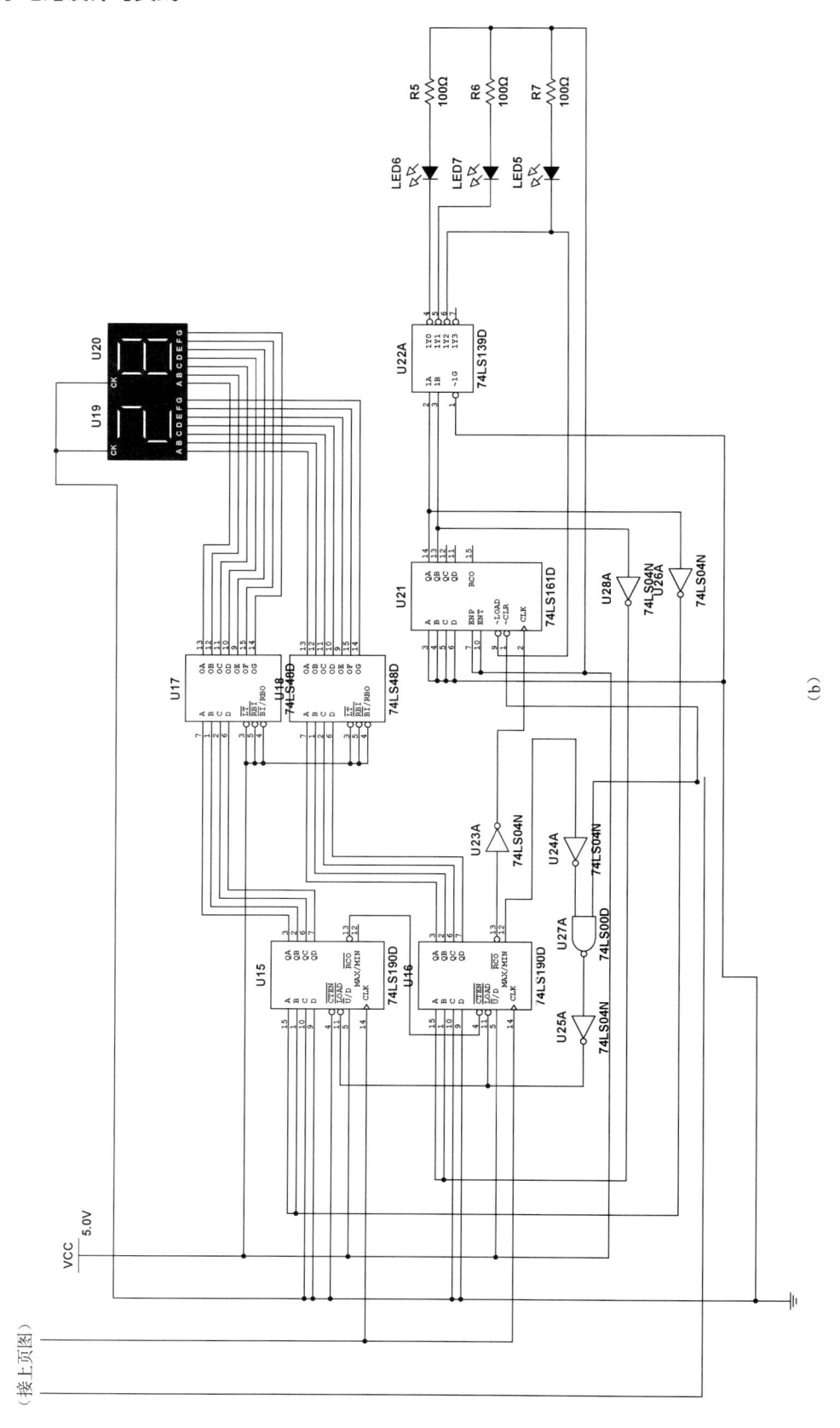

图 4-25 电路图及仿真结果（续）

(b)

(接上页图)

第4章 交通信号灯倒计时控制电路

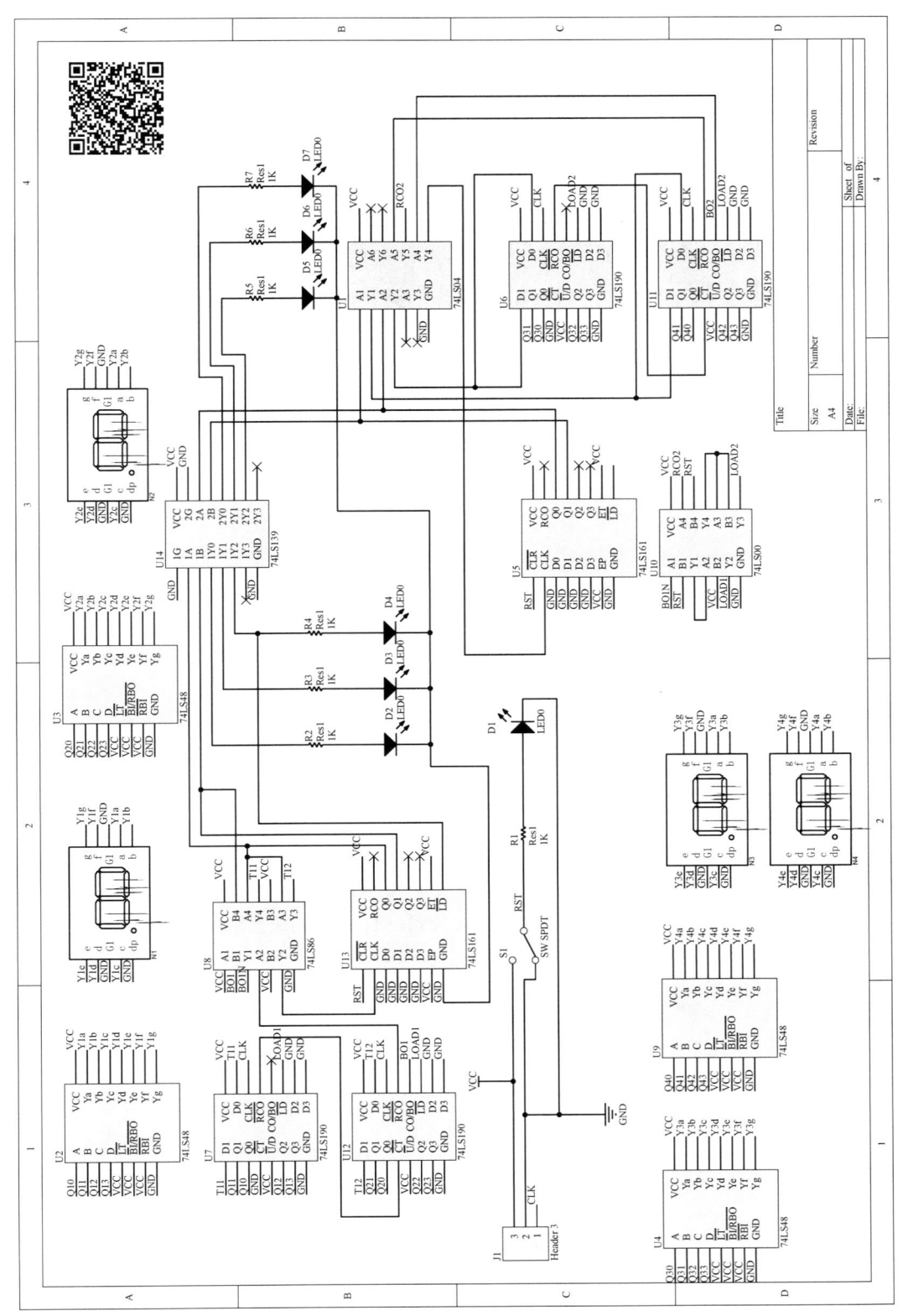

图 4-26 PCB 原理图

数字电路设计与实践

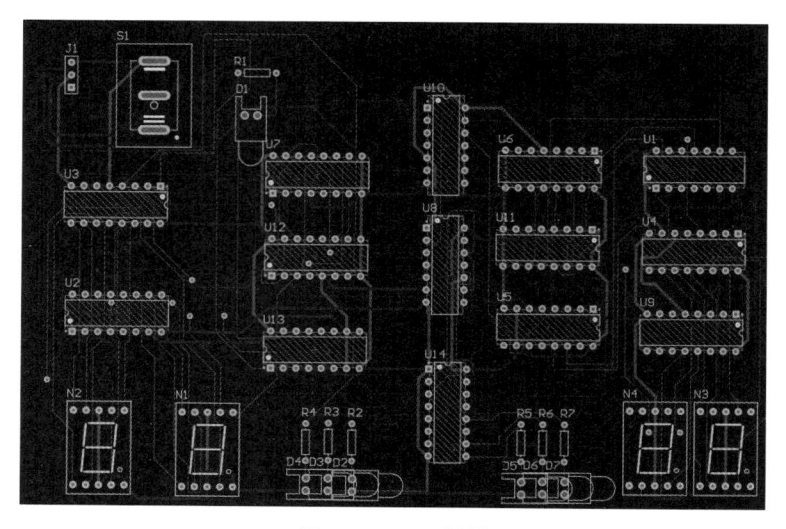

图 4-27 PCB 板图

小结

本项目主要介绍了计数器、中规模时序逻辑电路的分析与设计方法。

在计数器方面，首先介绍了同步计数器和异步计数器的区别，同步计数器的各个触发器的时钟相同，但异步计数器的部分触发器的时钟来自其他触发器的输出。接着介绍了集成计数器的分析与应用，常用的集成计数器有 74LS161 和 74LS160 等。74LS161 为十六进制计数器，74LS160 为十进制计数器，它们都有异步清零端和同步置数端，要注意用异步清零端清零和同步置数端清零的区别。利用集成计数器的输入和输出可以对集成计数器进行扩展，可扩展成任意进制的计数器。

在交通信号灯电路的设计中，要注意如何使东西方向和南北方向的交通灯不产生冲突，由于两部分的时序不同，因此使用两个除时钟脉冲和复位信号外其他部分均独立的电路。由于交通灯是倒计时的，因此选择 74LS190 作为计时芯片，要注意 74LS190 的预置方式和借位输出方式。为了节省器件并简化连接，使用 74LS161 作为状态计数器，而不是直接使用触发器来存储状态。

习题

1. 【计数器的分析】分析题 1 图所示电路，画出状态转移图。

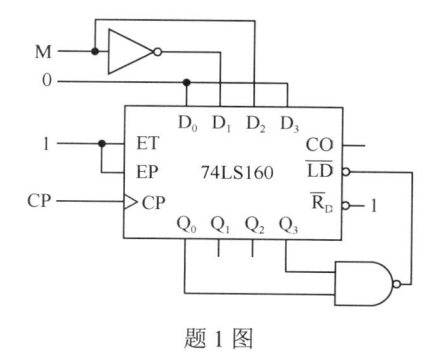

题 1 图

第 4 章 交通信号灯倒计时控制电路

2.【计数器的分析】分析题 2 图所示电路，说明其计数模值。

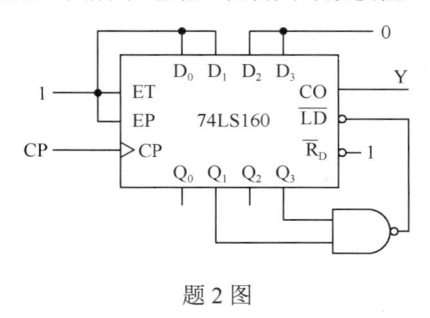

题 2 图

3.【计数器的分析】分析题 3 图所示计数器电路，说明每一片 74LS160 的进制和两片合起来的进制。

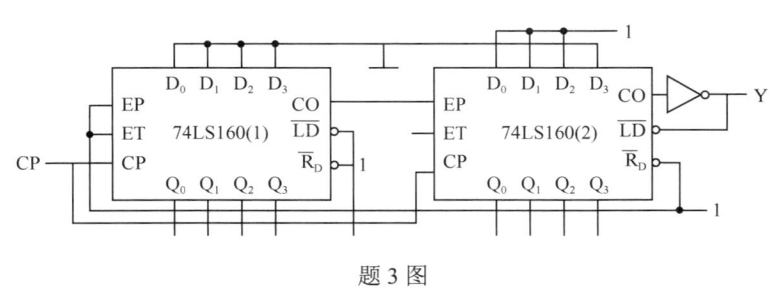

题 3 图

4.【计数器的分析】分析题 4 图所示电路，说明电路构成的计数器模值、两片 74LS161 各自的计数模值和状态转移。

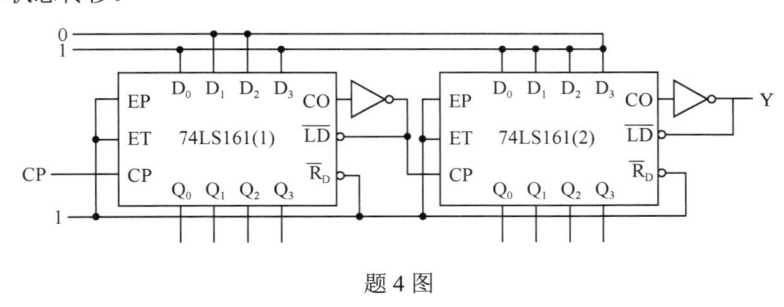

题 4 图

5.【计数器的分析】试分析题 5 图所示电路，画出两片芯片的状态转移图，说明该计数器电路的计数模值。

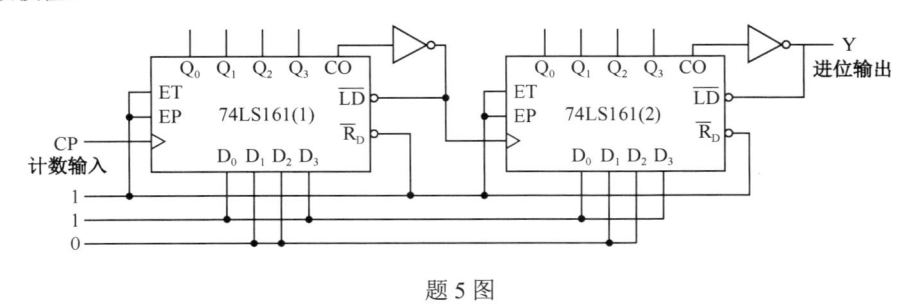

题 5 图

6.【计数器的分析】分析题 6 图所示电路，画出状态转移图及输出 Z 的时序图。

数字电路设计与实践

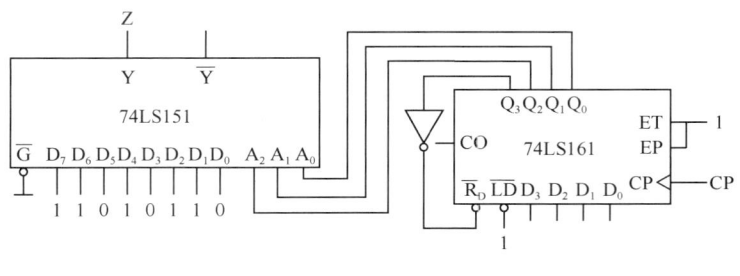

题 6 图

7.【序列信号发生器的设计】用同步二进制计数器 74LS161 和数据选择器设计 01100011 序列信号发生器。

8.【序列信号发生器的设计】用同步二进制计数器 74LS161 和组合逻辑电路设计 1100110101 序列信号发生器。

9.【序列信号发生器的设计】试用计数器设计序列信号发生器，要求产生的周期性序列信号为 1111000100。

10.【任意模值计数器的设计】用 74LS161 构成模 72 计数器，并画出逻辑电路。

实践

1.【任意模值计数器的设计】定时控制器逻辑电路设计。

要求 1：根据需求实现 24 小时以内的定时，实现时分；具有暂停、复位功能。

要求 2：根据需求实现任意时间的启动、结束，例如 13:50:15 启动，13:55:00 结束。

2.【任意模值计数器的设计】数字脉搏测试仪的设计。

要求：测量 1 分钟脉搏次数，计数范围为 20～250；当脉搏超过 120 次/分时，发出报警信号。

第 5 章

铁塔图案彩灯电路

5.1 项目内容及要求

使用移位寄存器设计一个铁塔图案彩灯电路。

5.2 必备理论内容

5.2.1 中规模时序逻辑电路——移位寄存器

5.2.1.1 寄存器和移位寄存器

1. 寄存器

数字电路中,用来存储二进制数据或代码的电路称为寄存器。寄存器由具有存储功能的触发器组合构成。一个触发器可以存储 1 位二进制代码,存储 n 位二进制代码的寄存器需用 n 个触发器。由于寄存器只要求存储 1 和 0,因此无论哪种触发方式的触发器都可以组成寄存器。为了控制信号的接收和清除,还必须有相应的控制电路与触发器配合工作,所以寄存器中还包含由门电路构成的控制电路。

按照功能的不同,寄存器分为基本寄存器和移位寄存器两大类。基本寄存器只能并行输入数据、并行输出数据。移位寄存器中的数据可以在移位脉冲的作用下依次逐位右移或左移,数据可以并行输入—并行输出,也可以串行输入—串行输出,还可以并行输入—串行输出、串行输入—并行输出,十分灵活。

图 5-1 所示为由 D 触发器构成的 4 位寄存器,其中,$\overline{R_D}$ 为置零端,$D_0 \sim D_3$ 是信号输入端,$Q_0 \sim Q_3$ 是输出端。可以看出,接收数据时所有代码是同时并行输入的,D 触发器中的数据并行地出现在输出端,这种输入/输出方式称为并行输入—并行输出方式。

状态方程为

$$\begin{cases} Q_0^{n+1}=D_0 \\ Q_1^{n+1}=D_1 \\ Q_2^{n+1}=D_2 \\ Q_3^{n+1}=D_3 \end{cases} \quad (5\text{-}1)$$

数字电路设计与实践

从图 5-1 可以看出，在 CP 信号的作用下，寄存器将输入数据 $D_0 \sim D_3$ 寄存，通过输出端 $Q_0 \sim Q_3$ 输出，图 5-2 所示为集成 4 位数码寄存器 74LS75 的逻辑符号。

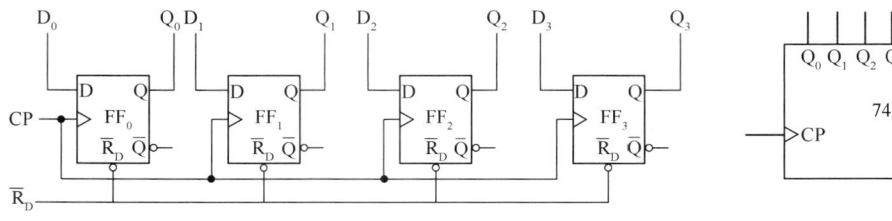

图 5-1　由 D 触发器构成的 4 位寄存器　　　　图 5-2　74LS75 的逻辑符号

2. 移位寄存器

为了增加使用的灵活性，在寄存器的电路中可以附加控制电路以实现异步置零、输出三态控制和移位等功能。其中，具有移位功能的寄存器称为移位寄存器，即寄存器里存储的代码在移位脉冲的作用下依次左移或右移。根据输入/输出信号的不同，移位寄存器分为串入—并出、串入—串出、并入—串出、并入—并出 4 种。利用移位寄存器可以实现串行—并行转换、数值运算以及数据处理等。下面从输入/输出方式不同的角度介绍移位寄存器。

（1）串入—并出移位寄存器

图 5-3 所示为由 4 级 D 触发器构成的 4 位串入—并出移位寄存器。

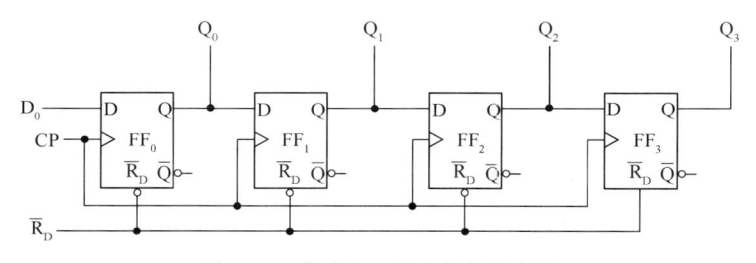

图 5-3　4 位串入—并出移位寄存器

第一个触发器 FF_0 的输入端用于接收信息，其他输入端均与前级触发器的输出端 Q 连接。在实际工作时，系统会有一段时间的延迟，因为 CP 的上升沿到达各个触发器需要一定的时间。因此，在移存脉冲的作用下，当 FF_0 开始翻转时，其余后级触发器仍然按照原状态翻转。以二进制码 $D_0D_1D_2D_3=1011$ 为例，假设在第一个时钟周期到来时，1011 的最低位 1 输入触发器 FF_0，则其将 1 暂存，并且将其输出至下一级触发器 FF_1。当第二个时钟周期上升沿到来时，触发器 FF_0 将暂存二进制数 0，触发器 FF_1 暂存上一个脉冲周期从 FF_0 输入的最低位 1。随着时钟脉冲输入，各个触发器将依次开始工作。从整体看，总的效果相当于移位寄存器里原有代码依次向右移了一位（本书规定，串行数据由 $Q_0 \to Q_3$ 移动称为右移即由低位向高位移动，由 $Q_3 \to Q_0$ 移动称为左移即由高位向低位移动）。

表 5-1 所示为 5 个时钟周期内各个触发器输出端的状态，假设初始状态为 0000。可以看出，在第五个时钟周期时，$Q_3 \sim Q_0$ 可以一次性并行读出全部输入的数据，实现了数据的串—并转换。

表 5-1　触发器状态转移表

CP 序号	D_0	Q_0^n	Q_1^n	Q_2^n	Q_3^n
0	0	0	0	0	0
1	1	1	0	0	0

续表

CP 序号	D_0	Q_0^n	Q_1^n	Q_2^n	Q_3^n
2	0	0	1	0	0
3	1	1	0	1	0
4	1	1	1	0	1

电路的状态方程为

$$\begin{cases} Q_0^{n+1} = D_0 \\ Q_1^{n+1} = Q_0^n \\ Q_2^{n+1} = Q_1^n \\ Q_3^{n+1} = Q_2^n \end{cases} \quad (5\text{-}2)$$

图 5-4 所示为串入—并出移位寄存器的时序图（以 1011 为例）。

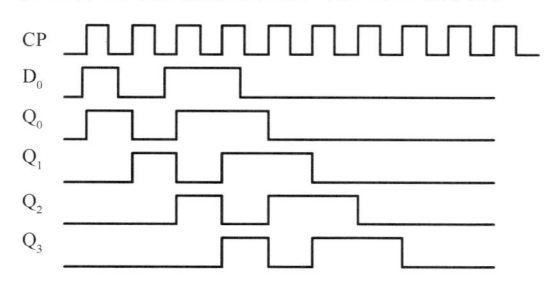

图 5-4　串入—并出移位寄存器的时序图

注意，在二进制计算中，数据向高位/低位移位，就相当于乘/除运算，即数据每向高位/低位移一位，就相当于在原数据的基础上乘/除以 2；每移 n 位，则相当于乘/除以 2^n。因此，移位寄存器通常也当成乘法/除法器使用，实现数值计算功能。

（2）串入—串出移位寄存器

图 5-5 所示为由 4 级 D 触发器构成的 4 位串入—串出移位寄存器。

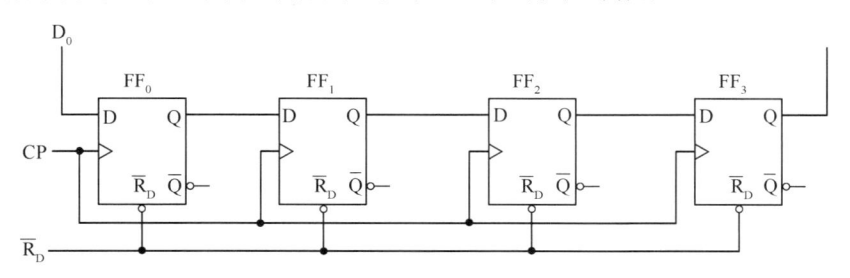

图 5-5　4 位串入—串出移位寄存器

可以看到，串入—串出移位寄存器实现的功能是在时钟信号的作用下，经过 N 个周期（N 为触发器个数），将输入信号 D_0 在最后一个触发器输出，信号仅仅延迟输出了 N 个移存脉冲的周期，延迟时间为

$$T_d = n \cdot T_{CP} \quad (5\text{-}3)$$

式中，T_{CP} 为移存脉冲的周期；n 为存储器的位数。

串入—串出移位寄存器的延时输出特性可以用于一些需要延时控制的场合。由于串入—串出移位计数器的每一个触发器的作用都相当于使信号延迟一个周期，因此利用这个特性，可以使用

数字电路设计与实践

移位寄存器来实现计数功能。

① 环形计数器。

将串入—串出移位寄存器的输出端 Q^n 反馈接入输入端，可以让信号在各个触发器之间循环行进，这就构成了最简单的环形计数器。图 5-6 所示为由移位寄存器构成的模 4 环形计数器，其中，反馈信号为

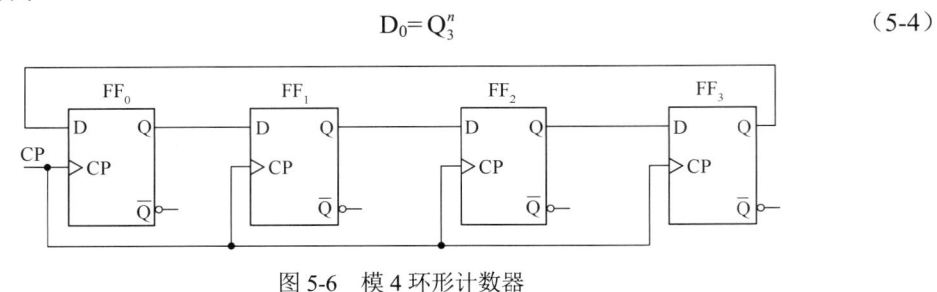

$$D_0 = Q_3^n \tag{5-4}$$

图 5-6 模 4 环形计数器

触发器的状态转移方程为

$$\begin{cases} Q_0^{n+1} = Q_3^n \\ Q_1^{n+1} = Q_0^n \\ Q_2^{n+1} = Q_1^n \\ Q_3^{n+1} = Q_2^n \end{cases} \tag{5-5}$$

根据式（5-5）可以作出状态转移表和状态转移图，分别如表 5-2 和图 5-7 所示。

表 5-2 图 5-6 状态转移表

Q_3^n	Q_2^n	Q_1^n	Q_0^n	Q_3^{n+1}	Q_2^{n+1}	Q_1^{n+1}	Q_0^{n+1}
0	0	0	1	0	0	1	0
0	0	1	0	0	1	0	0
0	1	0	0	1	0	0	0
1	0	0	0	0	0	0	1
1	0	0	1	0	0	1	1
0	0	1	1	0	1	1	0
0	1	1	0	1	1	0	0
1	1	0	0	1	0	0	1
1	1	1	0	1	1	0	1
1	1	0	1	1	0	1	1
1	0	1	1	0	1	1	1
0	1	1	1	1	1	1	0
0	1	0	1	1	0	1	0
1	0	1	0	0	1	0	1
0	0	0	0	0	0	0	0

规定 0001～1000 为有效循环，其余都是无效循环，以上所有的计数循环都是彼此孤立的。一旦计数器进入无效循环，将保持无效循环计数，从而不能够转入有效循环。因此，该计数器不具备自启动功能。

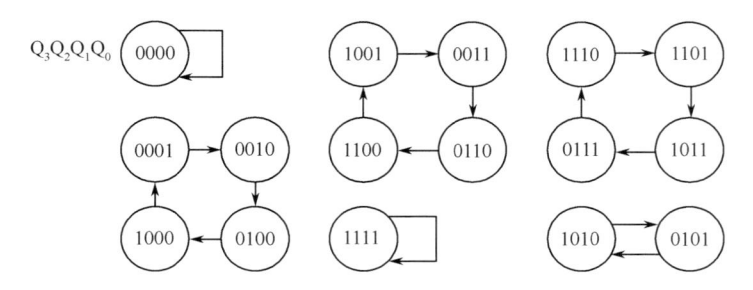

图 5-7　图 5-6 状态转移图

为了确保环形计数器工作在有效循环内，可以对电路进行改进，使之具有自启动功能。将 $Q_0 \sim Q_2$ 的输出经由**或非门**反馈入 D_0 端，即可实现自启动功能，如图 5-8 所示。

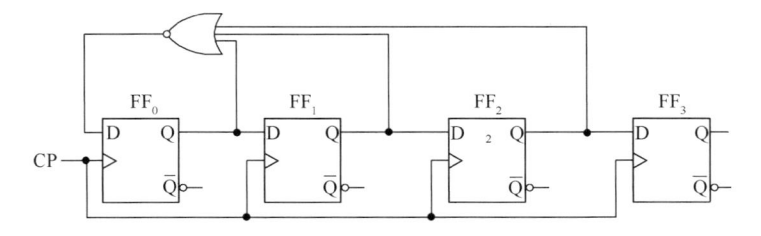

图 5-8　改进的环形计数器

状态方程为

$$\begin{cases} Q_0^{n+1} = \overline{Q_0^n + Q_1^n + Q_2^n} \\ Q_1^{n+1} = Q_0^n \\ Q_2^{n+1} = Q_1^n \\ Q_3^{n+1} = Q_2^n \end{cases} \quad (5\text{-}6)$$

改进后状态转移图如图 5-9 所示。

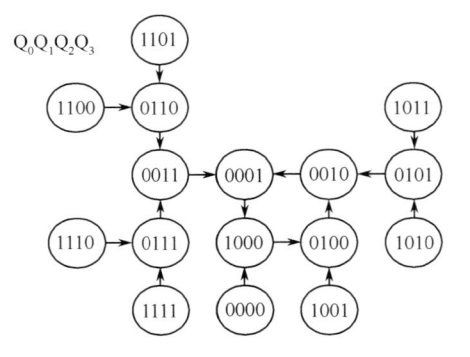

图 5-9　改进后状态转移图

在非自启动环形计数器的基础上，将反馈函数修改为

$$D_0 = \overline{Q_0^n + Q_1^n + Q_2^n + \cdots + Q_{N-2}^n}$$

通过门电路修改反馈输入端（N 是触发器个数），可以实现自启动功能。

② 扭环形计数器。

由上面的分析知道，由触发器构成环形计数器时，有大量的电路状态被当作无效状态而被舍弃掉。修改反馈输入端，不仅能够实现电路的自启动功能，而且能提高电路状态的使用效率。扭

数字电路设计与实践

环形计数器就是简单的可以提高状态利用率的环形计数器,它将移位寄存器的输出端 $\overline{Q}^n$ 反馈接入输入端,构成扭环形计数器。图 5-10 所示为由 4 个 D 触发器构成的模 8 扭环形计数器,可以看到,它与普通的环形计数器区别在于它的反馈函数为

$$D_0 = \overline{Q}_3^n \tag{5-7}$$

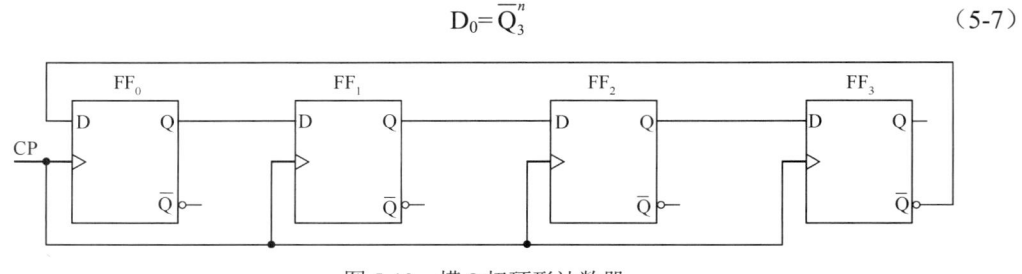

图 5-10 模 8 扭环形计数器

其状态方程与环形计数器仅仅在 D_0 端不同,其状态转移表和状态转移图分别如表 5-3 和图 5-11 所示。

表 5-3 图 5-10 状态转移表

Q_0^n	Q_1^n	Q_2^n	Q_3^n	Q_0^{n+1}	Q_1^{n+1}	Q_2^{n+1}	Q_3^{n+1}
0	0	0	0	1	0	0	0
1	0	0	0	1	1	0	0
1	1	0	0	1	1	1	0
1	1	1	0	1	1	1	1
1	1	1	1	0	1	1	1
0	1	1	1	0	0	1	1
0	0	1	1	0	0	0	1
0	0	0	1	0	0	0	0
1	0	1	0	1	1	0	1
1	1	0	1	0	1	1	0
0	1	1	0	1	0	1	1
1	0	1	1	0	1	0	1
0	1	0	1	0	0	1	0
0	0	1	0	1	0	0	1
1	0	0	1	0	1	0	0
0	1	0	0	1	0	1	0

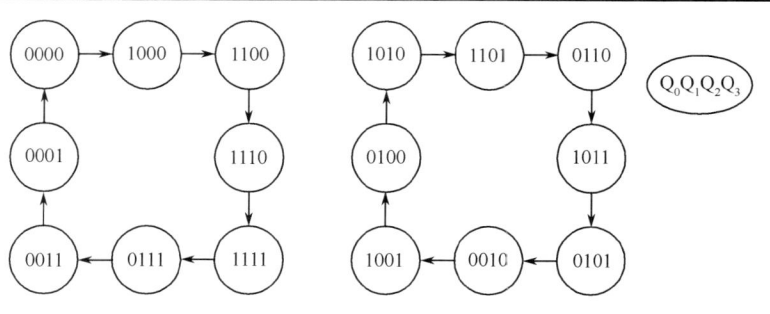

图 5-11 图 5-10 状态转移图

第 5 章　铁塔图案彩灯电路

由图 5-11 可知，该计数器的计数状态被等分成两半，每个循环的模都是 8，即 2N。因此，只需规定其中一个为有效循环，则另一个就是无效循环。通常选择左边这个循环作为工作循环，因为在每次状态改变时，系统内只有一个触发器状态是改变的，这就避免了时序逻辑电路中的冒险现象。此外，扭环形计数器相对于普通环形计数器的优点在于，它可使有效循环的计数模值加倍，即由 N 变为 2N。但由于计数循环的各个状态之间并不是按照常用编码规律排列的，因此需顺序输出时要增加译码电路。

在这种连接方式下，扭环形计数器也是不能够自启动的。对反馈电路进行改进，得到可自启动的扭环形计数器，如图 5-12 所示，状态转移图如图 5-13 所示。

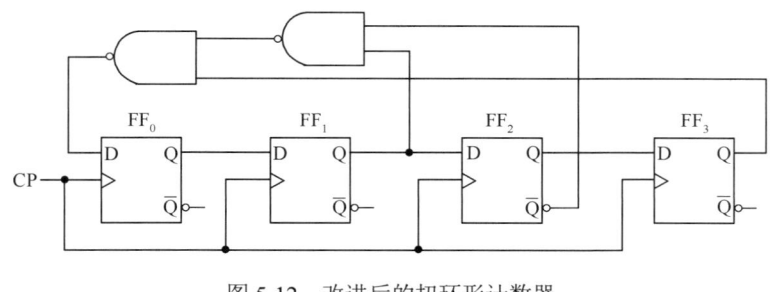

图 5-12　改进后的扭环形计数器

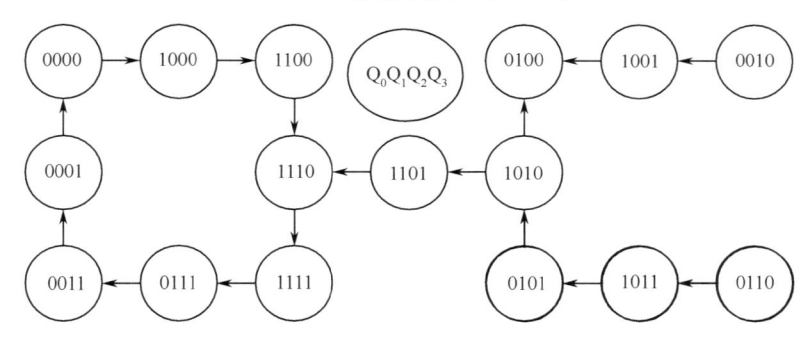

图 5-13　改进后状态转移图

对状态转移图的分析可知，扭环形计数器的连接方式是 $D_0 = \overline{Q}_{N-1}^n$，而内部的各个触发器之间仍然是串行连接方式。

根据不同的需要，反馈信号的接入可以是多种多样的，在反馈环节加入其他的逻辑电路能构成实现其他特殊功能的环形计数器。

（3）并入—串出移位寄存器

并行信号转为串行信号在通信系统中使用得较为广泛，由于许多微处理器都是并行输出数据的，而通信系统的数据总线往往是串行的，这就要求数据必须通过并—串转换将数据从微处理器传送到数据总线上。

图 5-14 所示为 4 位并入—串出移位寄存器的逻辑图。

为了实现数据的载入移位，需要附加不同门电路构成的外围电路，其中，LOAD/$\overline{\text{SHIFT}}$ 用于控制电路载入数据或者进行数据移位，当 LOAD/$\overline{\text{SHIFT}}$ 为 1 时，各个触发器的第二个与门处于工作状态，此时，各个触发器在移位时钟脉冲的控制下，分别从 $D_0 \sim D_3$ 开始载入数据；当 LOAD/$\overline{\text{SHIFT}}$ 为 0 时，各个触发器的第一个与门处于工作状态，此时电路处于移位寄存状态，由于各个触发器之间是串行连接的，因此，数据在触发器中经过 N 个周期之后，由 Q_3 端串行输出。

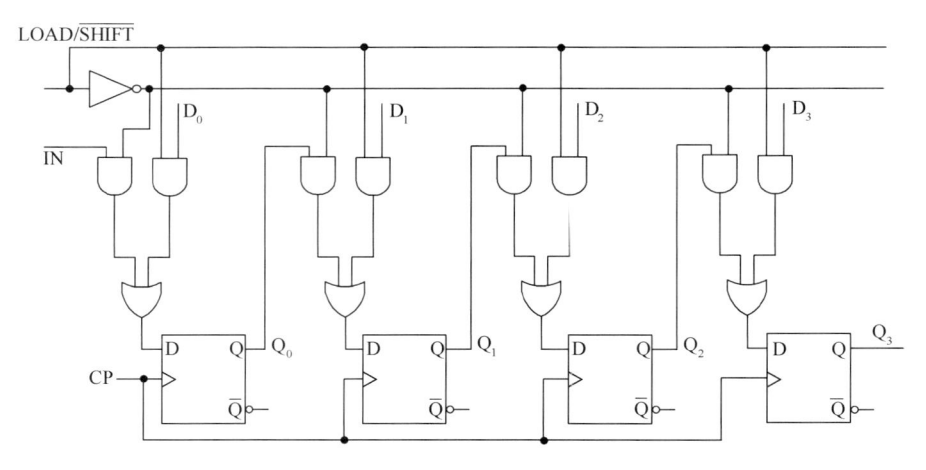

图 5-14　4 位并入—串出移位寄存器的逻辑图

（4）并入—并出移位寄存器

将各个触发器的输出端改为并行状态，即每一个触发器都能够输出，可以构成并入—并出移位寄存器，其工作原理与并入—串出寄存器基本一致，区别仅在于数据能够直接从多个端口一起输出，并入—并出工作方式常应用于微处理器内部，其逻辑图如图 5-15 所示。

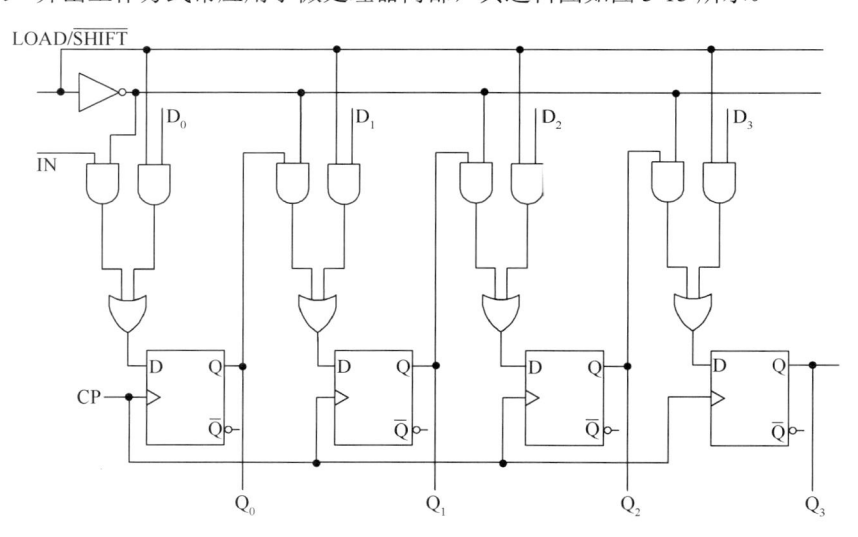

图 5-15　并入—并出移位寄存器的逻辑图

5.2.1.2　集成移位寄存器

1. 4 位双向移位寄存器 74LS194

在满足基本移位寄存器功能的基础上，集成移位寄存器往往能够提供更多功能以完成更加复杂的应用。其中，4 位双向移位寄存器 74LS194 是应用较为广泛的移位寄存器，它能够进行左/右移位控制，带有保持、复位等控制端，采用并行输入的方式，能够实现并行置数、异步清零等功能。

图 5-16 所示为 74LS194 的逻辑图，图 5-17 所示为 74LS194 的逻辑符号。

第 5 章 铁塔图案彩灯电路

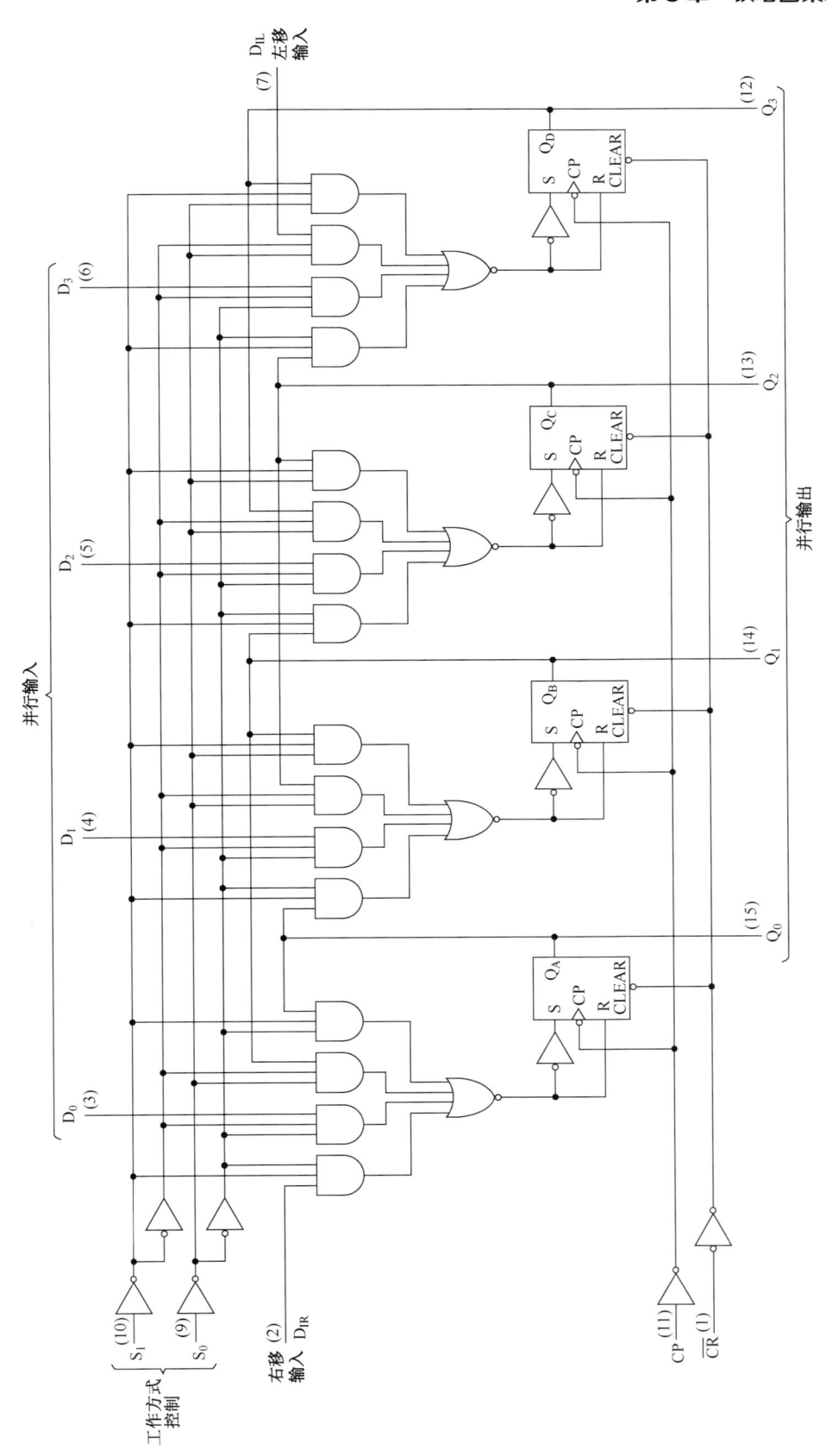

图 5-16 74LS194 的逻辑图

数字电路设计与实践

图 5-17 中,$D_0 \sim D_3$ 是并行数据输入端;$Q_0 \sim Q_3$ 是数据输出端;D_{IR} 是右移工作时的数据输入端;D_{IL} 是左移工作时的数据输入端;S_0、S_1 作为工作方式控制端,其输入电平决定了寄存器的工作状态;$\overline{CR}$ 是清零端,只有当它为高电平时,芯片才正常工作,否则整个芯片将强制置零。

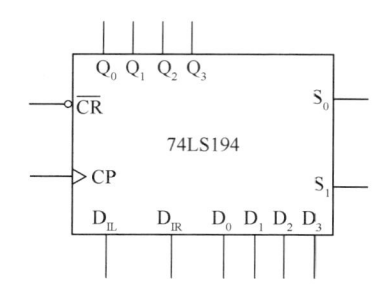

图 5-17 74LS194 的逻辑符号

表 5-4 所示为 74LS194 的功能表。当 $\overline{CR}$ 为 1,即寄存器处于正常工作状态,$S_1S_0=00$ 时,CP 的触发沿(对于 74LS194 来说是上升沿)到来后,寄存器内部的数据状态将保持不变,输出也不变。当 $S_1S_0=01$ 时,寄存器将采取右移工作方式,缺位的数据将由 D_{IR} 端输入得到;当 $S_1S_0=10$ 时,寄存器的工作状态是左移,缺位的数据由 D_{IL} 端输入得到;而当 $S_1S_0=11$ 时,寄存器将并行从 $D_0 \sim D_3$ 输入端读取数据。

表 5-4 74LS194 的功能表

CP	$\overline{CR}$	S_1	S_0	D_{IL}	D_{IR}	D_0	D_1	D_2	D_3	Q_0^{n+1}	Q_1^{n+1}	Q_2^{n+1}	Q_3^{n+1}	工作状态
×	0	×	×	×	×	×	×	×	×	0	0	0	0	清零
0	1	×	×	×	×	×	×	×	×	Q_0^n	Q_1^n	Q_2^n	Q_3^n	保持
↑	1	1	1	×	×	A	B	C	D	A	B	C	D	置数
↑	1	0	1	×	1	×	×	×	×	1	Q_0^n	Q_1^n	Q_2^n	右移
↑	1	0	1	×	0	×	×	×	×	0	Q_0^n	Q_1^n	Q_2^n	右移
↑	1	1	0	1	×	×	×	×	×	Q_1^n	Q_2^n	Q_3^n	1	左移
↑	1	1	0	0	×	×	×	×	×	Q_1^n	Q_2^n	Q_3^n	0	左移
×	1	0	0	×	×	×	×	×	×	Q_0^n	Q_1^n	Q_2^n	Q_3^n	保持

2. 74LS194 的应用

一片 74LS194 能够实现 4 位二进制码的寄存和移存功能,高于 4 位数据的寄存、移存可以采用级联方式实现,下例给出两片 74LS194 构成的级联例子。

【例 5-1】 分析图 5-18 所示电路的逻辑功能。

解 两片 74LS194 工作在同步状态下,共用同一个计数脉冲 CP。$\overline{CR}$、S_1、S_0 端分别连在一起,工作状态也相同,前级芯片 C_1 的末位输出 Q_3 接入后级芯片 C_2 的 D_{IR} 端,后级芯片的首位输出 Q_0 接入前级芯片的 D_{IL} 端,这样 C_1、C_2 的两个 4 位输出端构成一个整体的 8 位输出端。当寄存器处于右移状态时,C_1 的输出端 Q_3 将数据输入 C_2 的 D_{IR} 端,相当于 C_2 开始右移工作,最左边缺位的数据由 C_1 的输出端 Q_3 填充。因此,从整体上看这是一个 8 位右移移位寄存器,而前级芯片 C_1 的右移输入端 D_{IR} 则成为整个寄存器的 D_{IR}。反过来,当寄存器处于左移状态时,前级芯片 C_1 的最右边缺位的数据由 C_2 的输出端 Q_0 填充,整个寄存器处于左移状态,后级芯片 C_2 的 D_{IL} 成为整个寄存器的 D_{IL}。因此,图 5-18 电路为两片 74LS194 级联构成 8 位移位寄存器。

第 5 章 铁塔图案彩灯电路

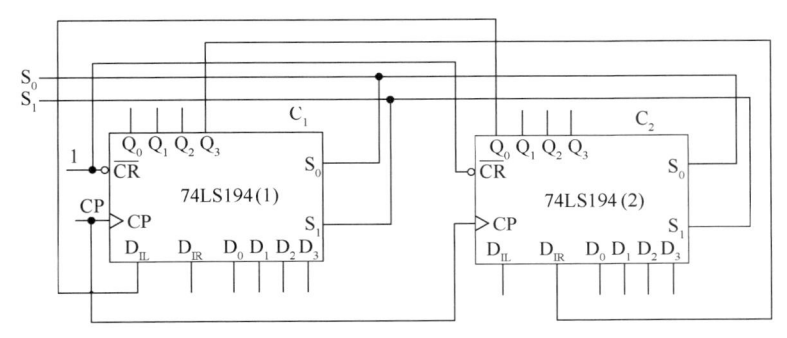

图 5-18 例 5-1 电路

74LS194 不仅能够与集成寄存器级联实现位扩展功能,也能够与其他集成芯片共同构成系统,实现复杂的功能,下例为由 1 个全加器和 3 片 74LS194 构成串行累加器的实例。

【例 5-2】 分析图 5-19 所示电路的逻辑功能。

解 首先在加法运算之前,令移位寄存器 74LS194(1) 和 74LS194(2) 的 $S_1S_0=11$,即从置数端读取输入数据,假设 74LS194(1) 置入的数据为 $A_3A_2A_1A_0$,74LS194 (2) 置入的数据为 $B_3B_2B_1B_0$。令 $S_1S_0=10$,使 74LS194(1) 和 74LS194(2) 实现左移。当第 1 个脉冲触发沿到来时,74LS194(1) 将 A_0、74LS194(2) 将 B_0 送入加法器进行二进制加法运算,进位由加法器的进位输出端 CO 送入 D 触发器,运算结果存入移位寄存器 74LS194(3) 的 D_{IR} 端。当第 2 个脉冲触发沿到来时,送入加法器的是 74LS194(1) 输出的 A_1 和 74LS194(2) 输出的 B_1。同时,74LS194(3) 的 D_{IR} 端输入 A_0+B_0 的结果右移一位,此时 D_{IR} 端输入的是 A_1+B_1,CO 端输出的是 A_1+B_1 的进位结果。以此类推,当第 4 个脉冲触发沿到来后,74LS194(1) 和 74LS194(2) 中的 4 位二进制码已经移送完毕,而运算结果也存入移位寄存器 74LS194(3)。此时 74LS194(3) 中的数据分别为 A_3+B_3,A_2+B_2,A_1+B_1,A_0+B_0 的结果,进位结果保存在 D 触发器中。计算结果通过 $Q_3 \sim Q_0$ 输出,而进位结果也从 D 触发器输出至与门。通过输入一个取数脉冲 K,从与门中一次性并行取得 $A_3A_2A_1A_0+B_3B_2B_1B_0$ 的结果及进位结果。该电路实现的功能是将集成移位寄存器 74LS194(1) 和 74LS194(2) 中的二进制数逐位相加,并且将结果并行输出。

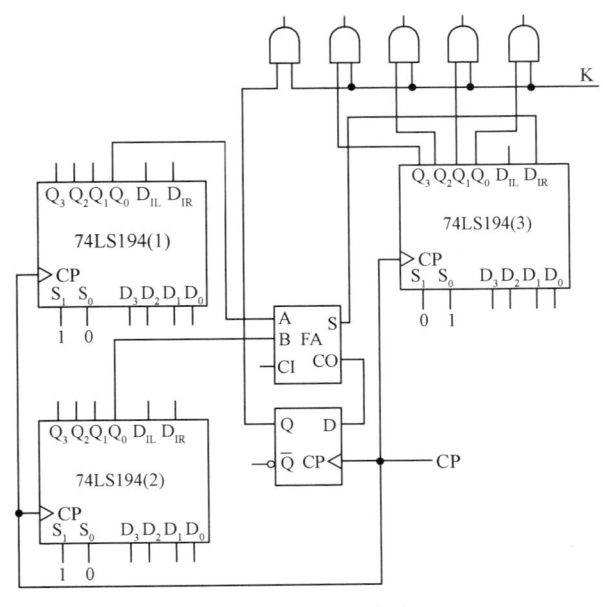

图 5-19 例 5-2 电路

3. 其他集成移位寄存器

除 74LS194 外还有许多功能各异的集成移位寄存器，在应用时可以根据实际问题灵活选用。图 5-20 所示为具有 J、K 输入的集成移位寄存器 74LS195。J 和 $\overline{K}$ 是两个移位信号控制输入端，使用时将 J 与 $\overline{K}$ 连在一起，等价于 D 触发器的输入方式。由于只有一组移位输入信号，因此 74LS195 只能进行右移操作，表 5-5 所示为 74LS195 的功能表。其中，$\overline{CR}$ 是清零端，低电平有效。SH/$\overline{LD}$ 是移位/置数控制端，低电平时移位寄存器从输入端 $D_3D_2D_1D_0$ 置数，高电平时进行移位操作。74LS195 有两个串行输出端 Q_3 和 $\overline{Q}_3$，可以提供最后一级的反向输出，有利于灵活搭建反馈电路。

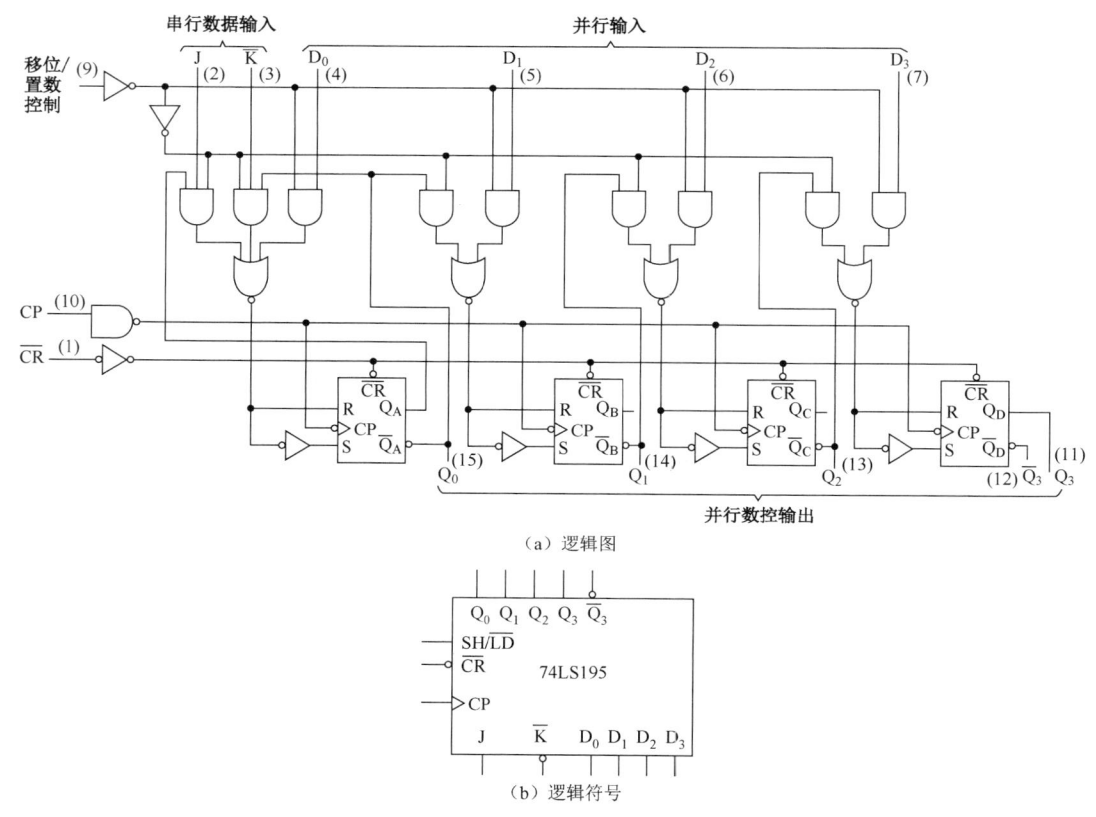

（a）逻辑图

（b）逻辑符号

图 5-20 集成移位寄存器 74LS195 的逻辑图与逻辑符号

表 5-5 74LS195 的功能表

$\overline{CR}$	SH/$\overline{LD}$	J	$\overline{K}$	Q_0	Q_1	Q_2	Q_3	功 能
0	×	×	×	0	0	0	0	清零
1	0	×	×	D_0	D_1	D_2	D_3	置数
1	1	0	1	Q_0	Q_0	Q_1	Q_2	移位（右移）
1	1	0	0	0	Q_0	Q_1	Q_2	移位（右移）
1	1	1	1	1	Q_0	Q_1	Q_2	移位（右移）
1	1	1	0	$\overline{Q}_0$	Q_0	Q_1	Q_2	移位（右移）

4. 用集成移位寄存器实现任意模值 M 的计数器

移位寄存器的状态转移是按移存规律进行的。因此，构成任意模值的计数器的状态转移必然符合移存规律，一般称之为移存型计数器。常用的移存型计数器有环形计数器和扭环形计数器。

第 5 章　铁塔图案彩灯电路

图 5-21 所示为由 4 位移位寄存器 CT54195 构成的环形计数器。CT54195 的功能表与 74LS195 相同，如表 5-5 所示。当移位/置入（SH/$\overline{LD}$）控制端为低电平时，执行同步并行置入操作；当 SH/$\overline{LD}$ 为高电平时，执行右移操作。由图 5-21 可见，并行输入信号 $D_0D_1D_2D_3$=0111，输出 Q_3 反馈接至串行输入端。这样，在时钟作用下其状态转移表如表 5-6 所示。首先在启动信号作用下实现并入操作，使 $Q_0Q_1Q_2Q_3$=0111，之后执行右移操作，实现模 4 计数。

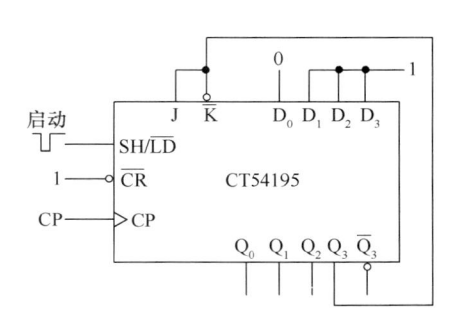

图 5-21　由 CT54195 构成的环形计数器

这种移存型计数器，每一个输出端轮流出现 0（或 1），称为环形计数器。由于其没有自启动特性，因此需外加启动信号。如果将输出 $\overline{Q}_3^n$ 反馈接至串行输入端，则可得到如表 5-7 所示的状态转移表，能实现模 8 计数。一般 n 位移位寄存器可实现模值 n 的环形计数器及模值 $2n$ 的扭环形计数器。

表 5-6　环形计数器的状态转移表

Q_0^n	Q_1^n	Q_2^n	Q_3^n
0	1	1	1
1	0	1	1
1	1	0	1
1	1	1	0

表 5-7　扭环形计数器的状态转移表

Q_0^n	Q_1^n	Q_2^n	Q_3^n
0	1	1	1
0	0	1	1
0	0	0	1
0	0	0	0
1	0	0	0
1	1	0	0
1	1	1	0
1	1	1	1

采用移位寄存器 SH/$\overline{LD}$ 控制端，选择合适的并行输入数据值和适当的反馈网络，可以实现任意模值 M 的同步计数器（分频器）。

【例 5-3】　应用 4 位移位寄存器 CT54195，实现模 12 同步计数。

解　图 5-22 所示为由 CT54195 构成的模 12 计数器。并行数据输入全部为 0，由 Q_3 作为串行数据输入 $\overline{K}$，$\overline{Q}_3$ 作为 J 输入。SH/$\overline{LD}$ = $\overline{Q_2Q_1Q_0}$，在时钟作用下，其状态转移表如表 5-8 所示。

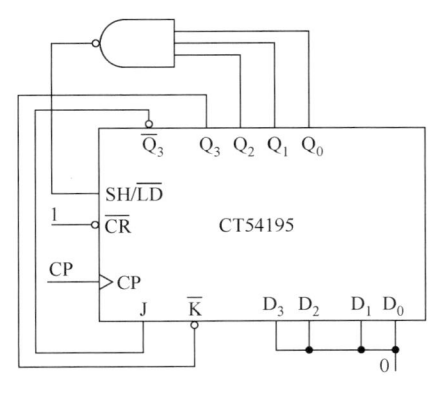

图 5-22　由 CT54195 构成的模 12 计数器

表 5-8　例 5-3 状态转移表

Q_3^n	Q_2^n	Q_1^n	Q_0^n	SH/$\overline{LD}$	Q_3^{n+1}	Q_2^{n+1}	Q_1^{n+1}	Q_0^{n+1}
0	0	0	0	1	0	0	0	1
0	0	0	1	1	0	0	1	0
0	0	1	0	1	0	1	0	1
0	1	0	1	1	1	0	1	0
1	0	1	0	1	0	1	0	0
0	1	0	0	1	1	0	0	1
1	0	0	1	1	0	0	1	1
0	0	1	1	1	0	1	1	0
0	1	1	0	1	1	1	0	1
1	1	0	1	1	1	0	1	1
1	0	1	1	1	0	1	1	1
0	1	1	1	0	0	0	0	0

数字电路设计与实践

如果要构成其他模值计数器，只需改变并行输入数据即可，其他结构不变。表 5-9 所示为实现各种不同模值的并行输入数据。

采用移位寄存器和译码器可以构成程序计数器（分频器）。图 5-23 所示为由一片 3 线—8 线译码器和 2 片移位寄存器 CT54195 构成的程序计数器。其中，3 线—8 线译码器用来编制分频比，所需分频比由 C、B、A 来确定。

表 5-9 不同模值下的并行输入数据

计数模值	D_3	D_2	D_1	D_0
1	0	1	1	1
2	1	0	1	1
3	1	1	0	1
4	0	1	1	0
5	0	0	1	1
6	1	0	0	1
7	0	1	0	1
8	1	0	1	0
9	0	1	0	1
10	0	0	1	0
11	0	0	0	1
12	0	0	0	0
13	1	0	0	0
14	1	1	0	0
15	1	1	1	0

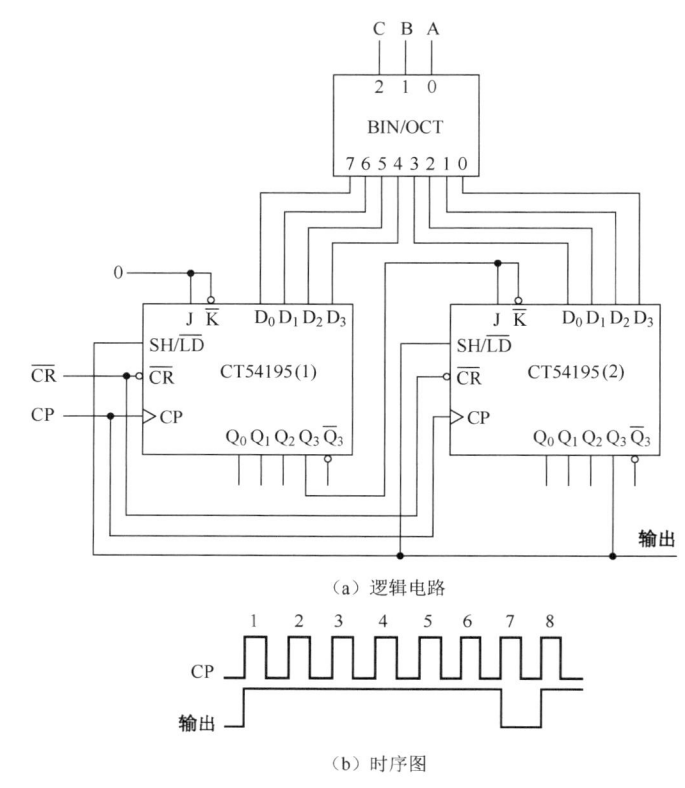

（a）逻辑电路

（b）时序图

图 5-23 程序计数器

5.2.2 序列信号发生器

在通信、雷达、遥测遥感、数字信号传输和数字系统的测试中，往往需要用到一组具有特殊性质的串行数字信号，这种由 1、0 数码按一定顺序排列的周期信号称为序列信号。产生序列信号的电路称为序列信号发生器。序列信号发生器的构成方法有多种，本节重点介绍移存型序列信号发生器和计数型序列信号发生器。

5.2.2.1 移存型序列信号发生器

由图 5-24 所示的框图可以看出，移存型序列信号发生器一般由移位寄存器和组合反馈电路两部分构成。

其中，移位寄存器的结构和模式是固定不变的，因此在分析应用以及设计时，应当把重点放在组合反馈电路上。下面以一个用 D 触发器构成的移位寄存器搭建的序列信号发生器为例分析移存型序列信号发生器并进行设计。

第 5 章 铁塔图案彩灯电路

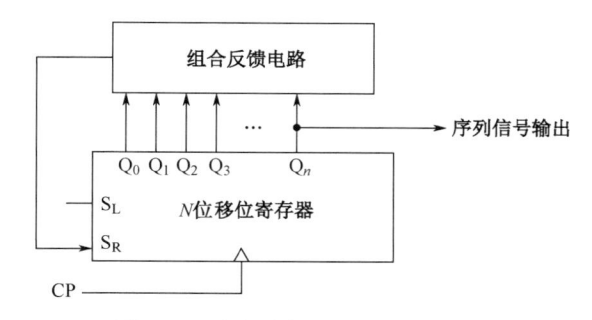

图 5-24 移存型序列信号发生器框图

【例 5-4】 分析图 5-25 所示电路。

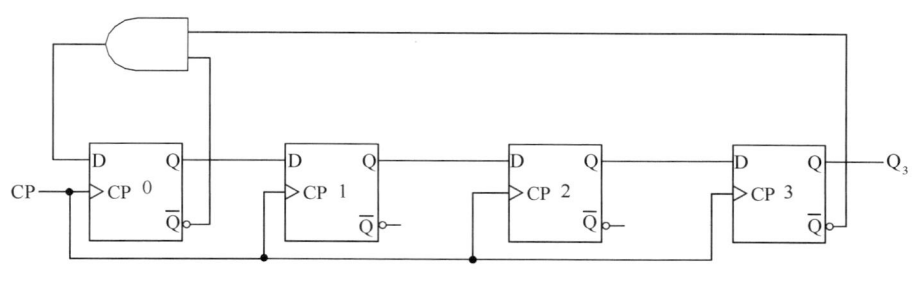

图 5-25 例 5-4 电路

解 从图 5-25 可以看出，4 个 D 触发器构成串行结构的移位寄存器，而 D_0 的输入由 $\overline{Q}_0^n$ 和 $\overline{Q}_3^n$ 通过与门反馈接入，其状态方程为 $D_0=\overline{Q}_3^n \overline{Q}_0^n$。

任选一个状态如 $\overline{Q}_3^n \overline{Q}_2^n \overline{Q}_1^n \overline{Q}_0^n$ =1101 来分析，由电路可知，数据是由低位向高位移存的，而补入的低位信号来自与门的反馈信号，$D_0=\overline{Q}_3^n \overline{Q}_0^n=0$，因此补 0，结果是 1010。以此类推，直到出现状态的循环，列出循环状态的状态转移表，如表 5-10 所示，该电路能输出 10100 序列且具备自启动功能。

考虑到信号序列的长度，若保证能够循环产生所需信号，则至少需要考虑前后两个循环的状态，每个序列长度为 5，则两个序列为 1010010100，由于移位寄存器电路中有 4 个 D 触发器，因此，每个时钟脉冲内系统能够暂存的状态有 4 位，用 4 位二进制码将序列信号分组，每个周期右移一位，分组结果如下：

1010010100
1010
 0100
  1001
   0010
    0101

表 5-10 例 5-4 状态转移表

Q_3^n	Q_2^n	Q_1^n	Q_0^n	D_0
1	1	0	1	0
1	0	1	0	0
0	1	0	0	1
1	0	0	1	0
0	0	1	0	1
0	1	0	1	0
1	0	1	0	0

从状态转移表可以看出，输出端 Q_3 能够周期性地输出序列 10100。

移存型序列信号发生器设计的一般方法如下。

（1）根据序列信号的长度，确定最少触发器的数目 n，对于计数型序列信号发生器，n 满足如下关系

数字电路设计与实践

$$2^{n-1} < M \leq 2^n \tag{5-8}$$

式中，M 为计数器的模，对于移存型序列信号发生器，如果 M 是序列长度，M 和 n 的关系并不一定满足，但是在设计时可以参照式（5-8）进行初始确定。

（2）通过分组，验证触发器数目 n 是否满足需要。具体方式是：对于给定的序列信号，按照 n 位一组、依次后移一位的方式分组，取到序列结尾为止，共 M 组，M 为序列长度。假设 M 组二进制码都不重复，说明 n 个触发器可用。如果 M 组二进制码中有重复的，说明电路不能用 n 个触发器搭建完成，可尝试 $n+1$ 位一组的方式分组，直至 M 组二进制码中没有重复的情况，此时的 $n+1$ 就是所需触发器的个数。

（3）按照所得的 M 组二进制码编写序列信号发生器的状态转移表，状态转移表中最后一列表示的应该是反馈信号，也就是当前触发器的下一状态。

（4）根据状态转移表求反馈函数并进行化简，一般需要使用卡诺图化简。

（5）检查电路自启动状态，画出逻辑图。

【例 5-5】 设计产生序列 00010111…00010111 的序列信号发生器。

解 根据给定序列信号，得到序列信号的循环长度为 $M=8$。由 $2^n \geq M$ 知，至少需要 3 位移位寄存器。从该循环码的起始位置依次取 3 位码（000），接着从第二位开始依次取 3 位码（001），再从第三位开始依次取 3 位码（010），依次类推，构成 8 个状态码：000、001、010、101、011、111、110、100。反馈信号 D_0 的取值是从序列信号中去掉前 n 位之后 M 位数码。例如，产生 0001011100010111…序列信号，循环长度为 $M=8$，需要寄存器 3 个，即码元位数 $n=3$，则 $D_0=10111000$。由这 8 个状态码构成的状态转移表和状态转移图分别如表 5-11 和图 5-26 所示。

表 5-11 例 5-5 状态转移表

CP	Q_2^n	Q_1^n	Q_0^n	D_0
0	0	0	0	1
1	0	0	1	0
2	0	1	0	1
3	1	0	1	1
4	0	1	1	1
5	1	1	1	0
6	1	1	0	0
7	1	0	0	0

由于状态转移符合移存规律，因此需要设计第一级激励信号，其他级寄存器的输入是上一级寄存器的输出。采用 D 触发器构成移位寄存器，对图 5-27 卡诺图进行化简可得出 D_0。

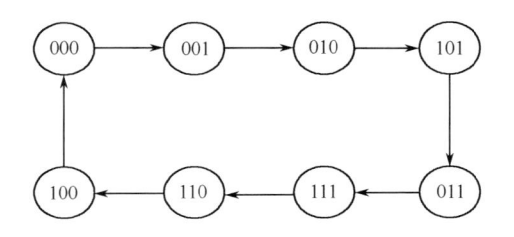

图 5-26 例 5-5 状态转移图

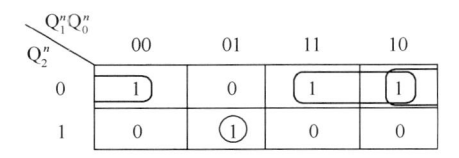

图 5-27 例 5-5 卡诺图

$$D_0 = \overline{Q_1^n} Q_0^n Q_2^n + Q_1^n \overline{Q_2^n} + \overline{Q_2^n}\, \overline{Q_0^n} \tag{5-9}$$

序列信号发生器电路如图 5-28 所示。

如果根据给定的序列信号画信号的状态转移表，可能出现上一状态与下一状态相同的情况。这在没有外加控制信号的情况下无法用电路实现，设计中只有通过增加位数 n 的办法，直到得到 M 个独立的状态构成循环为止。当然，增加的位数越多，电路的偏离状态越多。

第 5 章 铁塔图案彩灯电路

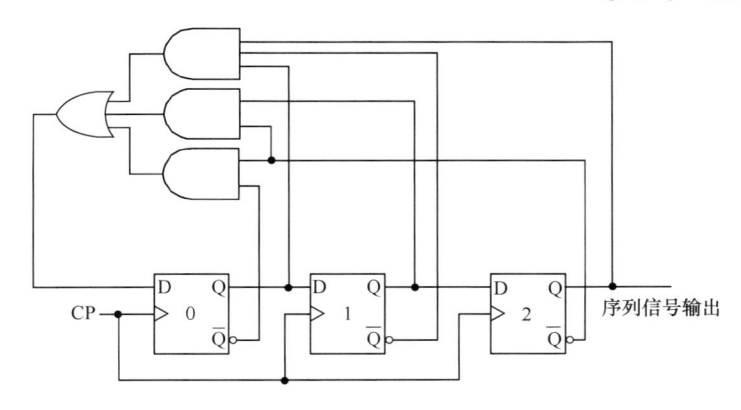

图 5-28 例 5-5 电路

【例 5-6】 用中规模逻辑器件设计序列信号发生器,产生序列 100111 100111。

解 (1)确定移位寄存器位数,由于序列长度为 6,因此优先考虑使用 3 位移位寄存器。
(2)对序列信号进行分组:

100111100111
100
  001
    011
      111
        111
          110

从分组情况可以看出,其中出现了两个 111 状态。因此,采取 3 位移位寄存器不能满足设计需要,考虑使用 4 位,分组情况如下:

100111100111
1001
  0011
    0111
      1111
        1110
          1100

可以发现,6 种状态中没有重复状态,因此确定 $n=4$。

(3)设反馈信号为 F_0,当移位寄存器右移时,Q_0^n 中的信号移到 Q_1^n,F_0 的信号移到 Q_0^n,于是可以列出状态转移表。例如,当 $Q_3^n Q_2^n Q_1^n Q_0^n = 1001$ 时,在 CP 的作用下,移位寄存器实现右移,$Q_3^n Q_2^n Q_1^n Q_0^n = 001F_0$,下一个状态为 0011,所以 $F_0=1$。当 $Q_3^n Q_2^n Q_1^n Q_0^n = 0011$ 时,下一个状态为 $Q_3^n Q_2^n Q_1^n Q_0^n = 0111$,所以 $F_0=1$。于是状态转移表如表 5-12 所示。

画出反馈函数 F_0 的卡诺图(见图 5-29),并且化简,得
$$F_0 = \overline{Q}_3^n + \overline{Q}_1^n$$

(4)检查自启动情况。

根据以上结果,可以画出状态完整的状态转移图,如图 5-30 所示。

可以看到,电路产生了一个无效循环,因此电路不具备自启动功能,故需要修改电路设计。其中心思路就是在无效循环和有效循环中建立联系,将无效循环引入有效循环,对于本电路来说,

数字电路设计与实践

对于 0110 状态，在 $F_0=1$ 时转移到 1101，在 $F_0=0$ 时转移到 1100。因此，可以将 0110 状态转移到 1100 状态（0110→1100，此时 $F_0=0$）；0010→0100，此时 $F_0=0$，修改过的状态转移图如图 5-31 所示。

表 5-12 例 5-6 状态转移表

Q_3^n	Q_2^n	Q_1^n	Q_0^n	F_0
1	0	0	1	1
0	0	1	1	1
0	1	1	1	1
1	1	1	1	0
1	1	1	0	0
1	1	0	0	1

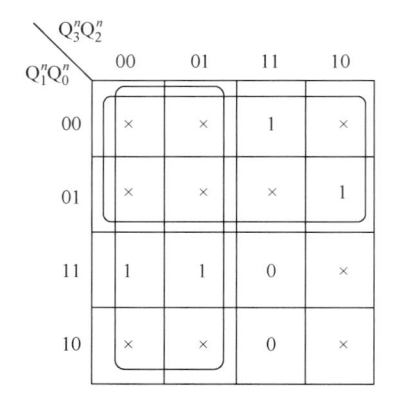

图 5-29 例 5-6 卡诺图

图 5-30 例 5-6 状态转移图

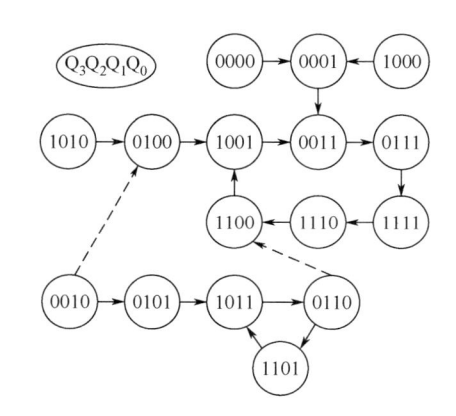

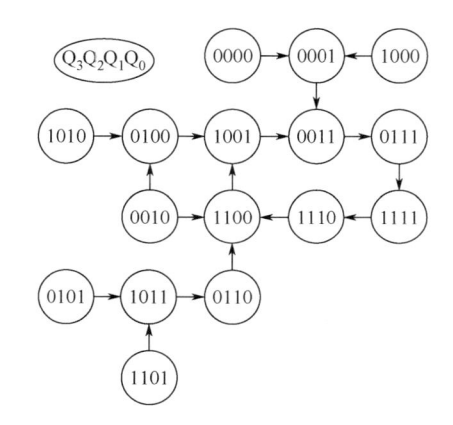

图 5-31 例 5-6 修改过的状态转移图

根据图 5-31 状态转移图化简反馈函数 F_0 的卡诺图，如图 5-32（a）所示。所得到的反馈信号的状态方程变为

$$F_0 = \overline{Q}_3^n Q_0^n + \overline{Q}_1^n$$

若采用 4 选 1 数据选择器实现反馈函数 F_0，将 Q_0 作为记图变量，得到卡诺图如图 5-32（b）、(c) 所示。

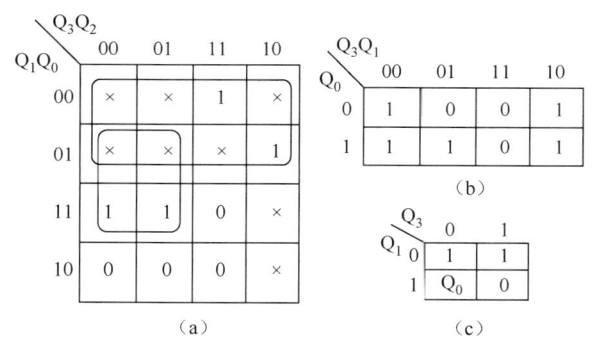

图 5-32 例 5-6 卡诺图

（5）画出逻辑图，如图 5-33 所示。

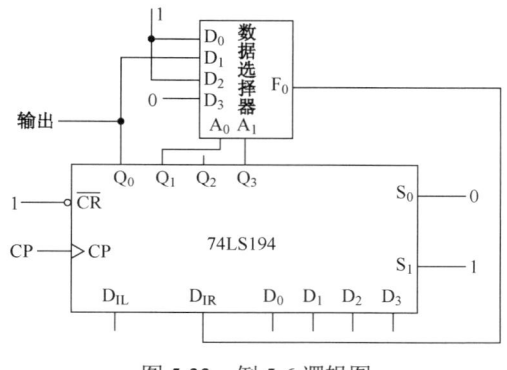

图 5-33 例 5-6 逻辑图

5.2.2.2 计数型序列信号发生器

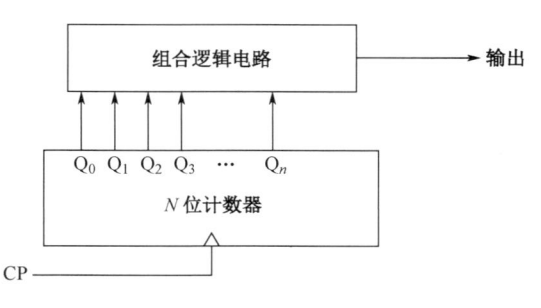

与移存型序列信号发生器相比，计数型序列信号发生器的电路结构比较复杂，但是它有一个很大的优点，即能够同时生成多种序列组合。计数型序列信号发生器是在计数器的基础上附加反馈电路构成的，而且计数长度 M 与计数器的模值 M 是一样的。因此在设计序列信号发生器时，先要设计一个模 M 计数器，再按照计数器的状态转移关系来设计输出组合逻辑电路。

图 5-34 所示为计数型序列信号发生器的框图，可以看出，虽然电路本身比较复杂，但是计数型序列信号发生器的状态设置和输出序列的更改相对比较方便。

计数型序列信号发生器的设计方法与移存型有类似之处。都需要确定所需触发器的位数，列出状态转移表并化简，检查自启动特性等。但是，由于电路的输出位于组合逻辑电路，因此在设计时可以根据需要灵活掌握。

图 5-34 计数型序列信号发生器的框图

【例 5-7】 使用中规模逻辑器件，设计产生序列 1101000101 的计数型序列信号发生器。

解 由于序列长度 $M=10$，因此，需要先选用一个模 10 计数器，考虑使用 74LS161，选择 0110→1111 状态循环。因此，需要将进位信号和置数端连接，根据需要列出真值表，如表 5-13 所示，卡诺图如图 5-35 所示。

表 5-13 例 5-7 真值表

CP	Q_3^n	Q_2^n	Q_1^n	Q_0^n	F
0	0	1	1	0	1
1	0	1	1	1	1
2	1	0	0	1	0
3	1	0	0	1	1
4	1	0	1	0	0
5	1	0	1	1	0
6	1	1	0	0	0
7	1	1	0	1	1
8	1	1	1	0	0
9	1	1	1	1	1

图 5-35 例 5-7 卡诺图

数字电路设计与实践

以 Q_0^n 为记图变量降维卡诺图，如图 5-36 所示。

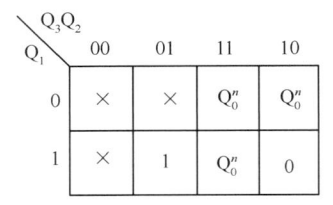

Q_1 \ Q_3Q_2	00	01	11	10
0	×	×	Q_0^n	Q_0^n
1	×	1	Q_0^n	0

图 5-36　例 5-7 以 Q_0^n 为记图变量降维卡诺图

状态方程为

$$F = \overline{Q}_1^n Q_0^n + Q_2^n Q_0^n + \overline{Q}_3^n$$

（1）后级输出电路选择使用 8 选 1 数据选择器，逻辑图如图 5-37 所示。

（2）若后级输出电路采用门电路，逻辑图如图 5-38 所示。

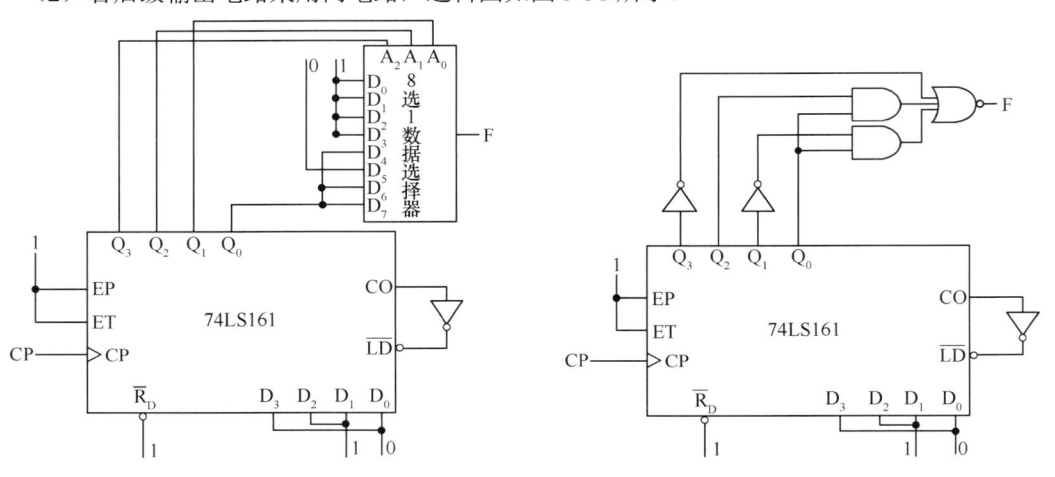

图 5-37　例 5-7 逻辑图（8 选 1 数据选择器）　　图 5-38　例 5-7 逻辑图（门电路）

计数型序列信号发生器最大的优点是同时能够产生多个序列，下面用一个例子说明该电路的特性。

【例 5-8】　用中规模逻辑器件产生以下两个序列信号：

（1）10101，10101；

（2）11011，11011。

解　两个序列长度都是 5，需要一个模 5 计数器，采用 74LS161 或 74LS160 均可以实现，本例采用 74LS161。由于 $M=5$，根据式 $2^{n-1} < M \leq 2^n$ 得 $n=3$，即需要 3 位触发器，选取计数循环为 011，100，101，110，111。

列出真值表，如表 5-14 所示。

表 5-14　例 5-8 真值表

序　号	Q_2^n	Q_1^n	Q_0^n	Y_1	Y_2
0	0	1	1	1	1
1	1	0	0	0	1
2	1	0	1	1	0
3	1	1	0	0	1
4	1	1	1	1	1

画卡诺图并化简，结果如图 5-39 所示。

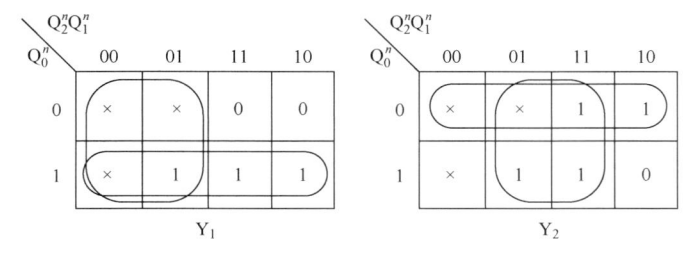

图 5-39 例 5-8 卡诺图

状态转移方程为

$$Y_1 = \overline{Q}_2^n + Q_0^n, \quad Y_2 = \overline{Q}_0^n + Q_1^n$$

将状态转移方程化简，以 Q_0^n 为记图变量（见图 5-40），后级输出选用双 4 选 1 数据选择器 74LS153，逻辑图如图 5-41 所示。

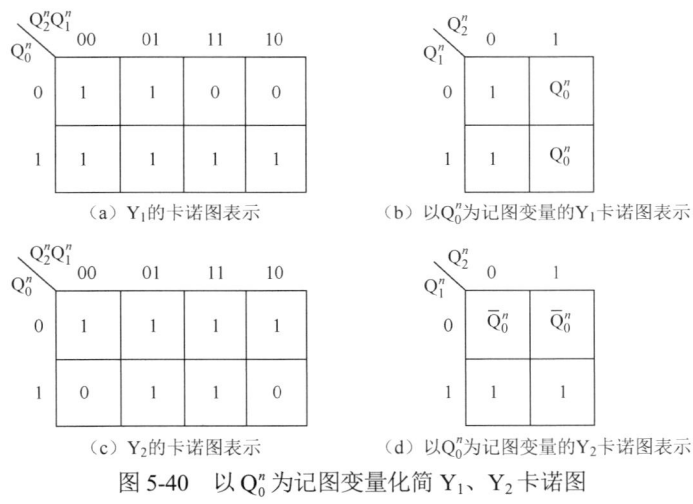

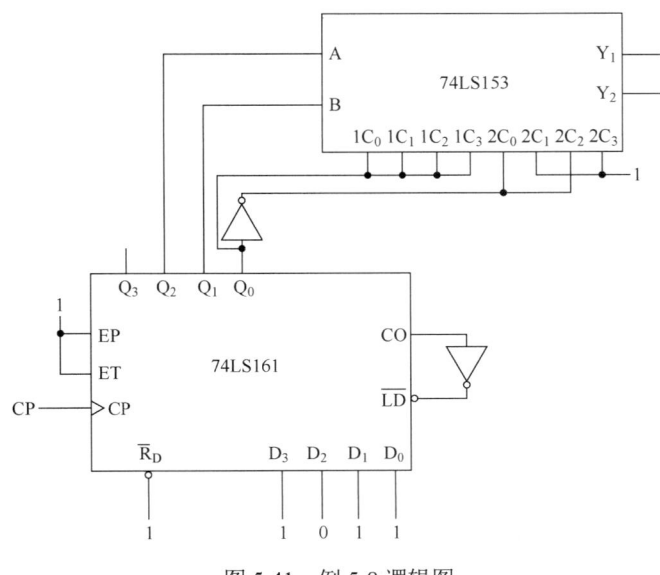

（a）Y_1 的卡诺图表示　　（b）以 Q_0^n 为记图变量的 Y_1 卡诺图表示

（c）Y_2 的卡诺图表示　　（d）以 Q_0^n 为记图变量的 Y_2 卡诺图表示

图 5-40 以 Q_0^n 为记图变量化简 Y_1、Y_2 卡诺图

图 5-41 例 5-8 逻辑图

序列信号发生器的分析、设计体现了多种逻辑电路的综合应用，读者可在学习中体会掌握。

5.3 电路设计及仿真

5.3.1 设计过程

铁塔图案彩灯电路设计要求：设计一个铁塔流水灯。铁塔流水灯有 17 个状态，4 个 74LS194 有 16 个状态，所以再加一个 D 触发器 74LS74 组成有 17 个状态的移位寄存器，点亮顺序如图 5-42 所示，全部点亮后，重新依次点亮。

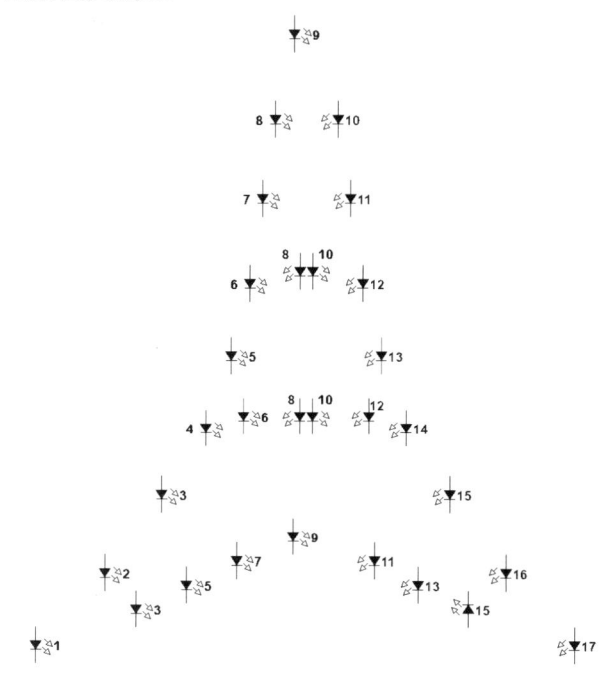

图 5-42 铁塔流水灯点亮顺序

所有的 74LS194 都采用右移方式，所以 $S_1S_0 = 01$。级联时，最后的 74LS194 的 SR 接上一片 74LS194 的 Q_D，第一片 74LS194 的 SR 接 1，这样已经亮过的灯会保持常亮。

当 D 触发器的输出为 1 或复位信号为 0 时，所有 74LS194 和 D 触发器复位，因此所有芯片的异步低电平复位端 $\overline{CLR} = \overline{\overline{S_1} \cdot \overline{Q}}$。

5.3.2 Multisim 电路图

图 5-43（a）所示为电路图，图 5-43（b）为左边一半灯全亮的情况。

5.3.3 PCB 原理图及 PCB 板图

环境为 Altium Designer 20，PCB 为双面板。PCB 原理图如图 5-44 所示，PCB 板图如图 5-45 所示。

第 5 章 铁塔图案彩灯电路

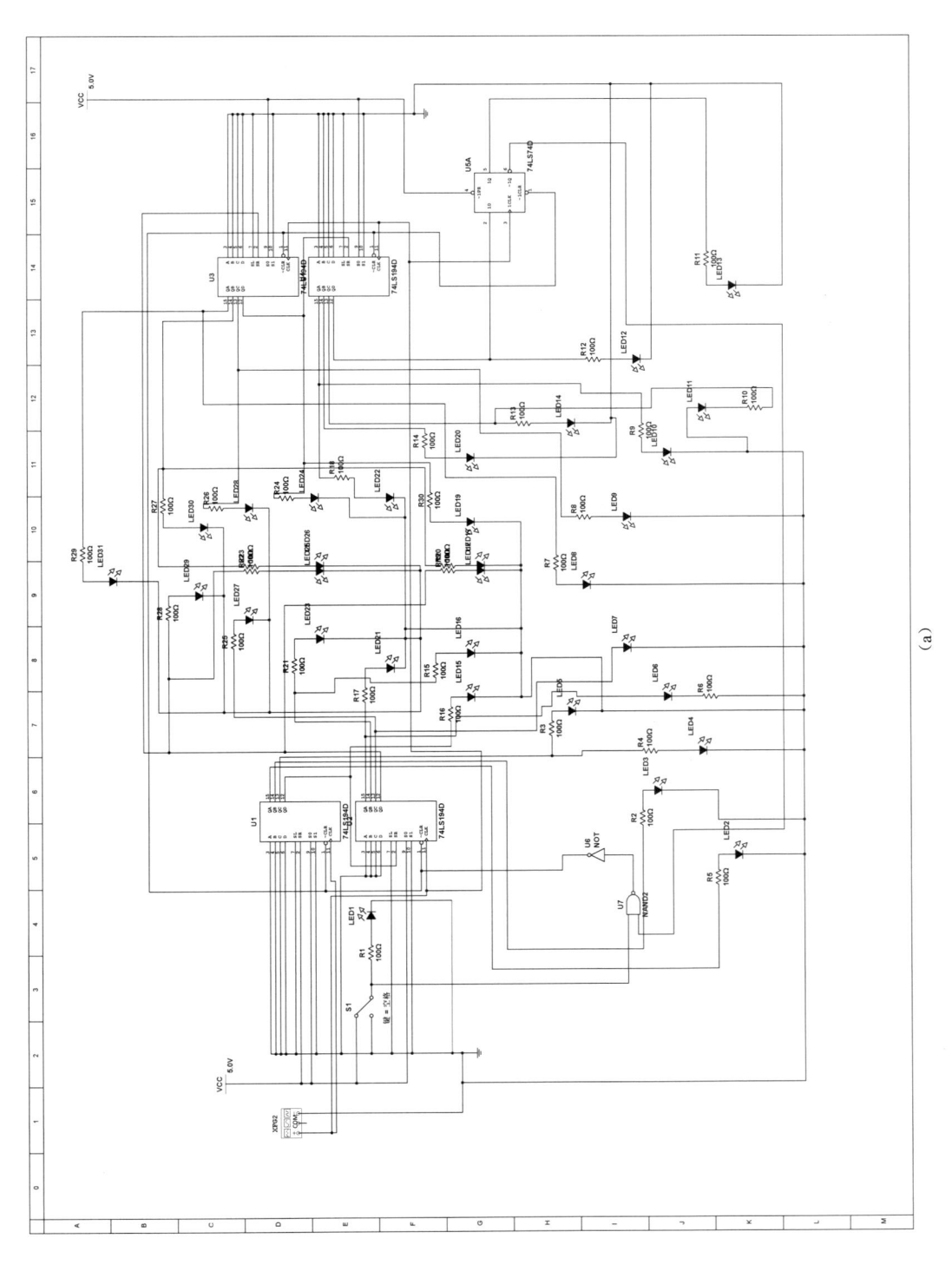

图 5-43 电路图及仿真结果

(a)

171

数字电路设计与实践

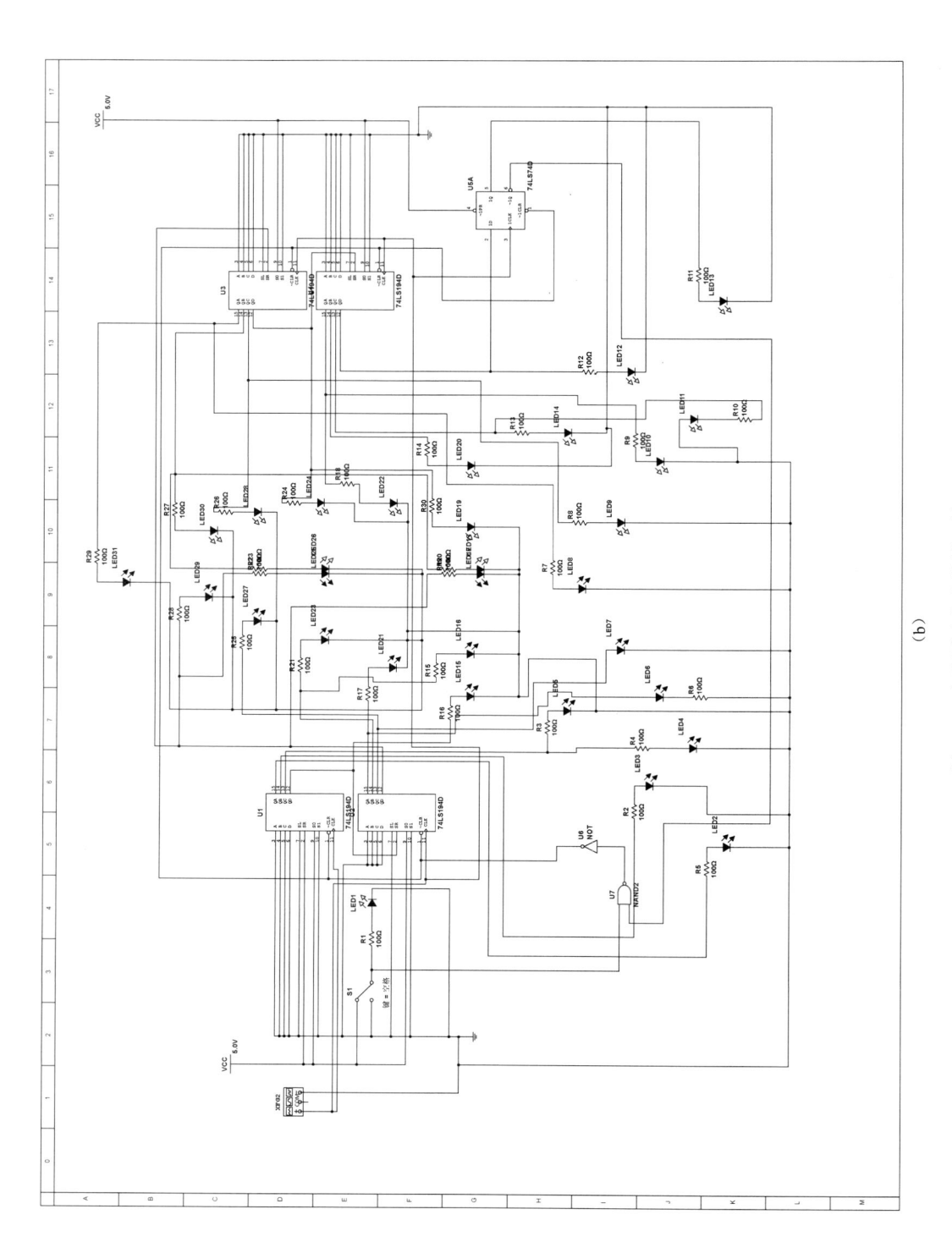

图 5-43 电路图及仿真结果（续）

(b)

第 5 章　铁塔图案彩灯电路

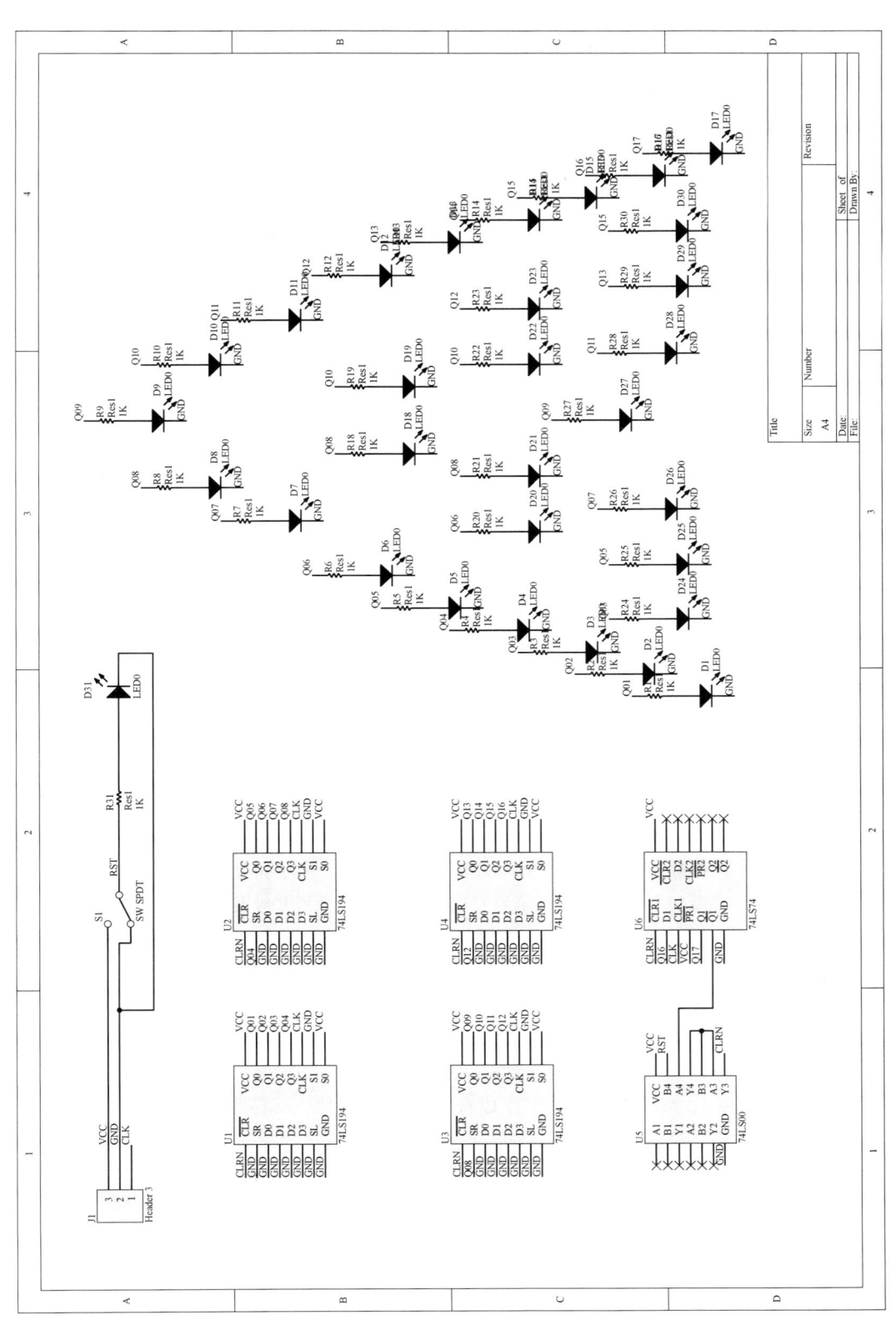

图 5-44　PCB 原理图

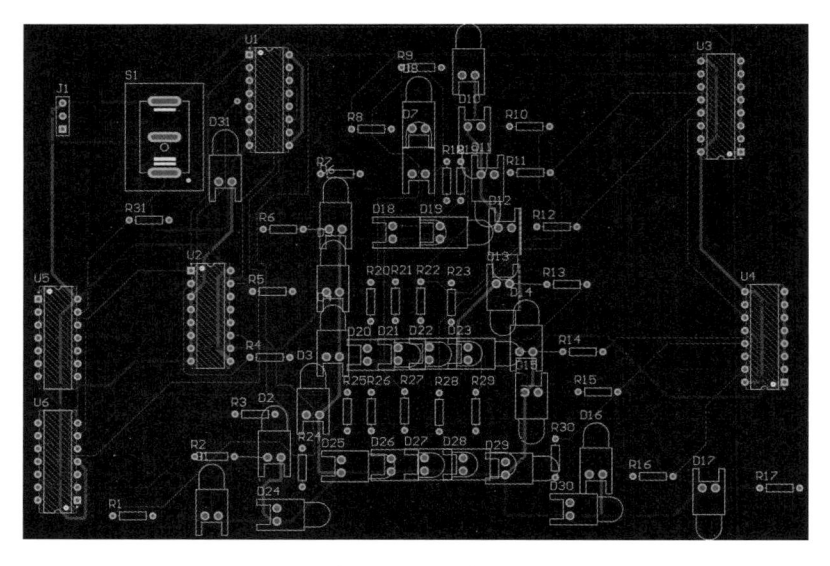

图 5-45 PCB 板图

小结

本项目主要介绍了寄存器与移位寄存器、集成移位寄存器及应用和序列信号发生器。

在数字电路中用来存储二进制数据或者代码的电路被称为寄存器，寄存器一般由多个触发器组成。寄存器包括基本寄存器和移位寄存器，基本寄存器只能并行输入、并行输出，但移位寄存器可以在时钟脉冲的作用下将数据左移或者右移，数据可以并行输入、并行输出，也可以串行输入、串行输出。移位寄存器的基本实现方式就是将前一位触发器的输出连接到下一位触发器的输入，根据不同的功能还可以进行更多的改变。

集成移位寄存器方面主要介绍了 74LS194，通过 S_0 和 S_1 输入端可以进行不同工作模式的选择，包括左移、右移、置数和保持。利用输入端和输出端可以对移位寄存器进行扩展。

序列信号发生器主要包括移存型序列信号发生器和计数型序列型号发生器。移存型序列信号发生器主要利用了移位寄存器，根据移位寄存器的当前输出，利用组合逻辑电路确定下一位的输入，在使用时先确定需要用几位触发器来构成移位寄存器，且保证没有重复的状态。计数型序列信号发生器主要利用计数器，根据计数器的输出，利用组合逻辑电路产生当前状态的输出，计数型序列信号发生器相较于移存型序列信号发生器的优点是可以同时产生多种序列信号。

在铁塔图案彩灯电路中主要使用了移位寄存器来产生流水灯的效果，一共有 17 种状态，所以用 4 片 74LS194 和 1 片 74LS74 进行级联生成有 17 种状态的移位寄存器。

习题

1.【移位寄存器的分析】分析题 1 图所示由 74LS194 构成的计数器电路，写出主计数循环状态（START 到来后开始对时钟计数）。

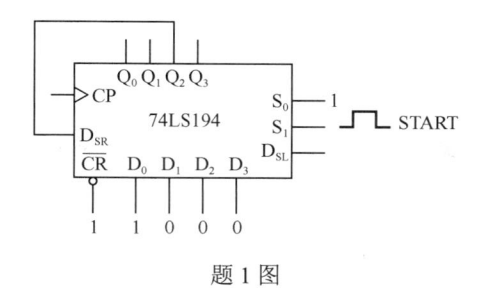

第 5 章 铁塔图案彩灯电路

题 1 图

2. 【移位寄存器的分析】分析题 2 图所示由 74LS194 构成的计数器电路，写出主计数循环状态（清零信号后开始计数）。

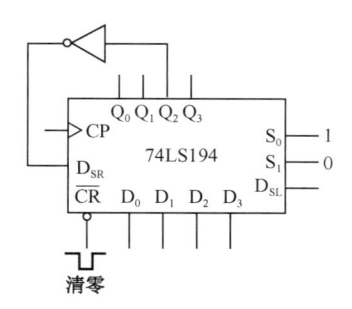

题 2 图

3. 【多片移位寄存器的分析】分析题 3 图所示电路，画出在清零信号作用后电路的时序图。

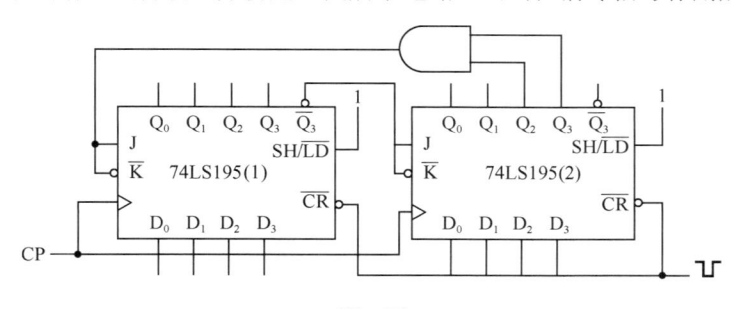

题 3 图

4. 【多片移位寄存器的分析】用两片 74LS191 构成的电路如题 4 图所示，分析其功能。

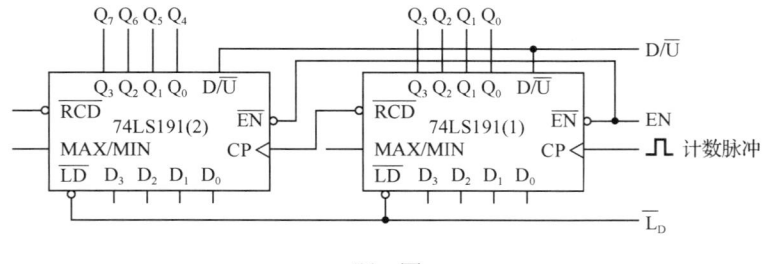

题 4 图

5. 【移位寄存器的设计】试用两片 74LS195 右移移位寄存器实现 7 位右移移位寄存器，画出逻辑图。

6. 【环形计数器的设计】试用两片 74LS194 设计模 7 环形计数器。

7. 【扭环形计数器的设计】试用 74LS194 设计模 6 扭环形计数器。

8.【扭环形计数器的设计】试用两片 74LS194 设计模 16 扭环形计数器。

9.【序列信号发生器的设计】试用 74LS194 和组合逻辑电路构成能产生序列 00001101 的序列信号发生器。

实践

1.【移位寄存器的设计】循环彩灯控制电路设计。

要求：

（1）实现 16 个彩灯的亮灭循环，至少有两种灯光变化；

（2）实现指定灯光 1——字母 CH；

（3）实现指定灯光 2——字母 AH；

（4）实现指定灯光 3——铁塔图案；

（5）实现指定灯光 3——自选图案，不少于 24 个彩灯。

2.【移位寄存器的设计】脉冲按键电话显示逻辑电路设计。

要求：

正确依次接收 8 位电话号码（或者 11 位手机号码），如 63861234；有清零功能；输入号码不足 8 位，超过 5 秒，所有输入清零；附加功能为可以回退一位。

第6章 救护车扬声器发音电路

6.1 项目内容及要求

使用555定时器设计一个救护车扬声器发音电路，要求有两个频率的声音，分别为877Hz和587Hz，高频持续时间为1.04s，低频持续时间为1.1s。

6.2 必备理论内容

6.2.1 脉冲波形产生和整形电路

6.2.1.1 施密特触发器

施密特触发器是一种常用的脉冲波形变换电路，不同于前面介绍的各种触发器，它具有如下两个重要特性。

（1）施密特触发器属于电平触发，可以用于输入信号缓慢变化的场合。当输入信号达到某一特定电压值时，输出电压会发生突变。

（2）在输入信号由低电平逐渐上升的过程中，电路状态转移时对应的阈值电平与输入信号在由高电平逐渐下降的过程中对应的阈值电平是不同的，即电路具有回差特性。

利用以上两个特性，不仅能将边沿变化缓慢的信号波整形为边沿陡峭的矩形波，而且可以将叠加在矩形脉冲高、低电平上的噪声有效地清除。

1. 由门电路构成的施密特触发器

由CMOS反相器构成的施密特触发器如图6-1所示。电路中两个CMOS反相器G_1和G_2串接，同时通过分压电阻R_1、R_2将输出端的电压反馈到输入端。

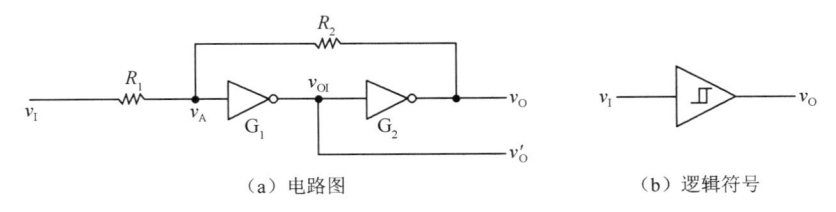

（a）电路图　　　　　　　　　　（b）逻辑符号

图6-1　由CMOS反相器构成的施密特触发器

数字电路设计与实践

假设电路中 CMOS 反相器的阈值电压 $V_{TH} \approx V_{DD}/2$，$R_1 < R_2$，则当 $v_I = 0$ 时，$v_A < V_{TH}$，门 G_1 截止，门 G_2 导通，所以 $v_O \approx 0$。

当 v_I 从 0 逐渐上升并使 $v_A = V_{TH}$ 时，随着 v_A 的增加将引发如下的正反馈过程：

$$v_A \uparrow \longrightarrow v_{OI} \downarrow \longrightarrow v_O \uparrow$$

于是电路的状态迅速转移为 $v_O \approx V_{DD}$。此时，v_I 的值为施密特触发器在输入信号正向增加时的阈值电压，称为正向阈值电压，用 V_{T+} 表示，则

$$v_A = V_{TH} \approx \frac{R_2}{R_1 + R_2} V_{T+} \tag{6-1}$$

故

$$V_{T+} = \left(1 + \frac{R_1}{R_2}\right) V_{TH} \tag{6-2}$$

当 v_I 上升至最大值后开始下降，并使 $v_A = V_{TH}$ 时，v_A 的下降又会引发一个正反馈过程：

$$v_A \downarrow \longrightarrow v_{OI} \uparrow \longrightarrow v_O \downarrow$$

于是电路的状态迅速转移为 $v_O \approx 0$。此时，v_I 的输入电平为施密特触发器在输入减小时的阈值电压，称为负向阈值电压，用 V_{T-} 表示，则

$$v_A = V_{TH} \approx \frac{R_2}{R_1 + R_2} V_{T-} + \frac{R_1}{R_1 + R_2} V_{DD}$$

将 $V_{DD} = 2V_{TH}$ 代入上式，得

$$V_{T-} = \left(1 - \frac{R_1}{R_2}\right) V_{TH} \tag{6-3}$$

定义 V_{T+} 和 V_{T-} 的差为回差电压。由式（6-2）和式（6-3）可求得回差电压为

$$\Delta V_T = V_{T+} - V_{T-} \approx 2 \frac{R_1}{R_2} V_{TH} \tag{6-4}$$

式（6-4）表明，电路回差电压与 R_1/R_2 成正比，改变 R_1 和 R_2 的比值即可调节回差电压的大小。

电路的电压传输特性如图 6-2 所示。因为 v_O 和 v_I 的高、低电平是同相的，所以也将这种形式的电压传输特性称为同相输出的施密特触发器特性。

如果以图 6-1（a）中的 v_O' 作为输出端，得到的电压传输特性如图 6-3（a）所示。由于 v_O' 与 v_I 的高、低电平是反相的，因此将这种形式的电压传输特性称为反相输出的施密特触发器特性，其逻辑符号如图 6-3（b）所示。

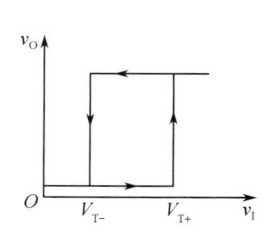

图 6-2 同相输出的施密特触发器特性

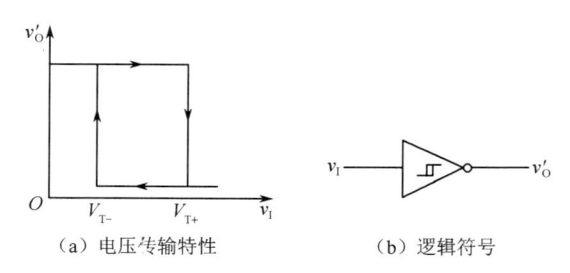

图 6-3 反相输出的施密特触发器特性及其逻辑符号

第 6 章 救护车扬声器发音电路

通过以上分析可以得出施密特电路触发特性的两个特点。

（1）在输入信号上升和下降的过程中，引起输出状态转移的输入电平是不同的，即 V_{T+} 不等于 V_{T-}。

（2）由于输出状态转移时有正反馈过程发生，因此输出电压波形的边沿很陡，可以得到较为理想的矩形输出脉冲。

无论是在 TTL 电路中还是在 CMOS 电路中，都有集成施密特触发器产品，如带施密特触发器输入的反相器和与非门等。

2. 施密特触发器的应用

施密特触发器的用途非常广泛，如将正弦波或三角波变换为矩形波，将矩形波整形，并能有效地清除叠加在矩形脉冲高、低电平上的噪声等。在数字系统中，施密特触发器常用于波形变换、脉冲整形以及脉冲幅度鉴别等。

（1）波形变换

施密特触发器可以将输入的三角波、正弦波以及锯齿波等变换成矩形脉冲。如图 6-4 所示，输入信号是正弦信号，只要输入信号的幅度大于 V_{T+}，即可在施密特触发器的输出端得到同频率的矩形脉冲信号。

（2）脉冲整形

在数字系统中，矩形脉冲经过传输后往往会发生波形畸变。例如，当传输线上电容较大时，波形的上升沿和下降沿有可能明显变坏，如图 6-5（a）所示；或者当传输线较长，且接收端阻抗与传输线的阻抗不匹配时，在波形的上升沿和下降沿将产生振荡现象，如图 6-5（b）所示；当其他脉冲信号通过导线间的分布电容或公共电源线叠加到矩形脉冲信号上时，在信号上将出现附加的噪声，如图 6-5（c）所示。无论哪一种情况，都可以通过施密特触发器的整形来获得满意的矩形脉冲。

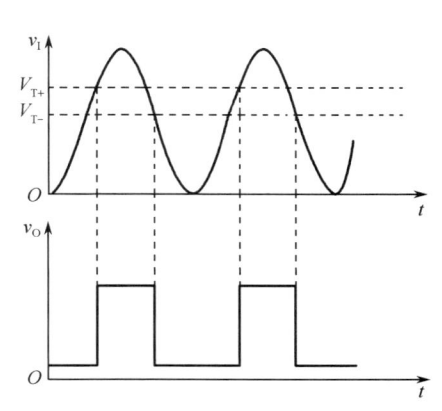

图 6-4 用施密特触发器实现波形变换

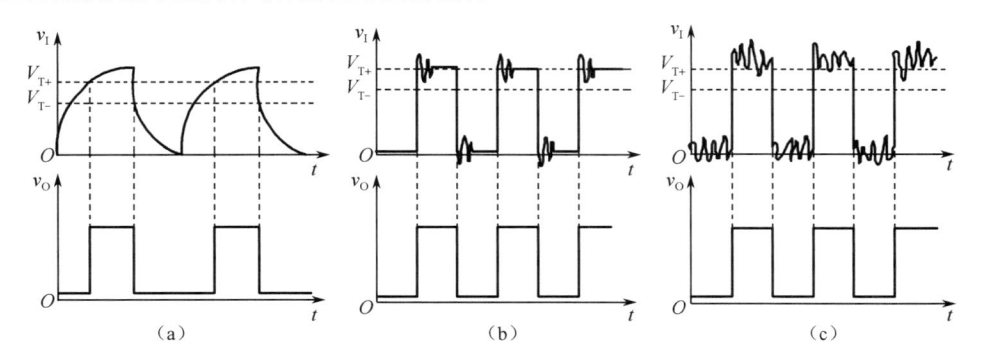

图 6-5 用施密特触发器实现脉冲整形

（3）脉冲幅度鉴别

若将一系列幅度各异的脉冲信号加到施密特触发器输入端，则只有那些幅度大于 V_{T+} 的脉冲才能在输出端产生输出信号。因此，施密特触发器可以选出幅度大于 V_{T+} 的脉冲，具有幅度鉴别能力，如图 6-6 所示。

6.2.1.2 单稳态触发器

单稳态触发器是广泛应用于脉冲整形、延时和定时的常用电路,它有稳态和暂稳态两个工作状态。在外加触发信号的作用下,单稳态触发器能从稳态翻转到暂稳态,暂稳态维持一段时间后,电路又自动地翻转到稳态。暂稳态持续时间的长短取决于电路本身的参数,而与外加触发信号无关。

1. 门电路组成的微分型单稳态触发器

微分型单稳态触发器如图 6-7 所示。电路由两个 CMOS 或非门组成,其中 R、C 构成微分电路,门 G_1 的输入 v_I 为触发器的输入,门 G_2 的输出 v_{O2} 为触发器的输出。

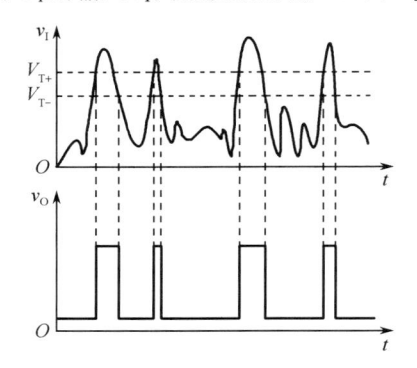

图 6-6 用施密特触发器实现脉冲幅度鉴别 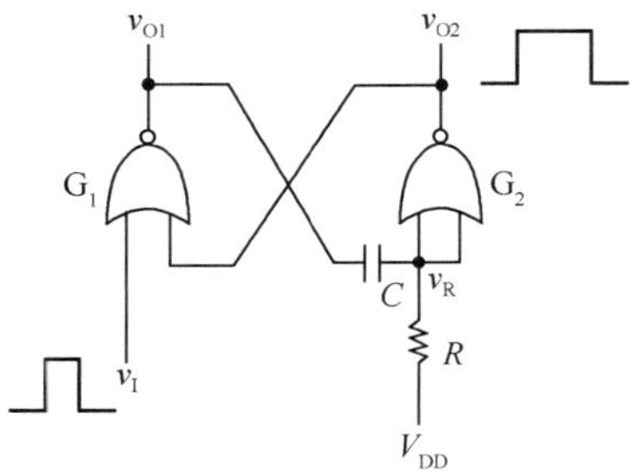　　图 6-7 微分型单稳态触发器

(1) $0\sim t_1$ 稳态

在没有触发信号时,v_I 为低电平。由于门 G_2 的输入端经电阻 R 接至 V_{DD},因此 v_{O2} 为低电平,使得 G_1 的输出 v_{O1} 为高电平。此时电容两端电压为 0,电路处于稳态。

当 $t=t_1$ 时,触发脉冲 v_I 加到输入端,G_1 的输出 v_{O1} 由高电平变为低电平。由于电容两端的电压 v_C 不能突变,使得 v_R 为低电平,于是 G_2 的输出 v_{O2} 变为高电平。v_{O2} 的高电平接至门 G_1 的输入端,从而在此瞬间引发如下正反馈过程:

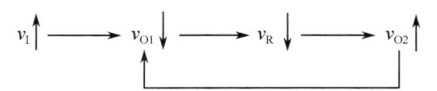

$$v_I \uparrow \longrightarrow v_{O1} \downarrow \longrightarrow v_R \downarrow \longrightarrow v_{O2} \uparrow$$

这使得 v_{O1} 迅速跳变为低电平,G_1 导通,G_2 截止。此时,即使触发信号 v_I 消失(v_I 变为低电平),由于 v_{O2} 的作用,v_{O1} 仍维持低电平,电路进入暂稳态。

(2) $t_1\sim t_2$ 暂稳态

在暂稳态期间,电源经电阻 R 和门 G_1 对电容 C 充电。随着充电过程的进行,v_R 逐渐升高。当 v_R 升至阈值电压 V_{TH} 时,电路又发生另一个正反馈过程如下:

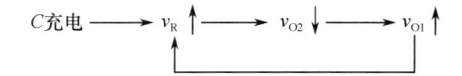

$$C充电 \longrightarrow v_R \uparrow \longrightarrow v_{O2} \downarrow \longrightarrow v_{O1} \uparrow$$

(3) 由暂稳态回到稳态

如果这时触发脉冲已经消失(v_I 变为低电平),则门 G_1 迅速截止,门 G_2 很快导通,最后使电路由暂稳态回到稳态。同时,电容 C 通过电阻 R 放电,使电容上的电压为 0,电路恢复到稳态。

根据以上分析,可得电路中各点电压的工作波形,如图 6-8 所示。

为了定量地描述单稳态触发器的性能,通常用输出脉冲宽度 t_W、输出脉冲幅度 V_m、恢复时间 t_{re} 以及最高工作频率 f_{max} 等参数来描述。

第6章 救护车扬声器发音电路

由图 6-8 分析可知，输出脉冲宽度 t_W 等于暂稳态的持续时间，而暂稳态的持续时间等于从电容 C 开始充电到 v_R 上升至 V_{TH} 的时间。

电容 C 充电等效电路如图 6-9 所示。图中 $R_{ON(N)}$ 是门 G_1 输出低电平时的输出电阻，在 $R_{ON(N)} \sim R$ 的情况下，可以将这个等效电路简化成简单的 RC 串联电路。

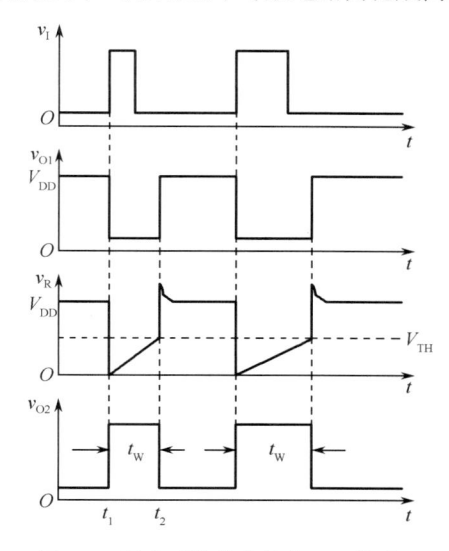

图 6-8 微分型单稳态触发器工作波形

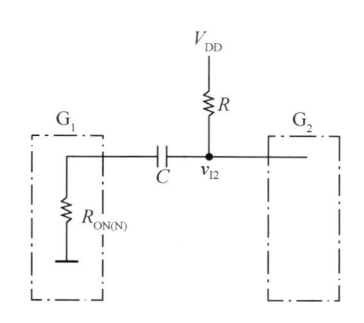

图 6-9 电容 C 充电等效电路

为了便于计算，将触发脉冲作用的起始时刻 t_1 作为时间起点，于是有

$$v_R(0^+)=0, \quad v_R(\infty)=V_{DD}$$

$$\tau = RC$$

根据对 RC 电路的瞬态过程分析可知，在电容充、放电过程中，电容上的电压从充、放电开始到变化至某个数值 V_{TH} 的时间 t 可按下式计算：

$$t = RC \ln \frac{v_C(\infty) - v_C(0^+)}{v_C(\infty) - v_R(t)} \tag{6-5}$$

当 $t=t_W$ 时，$v_R(t_W)=V_{TH}$，代入式（6-5），得

$$t_W = RC \ln \frac{V_{DD}}{V_{DD} - V_{TH}} \tag{6-6}$$

由于 $V_{TH}=V_{DD}/2$，有

$$t_W = RC \ln 2 \approx 0.69 RC \tag{6-7}$$

输出脉冲幅度为

$$V_m = V_{OH} - V_{OL} \approx V_{DD} \tag{6-8}$$

暂稳态结束后，还需要等电容 C 放电完毕，电路才能恢复为起始的稳态。这个时间称为恢复时间。通常认为经过 3～5 倍放电回路的时间常数以后，RC 电路基本达到稳态。

电容 C 放电等效电路如图 6-10 所示。图中 D_1 是 G_2 门输入保护电路中的二极管，它的导通电阻一般比 R 和 G_1 门的高电平输出电阻 $R_{ON(P)}$ 小得多。所以恢复时间为

$$t_{re} = (3 \sim 5)\tau = (3 \sim 5)R_{ON(P)}C \tag{6-9}$$

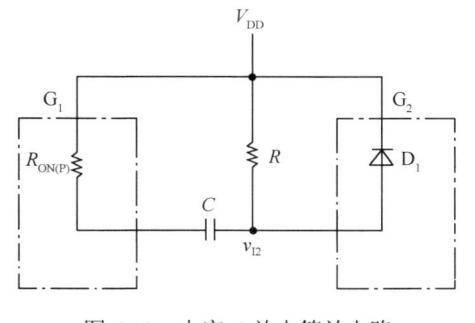

图 6-10 电容 C 放电等效电路

数字电路设计与实践

设触发信号 v_{I} 的时间间隔为 T，为了使单稳态电路能正常工作，应满足 $T>t_{\mathrm{W}}+t_{\mathrm{re}}$ 的条件，即最小时间间隔 $T_{\min}=t_{\mathrm{W}}+t_{\mathrm{re}}$。因此，单稳态触发器的最高工作频率为

$$f_{\max}=\frac{1}{T_{\min}}<\frac{1}{t_{\mathrm{W}}+t_{\mathrm{re}}} \tag{6-10}$$

2. 集成单稳态触发器

单稳态触发器的应用非常普遍，在 TTL 电路和 CMOS 电路的产品中都有单片集成的单稳态触发器器件。图 6-11 所示为 TTL 集成单稳态触发器 74121 简化的原理图，它是在微分型单稳态触发器的基础上附加输入控制电路和输出缓冲电路形成的。

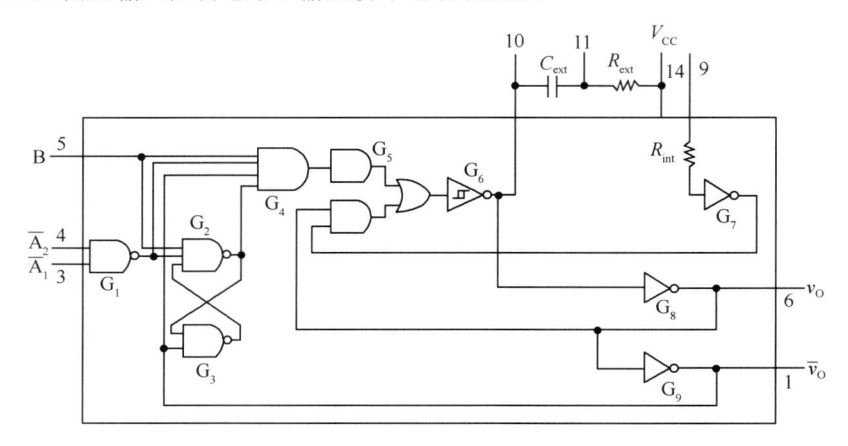

图 6-11 TTL 集成单稳态触发器 74121 简化的原理图

图 6-11 中，门 G_5、G_6、G_7 和外接电阻 R_{ext}、外接电容 C_{ext} 组成微分型单稳态触发器，其工作原理与图 6-7 所讨论的微分型单稳态触发器基本相同。电路有一个稳态 $v_{\mathrm{O}}=0$，$\overline{v}_{\mathrm{O}}=1$，当 B 为高电平，$\overline{A_1}$、$\overline{A_2}$ 中有一个下降沿触发时，或 $\overline{A_1}$、$\overline{A_2}$ 中有一个为低电平，B 有上升沿触发时，电路进入暂稳态 $v_{\mathrm{O}}=1$，$\overline{v}_{\mathrm{O}}=0$。

TTL 集成单稳态触发器 74121 的框图和使用时的连接方法如图 6-12 所示。决定暂稳态时间的电容 C_{ext} 需要外接，电阻既可以用外接的 R_{ext}，也可以用集成电路内置的电阻 R_{int}。R_{int} 的阻值约为 $2\mathrm{k}\Omega$。

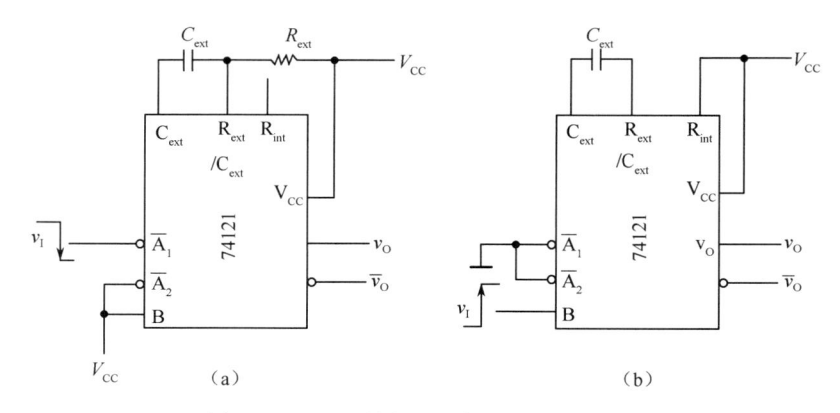

图 6-12 74121 的框图和使用时的连接方法

74121 的功能表如表 6-1 所示。

第 6 章　救护车扬声器发音电路

表 6-1　74121 的功能表

输　　入			输　　出	
$\overline{A_1}$	$\overline{A_2}$	B	v_O	$\overline{v_O}$
0	×	1	0	1
×	0	1	0	1
×	×	0	0	1
1	1	×	0	1
1	↓	1	⊓	⊔
↓	1	1	⊓	⊔
↓	↓	1	⊓	⊔
0	×	↑	⊓	⊔
×	0	↑	⊓	⊔

集成单稳态触发器分为非可重复触发和可重复触发两种类型。非可重复触发单稳态触发器是指在暂稳态时间内，若有新的触发脉冲输入，电路不会产生任何响应；只有在电路返回稳态后，电路才受输入脉冲作用。可重复触发单稳态触发器是指在暂稳态时间内，若有新的触发脉冲输入，电路可被新的输入脉冲重新触发。采用可重复触发单稳态触发器，只要在受触发后输出的暂稳态持续期结束前，再输入触发脉冲，就可方便地产生持续时间很长的输出脉冲。由图 6-13 可见，在相同的输入信号作用下，两种类型单稳态电路的输出波形是不同的。

74121 属于非可重复触发单稳态触发器，可重复触发单稳态触发器有 74122 和 74123 等。

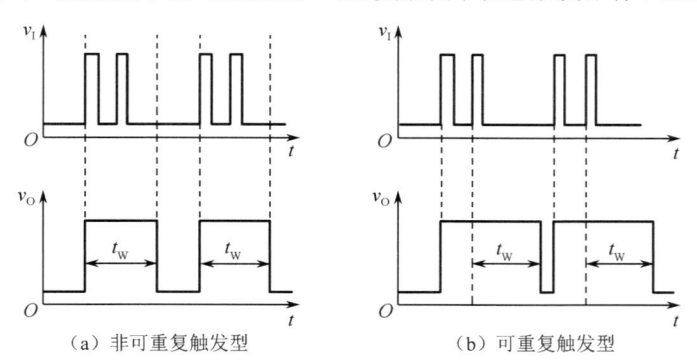

（a）非可重复触发型　　　　（b）可重复触发型

图 6-13　两种类型的单稳态电路的输出波形

6.2.1.3　多谐振荡器

多谐振荡器是一种自激振荡器，在接通电源后，不需要外加触发信号，就可以自动产生矩形脉冲。矩形脉冲中含有丰富的高次谐波，故习惯称这种自激振荡器为多谐振荡器。

1. 环形振荡器

最简单的环形振荡器是利用门电路的传输延迟时间，将奇数个反相器首尾相连而构成的。图 6-14 所示为由 3 个反相器构成的环形振荡器。

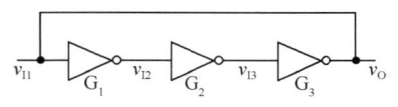

图 6-14　最简单的环形振荡器

由图 6-14 可知，该电路是没有稳态的。因为在静态时（假定没有振荡），任何一个反相器的输入和输出都不可能稳定在高电平或低电平，所以只能处在电压传输特性的转折区。在这种状态

数字电路设计与实践

下,任何一个反相器输入端的微小扰动都将被逐级放大,从而使电路产生振荡。

设 3 个反相器的特性完全一致,传输延迟时间均为 t_{pd}。假定 v_{I1} 因某种原因由高电平跳变为低电平,经过 G_1 的传输延迟时间 t_{pd} 后,v_{I2} 由低电平跳变为高电平,再经过 G_2 的传输延迟时间 t_{pd} 后,v_{I3} 由高电平跳变为低电平,又经过 G_3 的传输延迟时间 t_{pd} 后反馈到 G_1 的输入端,使 v_{I1} 又自动跳变为高电平。由此可见,在经过 $3t_{pd}$ 之后,v_{I1} 又将跳变为低电平。如此周而复始,就产生了自激振荡。

电压波形如图 6-15 所示。由图可见,振荡周期为 $T=6t_{pd}$。

采用这种方法构成的振荡器虽然简单,但不实用。因为门电路的传输延迟时间很短,TTL 电路只有几十纳秒,CMOS 电路也不过 100ns~200ns,所以,使用环形振荡器很难得到频率低的矩形脉冲,而且振荡频率不可调。为了使振荡频率降低且可调,需在环形振荡器的基础上进行改进。

2. RC 环形多谐振荡器

带有 RC 定时电路的环形振荡器如图 6-16 所示,电路中增加 RC 电路作为延迟环节。由图可见,电路由一个暂稳态自动翻转到另一个暂稳态是通过电容 C 的充放电来实现的。因此,可以通过调节 R 和 C 的值来调节振荡频率。由于 RC 电路的延迟时间远远大于门电路的传输延迟时间 t_{pd},因此分析时可以忽略 t_{pd},认为每个门电路输入、输出的跳变同时发生。另外,为防止在 v_3 发生负跳变时,流过反相器 G_3 输入端钳位二极管的电流过大,在 G_3 输入端串接了保护电阻 R_S。R_S 的阻值很小,约为 100Ω。

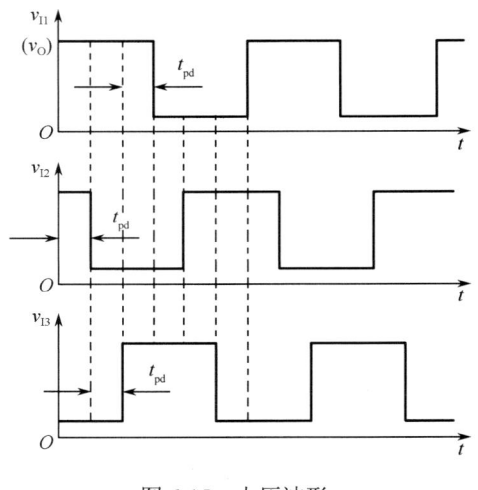

图 6-15 电压波形

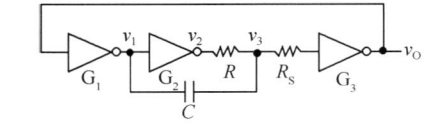

图 6-16 RC 环形多谐振荡器

(1) $t_1\sim t_2$ 暂稳态

当 $t<t_1$ 时,电容 C 上的初始电压为 0,电路处于正常工作状态。假定 G_3 的输出 v_O 为高电平,即 G_1 的输入为高电平,v_1 和 v_3 为低电平,v_2 为高电平。因此,G_1 导通,G_2 和 G_3 截止。由于 v_2 为高电平,v_1 为低电平,因此 v_2 通过电阻 R 向电容 C 进行充电。随着充电的进行,v_3 的电位逐渐升高。

当 $t=t_1$ 时,v_3 升至 G_3 的阈值电压 V_{TH},G_3 导通,输出 v_O 由高电平跳变至低电平。v_O 反馈回 G_1,使 G_1 截止,其输出 v_1 由低电平跳变为高电平。经电容耦合,使 v_3 也随着跳变为高电平。电路处在第一个暂稳态。

当 $t>t_1$ 时,由于 v_1 为高电平,而 v_2 为低电平,电容 C 经过电阻 R 开始放电。随着放电的进行,v_3 的电位开始下降。

（2）$t_2 \sim t_3$ 暂稳态

当 $t = t_2$ 时，v_3 下降至 G_3 的阈值电压 V_{TH}，此时 G_3 截止，其输出 v_O 由低电平变为高电平。v_O 反馈回 G_1，使 G_1 导通，输出 v_1 由高电平跳至低电平。经电容耦合，v_3 也随之跳变为低电平。电路进入第二个暂稳态。

当 $t > t_2$ 时，v_2 又经过 R 向电容 C 充电，v_3 电位升高。

当 $t = t_3$ 时，v_3 升至 V_{TH}，电路又回到第一个暂稳态。

如此往复，电路在两个暂稳态之间周而复始地转换，形成周期性振荡，在门 G_3 的输出 v_O 得到矩形脉冲波形。电路的电压波形如图 6-17 所示。

3. 晶体稳频的多谐振荡器

在要求多谐振荡器的频率稳定度较高的情况下，可以采用晶体来稳频。晶体稳频的多谐振荡器如图 6-18 所示。图中，门 G_1 和 G_2 构成多谐振荡器，门 G_3 为整形电路。该电路与一般两级反相器构成的多谐振荡器的主要区别是在一条耦合支路中串入了石英晶体。

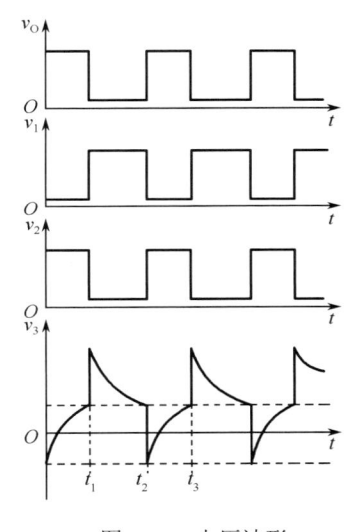

图 6-17 电压波形

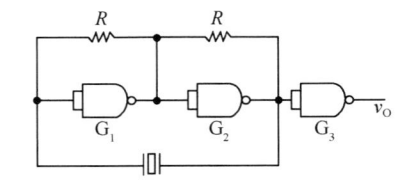

图 6-18 晶体稳频的多谐振荡器

石英晶体具有一个极其稳定的串联谐振频率 f_s。在这个频率的两侧，晶体的电抗值迅速增大。因此，将晶体串接到两级正反馈电路的反馈支路中，则只有在频率为 f_s 时，振荡器才能满足起振条件而振荡。振荡的波形经过门 G_3 整形后输出矩形脉冲波。所以，多谐振荡器的振荡频率取决于晶体的振荡频率，这就是晶体的稳频作用。晶体稳频的多谐振荡器的频率稳定度可以达到 10^{-7} 左右。

4. 由施密特触发器构成的多谐振荡器

由施密特触发器构成的多谐振荡器如图 6-19 所示。

当接通电源时，由于电容上的初始电压 v_C 为 0，因此输出 v_O 为高电平。v_O 通过电阻 R 对电容 C 充电，使得 v_C 电位逐渐上升。当 v_C 上升到 $v_C = V_{T+}$ 时，施密特触发器的输出由高电平变为低电平。v_C 又经过电阻 R 通过 v_O 放电，使得 v_C 电位逐渐下降。当 v_C 下降至 $v_C = V_{T-}$ 时，施密特触发器的输出又由低电平变为高电平。此时 v_O 又通过电阻 R 对电容 C 充电，使得 v_C 电位逐渐上升。如此周而复始，形成多谐振荡。电路的电压波形如图 6-20 所示。

如果使用的是 CMOS 施密特触发器，而且 $V_{OH} = V_{DD}$，$V_{OL} = 0$，则

$$t_{W1} = RC \ln \frac{V_{DD} - V_{T-}}{V_{DD} - V_{T+}}$$

$$t_{W2}=RC\ln\frac{V_{T+}}{V_{T-}}$$

振荡周期为

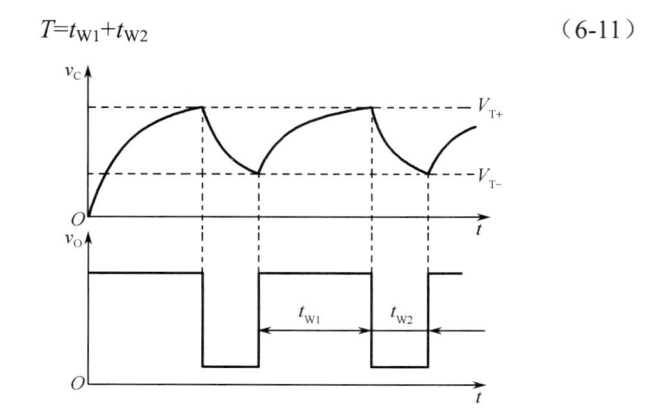

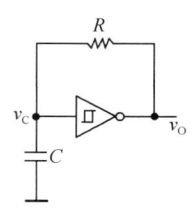

$$T=t_{W1}+t_{W2} \qquad (6-11)$$

图 6-19　由施密特触发器构成的多谐振荡器

图 6-20　电压波形

6.2.2　555 定时器

555 定时器是一种多用途单片集成电路,只需外接少数电阻和电容,即可构成施密特触发器、单稳态触发器和多谐振荡器。555 定时器使用灵活、方便,因而得到广泛应用。

1. 555 定时器的电路结构

555 定时器的电路结构如图 6-21 所示。图中,C_1 和 C_2 为两个电压比较器,其功能是如果"+"输入端电压 v_+ 大于"−"输入端电压 v_-,即 $v_+ > v_-$,则比较器输出 v_C 为高电平($v_C=1$),反之输出 v_C 为低电平($v_C=0$)。比较器 C_1 的参考电压 $v_{1+}(V_{R1})=2V_{CC}/3$,比较器 C_2 的参考电压 $v_{2-}(V_{R2})=V_{CC}/3$。如果 $v_{1+}(V_{R1})$ 的外接端接固定电压 V_{CO},则 $v_{1+}(V_{R1})=V_{CO}$,$v_{2-}(V_{R2})=V_{CO}/2$。与非门 G_1 和 G_2 构成基本触发器,其中,输入端 $\overline{R_D}$ 为置 0 端,低电平有效。比较器 C_1 和比较器 C_2 的输出 v_{C1}、v_{C2} 为触发信号。三极管 TD 是集电极开路输出三极管,为外接电容提供充、放电回路,称为泄放三极管。反相器 G_4 为输出缓冲反相器,起整形和提高带负载能力的作用。

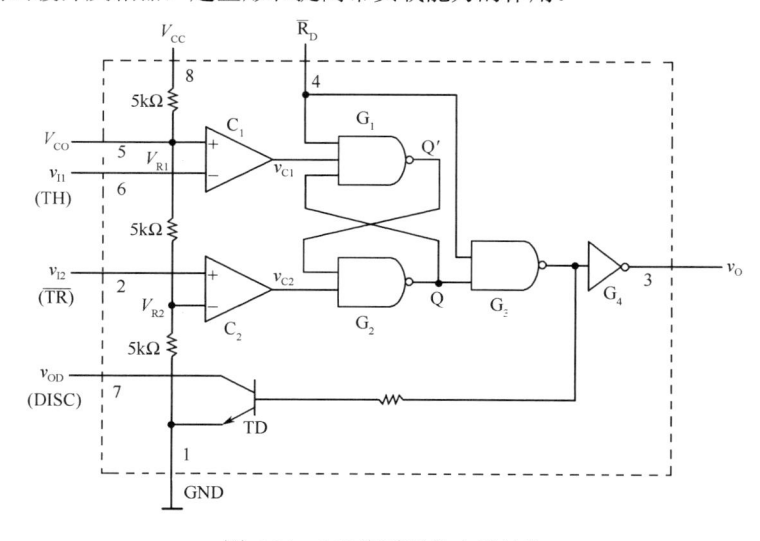

图 6-21　555 定时器的电路结构

输入端 v_{I1} 也称为阈值端（TH），输入端 v_{I2} 也称为触发端（$\overline{\text{TR}}$），TD 的集电极输出端 v_{OD} 称为放电端（DISC）。虚线框内的数字 1～8 为集成电路外部引脚的编号。

2. 由 555 定时器构成施密特触发器

由 555 定时器构成的施密特触发器如图 6-22 所示。图中，V_{CO}(5)端接 0.01μF 电容，该电容起滤波作用，以提高比较器参考电压的稳定性；$\overline{R}_D$(4)端接高电平 V_{CC}；两个比较器输入端 v_{I1}(6) 和 v_{I2}(2)连接在一起，作为施密特触发器的输入端。其工作波形如图 6-23 所示。

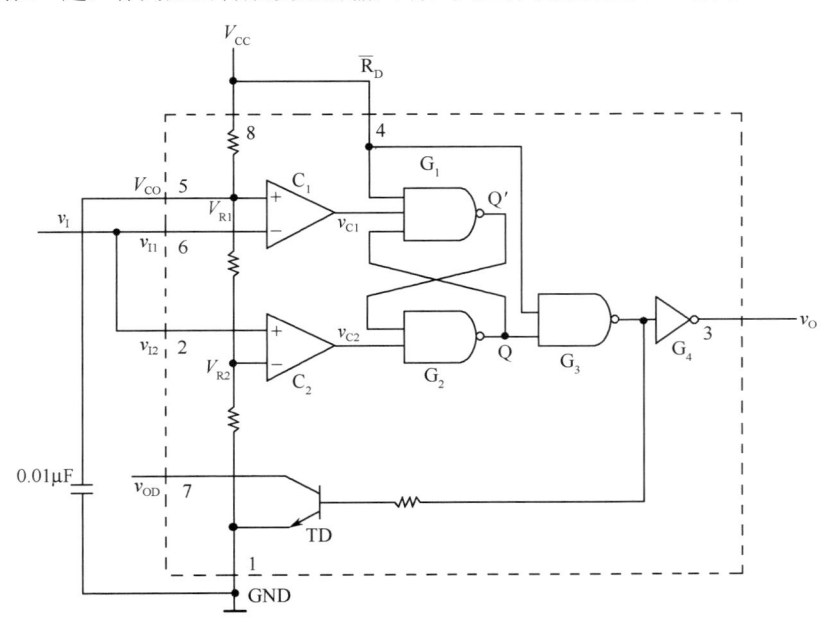

图 6-22 由 555 定时器构成的施密特触发器

当 $v_I<V_{CC}/3$ 时，对于比较器 C_1，由于 $v_{1+}(V_{R1})>v_{1-}(v_{I1})$，因此输出 v_{C1} 为高电平；对于比较器 C_2，由于 $v_{2+}(v_{I2})<v_{2-}(V_{R2})$，因此输出 v_{C2} 为低电平。这就使得基本触发器的与非门 G_1 输出为低电平，555 定时器的输出 v_O 为高电平。

当 $V_{CC}/3<v_I<2V_{CC}/3$ 时，对于比较器 C_1 和 C_2，都存在 $v_+>v_-$ 的关系，所以 v_{C1} 为高电平，v_{C2} 为高电平，状态保持不变。

当 $v_I>2V_{CC}/3$ 时，对于比较器 C_1，由于 $v_{1+}(V_{R1})<v_{1-}(v_{I1})$，因此输出 v_{C1} 为低电平；对于比较器 C_2，由于 $v_{2+}(v_{I2})>v_{2-}(V_{R2})$，因此输出 v_{C2} 为高电平。这就使得 555 定时器的输出 $v_O=V_{OL}$，状态发生一次翻转。

此后，v_I 由最大值逐步下降，当 v_I 下降至 $v_I<V_{CC}/3$ 时，比较器 C_2 的输出 v_{C2} 为低电平，使得 555 定时器的输出 $v_O=V_{OH}$，状态又发生一次翻转。

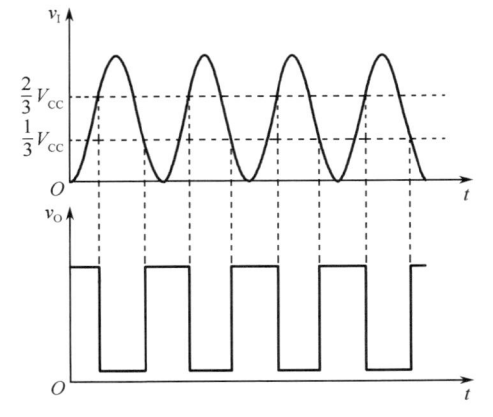

图 6-23 由 555 定时器构成的施密特触发器的工作波形

因此，其正向阈值电压为

$$V_{T+}=\frac{2}{3}V_{CC} \tag{6-12}$$

数字电路设计与实践

负向阈值电压为

$$V_{T-} = \frac{1}{3} V_{CC} \qquad (6\text{-}13)$$

回差电压为

$$\Delta V_T = \frac{1}{3} V_{CC} \qquad (6\text{-}14)$$

3. 由 555 定时器构成单稳态触发器

由 555 定时器构成的单稳态触发器如图 6-24 所示。图中，$\overline{R}_D$ 接高电平 V_{CC}；将 $v_{I2}(2)$ 端作为输入触发端，v_I 的下降沿触发；将三极管 TD 的集电极输出 $v_{OD}(7)$ 端通过电阻 R 接 V_{CC}，构成反相器；反相器输出端 $v_{OD}(7)$ 接电容 C 到地；同时 $v_{OD}(7)$ 和 $v_{I1}(6)$ 端连接在一起，即构成积分型单稳态触发器。其工作波形如图 6-25 所示。

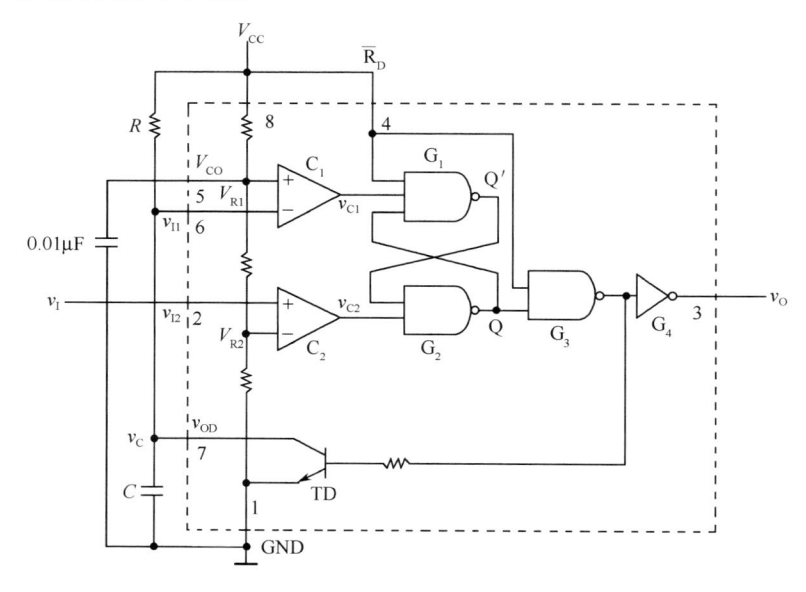

图 6-24 由 555 定时器构成的单稳态触发器

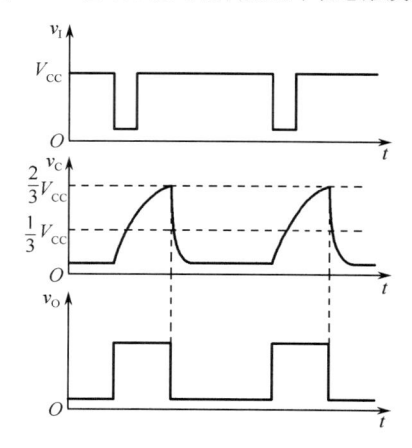

图 6-25 由 555 定时器构成的单稳态触发器的工作波形

在起始时刻，输入信号 $v_I=V_{CC}$，因此对于比较器 C_2，有 $v_+>v_-$，v_{C1} 为高电平。电源 V_{CC} 通过电阻 R 对 C 充电，使 $v_{I1}(6)$ 电位上升。当 $v_{I1}(6)$ 充电至大于 $2V_{CC}/3$ 时，对于比较器 C_1，就出现 $v_->v_+$。

第 6 章 救护车扬声器发音电路

所以比较器 C_1 输出低电平，使得与非门 G_1 输出高电平，则 555 定时器的输出 v_O 为低电平。同时，与非门 G_1 输出高电平使得 TD 导通，电容 C 通过 TD 放电，当放电至小于 $2V_{CC}/3$ 时，比较器 C_1 输出为高电平。最终电容 C 放电至 $v_C=0$，电路进入稳态。

当输入信号 v_I 下降沿到达时，$v_I=0$，这就使得比较器 C_2 出现 $v_->v_+$，比较器 C_2 输出低电平，与非门 G_2 输出高电平，使得与非门 G_1 输出低电平，这就使 555 定时器的输出 v_O 为高电平。电路受触发而发生一次翻转。

与此同时，由于与非门 G_1 输出低电平，使 TD 截止，则 V_{CC} 通过 R 对电容 C 充电，电路进入暂稳态。由于电容 C 的充电，使 $v_C(v_{I1})$ 电位逐步上升。当 $v_C(v_{I1})>2V_{CC}/3$ 时，比较器 C_1 出现 $v_->v_+$ 的输入情况，比较器 C_1 的输出 v_{C1} 为低电平，这就使与非门 G_1 输出为高电平，555 定时器的输出 v_O 为低电平，又自动发生一次翻转，暂稳态结束。同时，由于与非门 G_1 输出高电平，使三极管 TD 导通，电容 C 很快通过 TD 放电至 $v_C=0$，电路恢复到稳定状态。

由以上分析可见，暂稳态的持续时间主要取决于外接电阻 R 和电容 C。因此，可以求出输出脉冲的宽度 t_W 为

$$t_W = RC\ln\frac{V_{CC}}{V_{CC}-\frac{2}{3}V_{CC}} = 1.1RC \tag{6-15}$$

通常电阻 R 取值在几百欧至几兆欧范围内，电容 C 取值在几百皮法至几百微法，所以对应的 t_W 范围在几微秒到几分钟之间。

4. 由 555 定时器构成多谐振荡器

由 555 定时器构成的多谐振荡器如图 6-26 所示。图中，$\overline{R}_D$ 端接高电平 V_{CC}，$V_{CO}(5)$ 连接 0.01μF 电容，该电容起滤波作用。将 $v_{I1}(6)$ 和 $v_{I2}(2)$ 连接在一起，作为输入信号 v_I 的输入端，就构成如图 6-22 所示的多谐振荡器。将三极管 TD 输出端(7)通过电阻 R_1 接到电源 V_{CC}，就构成集电极开路的反相器。其输出再通过 R_2C 积分电路反馈至输入 v_I 端，就构成自激多谐振荡器。

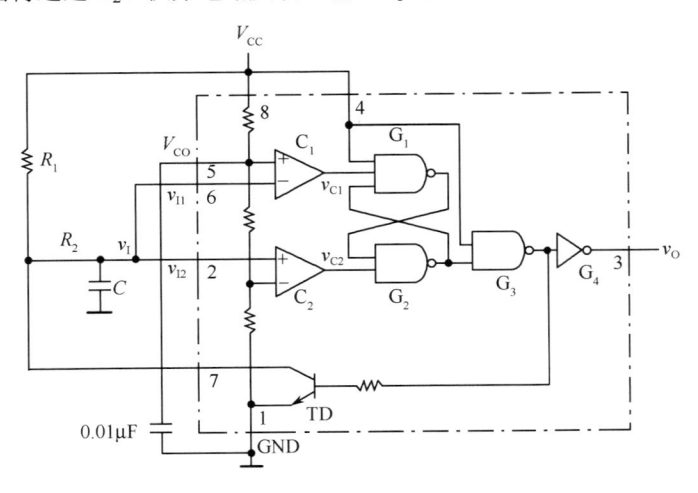

图 6-26 由 555 定时器构成的多谐振荡器

在电路接通电源时，由于电容 C 还未充电，因此 v_C 为低电平，即 $v_{I1}(6)$ 和 $v_{I2}(2)$ 为低电平。此时，比较器 C_1 的输出 v_{C1} 为高电平，比较器 C_2 的输出 v_{C2} 为低电平，与非门 G_1 的输出为低电平，555 定时器的电路输出 v_O 为高电平。由于与非门 G_1 输出为低电平，使三极管 TD 截止，V_{CC} 通过电阻（R_1+R_2）对电容 C 充电，电路进入暂稳态。

在暂稳态期间，随着电容 C 的充电，v_C 电位不断升高，当 $v_C>2V_{CC}/3$ 时，比较器 C_1 输出 v_{C1} 为低电平，使与非门 G_1 输出高电平，这使得 555 定时器的电路输出 v_O 翻转为低电平，电路发生一次自动翻转。

与此同时，由于与非门 G_1 输出高电平，使三极管 TD 导通，电容 C 通过 R_2、TD 放电，电路进入另一暂稳态。在这一暂稳态期间，随着电容 C 的放电，使 v_C 电位逐步下降。当 v_C 下降至 $v_C<V_{CC}/3$ 时，比较器 C_2 的输出 v_{C2} 为低电平，使得与非门 G_1 输出低电平。因此，555 定时器的电路输出 v_O 翻转为高电平，电路又一次自动发生翻转。

此后，由于与非门 G_1 输出低电平，三极管 TD 截止，电源 V_{CC} 又通过电阻（R_1+R_2）对电容 C 充电，重复上述电容 C 的充电过程。如此反复，形成多谐振荡，其工作波形如图 6-27 所示。

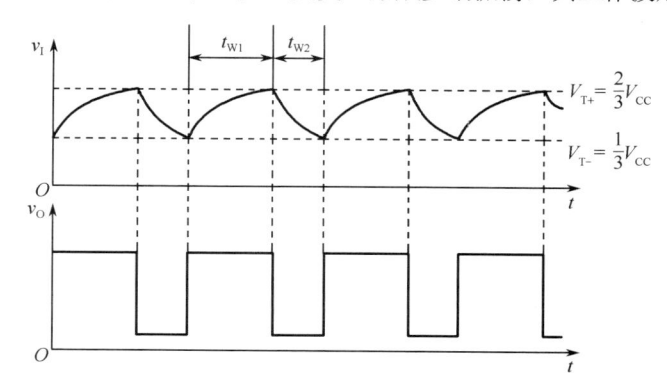

图 6-27　由 555 定时器构成的多谐振荡器的工作波形

由上述分析可知，在电容 C 充电时，暂稳态持续时间为

$$t_{W1}=0.7(R_1+R_2)C \tag{6-16}$$

在电容 C 放电时，暂稳态持续时间为

$$t_{W2}=0.7R_2C \tag{6-17}$$

因此，电路输出矩形脉冲的周期为

$$T=t_{W1}+t_{W2}=0.7(R_1+2R_2)C \tag{6-18}$$

输出矩形脉冲的占空比为

$$q=\frac{t_{W1}}{T}=\frac{R_1+R_2}{R_1+2R_2} \tag{6-19}$$

6.3　电路设计及仿真

6.3.1　设计过程

救护车扬声器发音电路设计要求：高音频率为 877Hz，持续时间 1.04s；低音频率为 587Hz，持续时间 1.1s。

555 定时器输出高电平的持续时间为

第 6 章　救护车扬声器发音电路

$$T_1 = (R_1 + R_2)C \ln \frac{V_{CC} - V_-}{V_{CC} - V_+}$$

输出低电平的持续时间为

$$T_2 = R_2 C \ln \frac{V_+}{V_-}$$

振荡周期的计算公式为

$$T = T_1 + T_2 = (R_1 + R_2)C \ln \frac{V_{CC} - V_-}{V_{CC} - V_+} + R_2 C \ln \frac{V_+}{V_-}$$

$R_1 = 10\text{k}\Omega$，$R_2 = 150\text{k}\Omega$，$C_1 = 10\mu\text{F}$，由于 555 定时器 1 的 V_{CO} 悬空，因此 $V_+ = \frac{2}{3}V_{CC}$，$V_- = \frac{1}{3}V_{CC}$，计算得到输出高电平持续时间为 1.1s，输出低电平持续时间为 1.04s。$R_4 = 10\text{k}\Omega$，$R_5 = 100\text{k}\Omega$，$C_1 = 0.01\mu\text{F}$，555 定时器 2 的 V_{CO} 接到 R_3，R_3 的另一端接到 555 定时器 1 的输出端。当 555 定时器 1 的输出为高电平时，$V_+ = \frac{1}{2}V_{CC}$，$V_- = \frac{1}{4}V_{CC}$，计算得到 555 定时器 2 输出的振荡频率为 587Hz。当 555 定时器 1 的输出为低电平时，$V_+ = \frac{3}{4}V_{CC}$，$V_- = \frac{3}{8}V_{CC}$，计算得到 555 定时器 2 输出的振荡频率为 877Hz。

6.3.2 Multisim 电路图

电路图如图 6-28 所示。

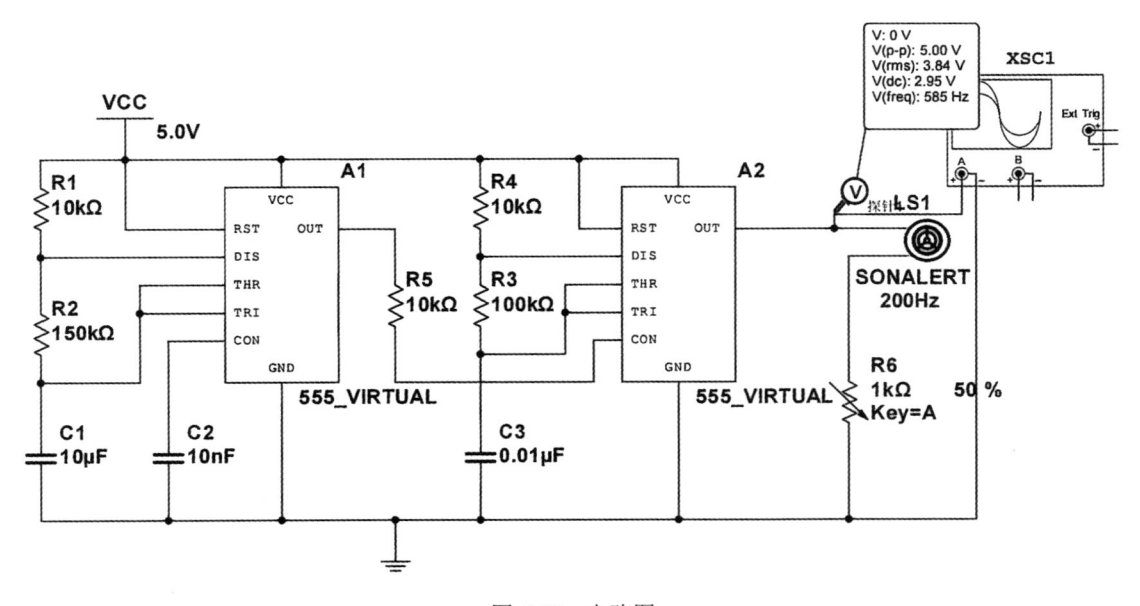

图 6-28　电路图

图 6-29 所示为 555 定时器 1 的输出波形；图 6-30 所示为 555 定时器 2 的低频输出波形，此时 555 定时器 1 的输出为高电平；图 6-31 所示为 555 定时器 2 的高频输出波形，此时 555 定时器 1 的输出为低电平。

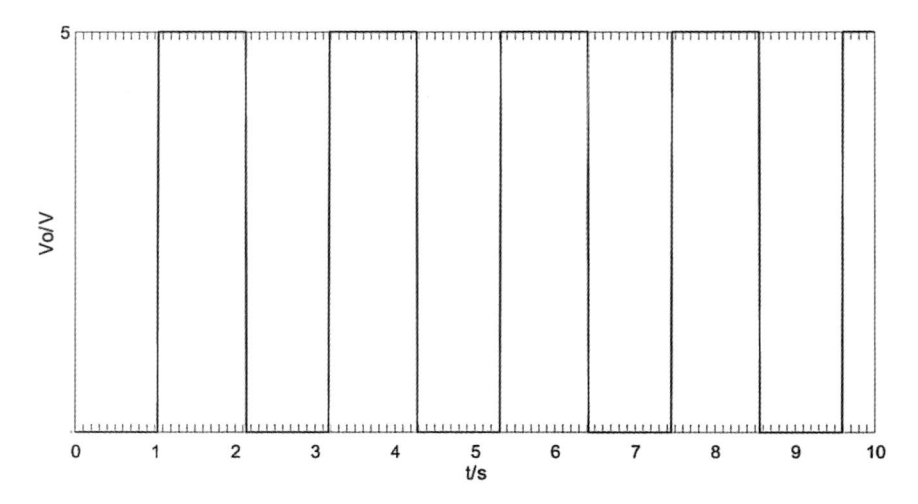

图 6-29 555 定时器 1 的输出波形

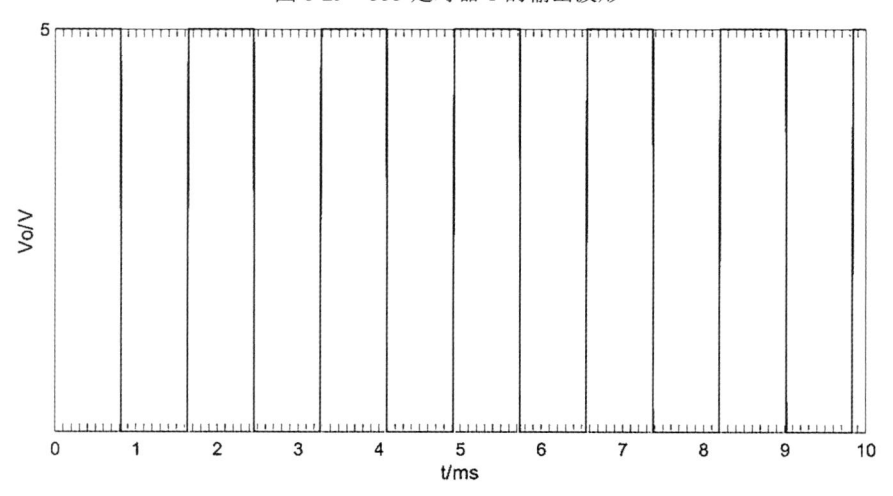

图 6-30 555 定时器 2 的低频输出波形

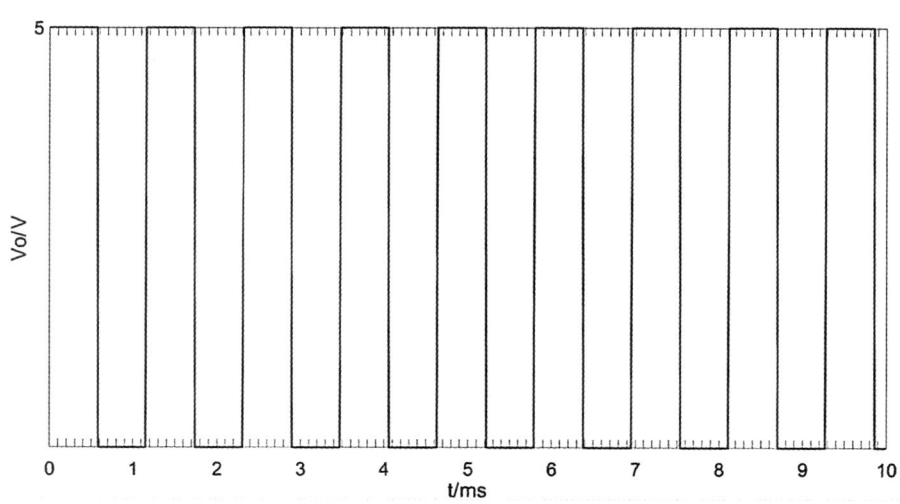

图 6-31 555 定时器 2 的高频输出波形

6.3.3 PCB 原理图及 PCB 板图

环境为 Altium Designer 20，PCB 为双面板。PCB 原理图如图 6-32 所示，PCB 板图如图 6-33 所示。

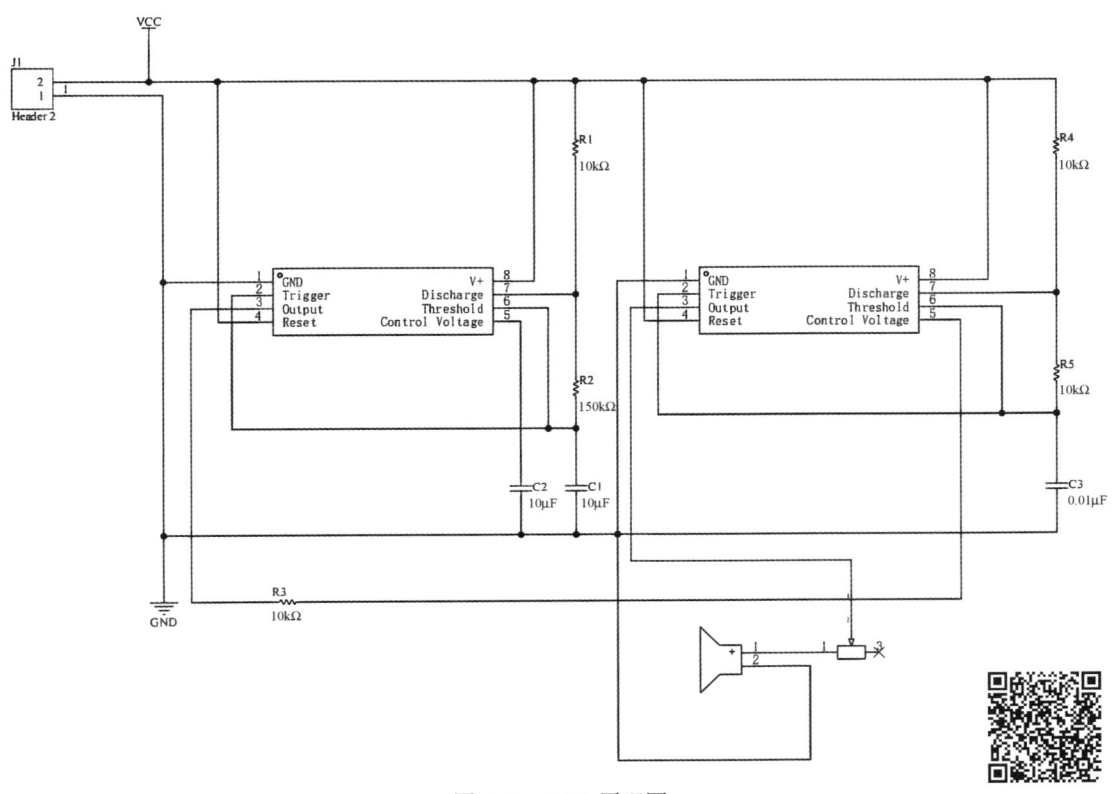

图 6-32　PCB 原理图

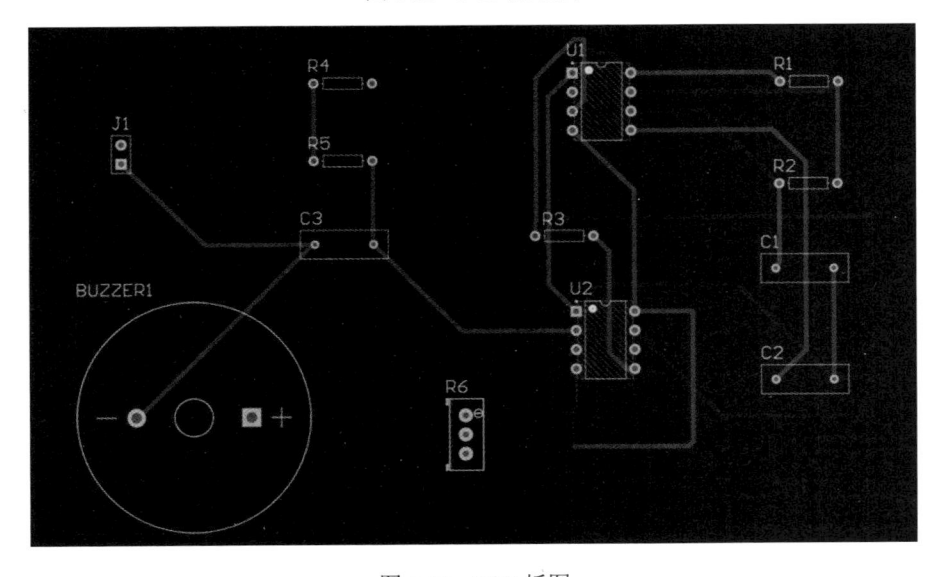

图 6-33　PCB 板图

小结

本项目主要介绍了产生矩形脉冲的各种电路。这些电路大致可以分为两类：一类是脉冲整形电路，它们虽然不能自动产生脉冲信号，但能将其他形状的周期性信号变换为所要求的矩形脉冲信号，以达到整形目的。施密特触发器和单稳态触发器是最常用的两种整形电路。

施密特触发器的工作特点在于它的回差特性。而且由于输出电压跳变过程中存在正反馈，所以它能将非矩形脉冲或形状不理想的矩形脉冲变换成边沿陡峭的矩形脉冲，因而具有整形作用。正向阈值电压 V_{T+} 和负向阈值电压 V_{T-} 是描述施密特触发器特性的两个最重要的参数。

单稳态触发器的工作特点是能够将输入的触发脉冲变换为固定宽度的输出脉冲。输出脉冲的宽度只取决于电路自身的参数，而与触发脉冲的宽度和幅度无关。输出脉冲宽度是描述单稳态触发器特性的重要参数。

555 定时器是一种多用途集成电路，只要附加少数电阻和电容就可以构成施密特触发器、单稳态触发器以及多谐振荡器。在救护车扬声器发音电路设计中，要注意利用 555 定时器的振荡周期的公式计算两片 555 定时器高低电平的持续时间。

习题

1. 【单稳态电路分析】题 1 图所示为 TTL 与非门构成的微分型单稳态电路，试画出在输入信号 v_I 的作用下 a、b、d、e 点及 v_O 的工作波形，求输出 v_O 的脉冲宽度。

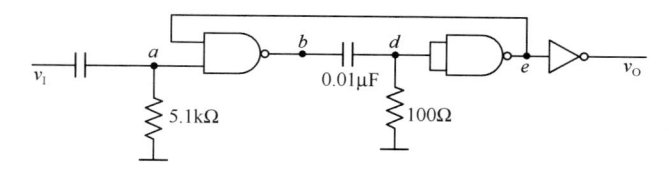

题 1 图

2. 【多谐振荡器分析】题 2 图所示为 CMOS 反相器构成的多谐振荡器，试分析其工作原理，画出 a、b 点及 v_O 的工作波形，写出振荡周期的公式。

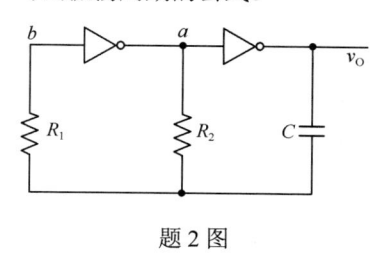

题 2 图

3. 【单稳态电路分析】利用题 3 图所示的集成单稳态触发器，要得到输出脉冲宽度等于 3ms 的脉冲，外接电容 C 应为多少？假定内部电阻 R_{int}（2kΩ）为微分电阻。

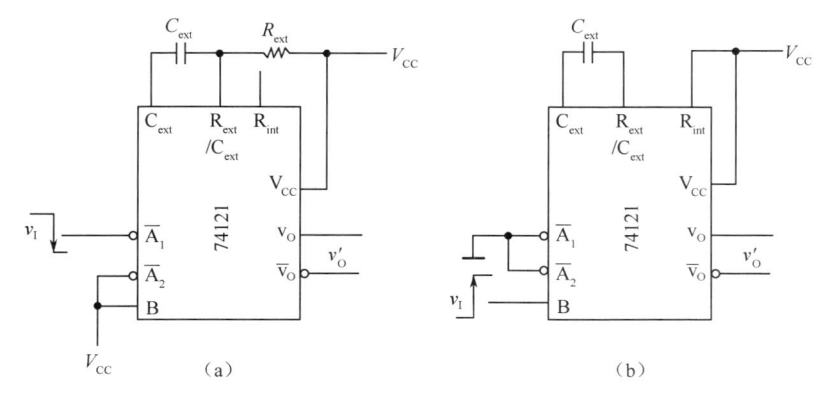

题 3 图

4.【555 定时器分析】在题 4 图由 555 定时器构成的多谐振荡器电路中,如果 $R_1 = R_2 = 5.1\text{k}\Omega$,$C = 0.01\mu\text{F}$,$V_{CC} = 12\text{V}$,试计算电路的振荡频率。

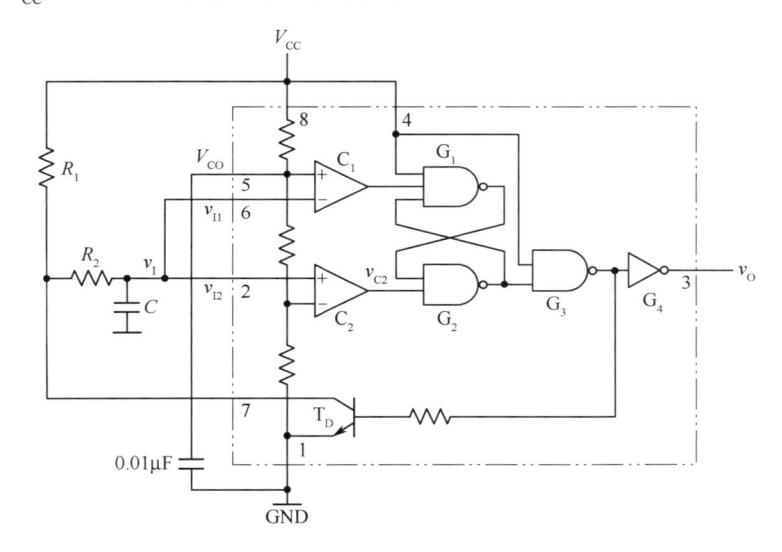

题 4 图

实践

1.【555 定时器设计】试用 555 定时器设计一个多谐振荡器,要求输出脉冲的振荡频率为 20kHz,占空比为 75%。

2.【555 定时器设计】试用 555 定时器设计一个单稳态触发器,要求输出脉冲宽度在 1～10s 的范围内可手动调节。给定 555 定时器的电源为 15V。触发信号来自 TTL 电路,高、低电平分别为 3.4V 和 0.1V。